低碳城市建设理念、框架与路径

鲍海君　徐可西　著

U0283302

中国城市出版社

图书在版编目（CIP）数据

低碳城市建设理念、框架与路径 / 鲍海君，徐可西
著. — 北京：中国城市出版社，2023.9
ISBN 978-7-5074-3630-3

Ⅰ. ①低… Ⅱ. ①鲍… ②徐… Ⅲ. ①节能-生态城
市-城市建设-研究-中国 Ⅳ. ①X321.2

中国国家版本馆 CIP 数据核字（2023）第 146296 号

低碳城市发展作为一项探索性创新工作，需要相关理论和实践经验指导。本书力图呈现低碳城市发展理论研究与实践操作的融合成果，主要包括三方面的内容：（1）厘清低碳城市的内涵与外延，从理论上对低碳城市的内涵及其特征进行阐述。（2）提炼低碳城市建设经验，为中国未来低碳城市发展提供参考。（3）创新未来低碳城市发展道路，提出中国低碳城市发展的方向、框架和实现路径。本书的主要作者鲍海君教授与徐可西副教授长期致力于低碳城市研究，分别担任中国建筑节能协会城市绿色低碳发展质量专委会主任委员和秘书长，在城市治理、城市建设和城市发展等方面拥有丰富的研究经验，为本书提供了严谨的理论支撑。

本书可供从事低碳城市研究相关人员参考，也可作为相关专业的研究生和高年级本科生的学习参考读物。

责任编辑：高　悦
责任校对：张　颖
校对整理：董　楠

低碳城市建设理念、框架与路径

鲍海君　徐可西　著

*

中国城市出版社出版、发行（北京海淀三里河路 9 号）
各地新华书店、建筑书店经销
北京鸿文瀚海文化传媒有限公司制版
建工社（河北）印刷有限公司印刷

*

开本：787 毫米×1092 毫米　1/16　印张：16　字数：395 千字
2023 年 12 月第一版　　2023 年 12 月第一次印刷
定价：**68.00** 元
ISBN 978-7-5074-3630-3
（904658）

序

气候变暖问题加剧了气候系统的不稳定性，造成极端天气频发，严重影响着全球城市的生态安全。建立高效的气候治理体系、实现碳中和已成为世界各国发展的共识。2015年，全球 178 个国家加入《巴黎协定》，旨在将全球升温控制在工业化排放前高出 1.5℃的水平，否则气候变化将会威胁到世界各地人民的生计。这一项艰巨的任务，需要世界各国共同努力，采取减碳措施，在未来几十年内实现碳中和或"净零排放"。据统计，全球已经有 139 个国家/地区提出实现碳中和的愿景。

2010 年 4 月 15 日，联合国开发计划署在北京发布《2009—2010 中国人类发展报告》。这份以"迈向低碳经济和社会的可持续未来"为主题的年度报告指出，中国在制定未来社会和经济发展政策上，最佳的战略选择是走低碳发展道路。在全球变暖的背景下，中国的气候明显变化，造成生态环境恶化、农业生产损失巨大、粮食安全压力增加等严重后果。面对这些问题，中国走低碳社会发展道路成为必然。2020 年 9 月中国明确提出 2030 年"碳达峰"与 2060 年"碳中和"目标，为中国的低碳发展指明了方向。

为什么"30·60"这样紧迫？20 世纪 70 年代，加拿大生态学家就提出人类活动对地球造成的生态足迹理论，中国近年来温室气体排放占比全球最大，二氧化碳排放第一，而且已经保持了多年。目前，中国的排放量已经相当于第二位美国、第三位欧盟的总和。并且，据初步测算，如我国不采取减碳措施，再过 30～35 年，中国累计排放可能超过美国和欧盟，联合国所提出各国对气候变化承担共同但有差别的责任原则就不再适用于中国。因此，为彰显一个负责任大国应对气候变化的积极态度和体现应对气候变化的"共区原则"和"五个坚持"发展原则，我国主动提出生态文明转型，核心是要减少碳排放。

为什么选择城市为主要载体？城市的可持续发展跟"双碳"是紧密结合的。城市是人为温室气体的一个主要来源，未来城市之间的竞争已从 GDP 竞争逐步升级到 GDP 竞争和减碳竞争的双轨竞争，因此城市必须走绿色低碳的道路。

以城市为主体来实施"30·60"战略具有五大优势。一是，城市是人为温室气体排放的主角（占 75%），有利于落实"谁排放，谁减排"的责任。二是，我国城市行政区包括山水林湖田乡村和城镇，有利于因地制宜、科学布局可再生能源和碳汇基地。三是，根据改革开放四十多年的经验，未来城市间的竞争不仅是 GDP 增长的竞争，还与减碳相关联。四是，以城市为减碳主体可"从下而上"生成碳中和体系，与"从上而下"构成行业碳中和体系进行互补协同。五是，以城市为主体的"30·60"战略能演化成最优碳中和路径。"解铃还须系铃人"，城市的问题还需要通过城市自身的变革来解决，需要通过目标导向、问题导向和经验导向这三方面综合演化出最佳碳中和线路图和施工图。

由城市作为主体的"双碳"战略，是一种从下而上的众创模式。它是一种生成的"碳中和"体系，这与我国的顶层设计相互之间是互补的，抓住主要行业实现从上到下的"碳中和"战略，突出了国家"中和"体系的协同性和韧性。

城市如何实现碳达峰与碳中和？为降低人类生活和生产活动的碳足迹，世界多个城市以及国际组织都在积极推进低碳城市的建设。在我国快速城市化和工业化的背景下，建设低碳城市是经济社会低碳转型和可持续发展的必经之路。

建设低碳城市应尊重自然生态、历史文化，考虑普通居民的实际利益，"以人为本"是低碳生态城市的灵魂。在低碳城市建设中，应利用传统智慧、本地文化和技艺、实用的新技术、现代信息技术组合进行合理的城市规划和管理，使城市具有持续减碳的自我进化能力。此外，绿色建筑、低碳交通、废料利用等领域也是低碳城市的发展举措，是城市保持低碳的基础，应该与城市共同进化、自我更新，协同使城市的低碳发展走得更稳、更快、更和谐。

实现"双碳"目标是一场广泛而深刻的变革，城市是这场变革中十分重要的主体。在中央全面深化改革委员会第二次会议审议通过《关于推动能耗双控逐步转向碳排放双控的意见》之际，鲍海君教授和徐可西副教授所著的《低碳城市建设理念、框架与路径》得以付梓出版。该书立足于完善低碳城市建设理论体系和为我国低碳城市建设提供实践指引的双重目标，在系统梳理低碳城市建设相关理论和理念的基础上，深入挖掘提炼瑞典、丹麦、英国、德国、日本、新加坡等国家在低碳城市建设方面的模式和经验，回顾、总结我国在低碳城市建设领域开展的探索和存在的问题，进而提出"30·60"低碳城市发展的七大指引和多尺度、多主体、全过程、全要素融合的"30·60"低碳城市发展框架，并从零碳建筑、零碳单元、低碳城市三个尺度建立了"136"框架下的未来低碳城市发展路径。

《低碳城市建设理念、框架与路径》一书坚持以习近平生态文明思想为指导，紧扣低碳发展主题主线，以系统观念为引领，聚焦人类命运共同体、高质量发展、生态发展理念等重要思想观点，创新提出了低碳城市建设的指引、框架和路径，对探索低碳城市建设新模式、新道路、新技术，系统科学推进我国城市实现碳达峰碳中和具有重要的参考价值，是一本有效揭示低碳城市建设内在理论逻辑和现实经验举措的图书。

"双碳"目标任重道远，我们要以新一代系统科学办法，逐步推进城市绿色低碳建设、可持续发展、高质量生活，提高城市碳汇能力，提升低碳技术创新水平，让我们的城市成功迈向"30·60"，实现"碳达峰、碳中和"的目标的同时，成为人民群众美好生活的空间载体。

国际欧亚科学院院士、
住房和城乡建设部原副部长

前　言

在原始社会向奴隶社会的过渡时期，城市就已经出现。然而，在漫长的历史中，城市的发展速度极其缓慢。直到近代，产业革命的掀起、新兴的工业城市和商业城市的迅速涌现，才使城市人口急剧增长。城市化过程始于现代工业的兴起和资本主义的形成。随着工业革命的推进，城市化进程不断加快，引发了一系列生态环境问题，包括资源匮乏、生态系统破坏和环境污染等。交通工具的急剧增加、资源和能源的过度利用产生了大量的污染物，严重影响了生态环境质量。根据联合国政府间气候变化专门委员会 2014 年发布的第五次综合报告，1901—2010 年期间全球平均海平面上升了 0.19m，观测到的热浪、干旱、洪水等与气候相关的极端事件显著增多。这些生态环境问题对全球生态安全构成严重威胁，已经演变成全球可持续发展的紧迫议题和重大挑战。

尽早实现碳中和、控制温升逐渐成为全球应对气候变化的共识。根据 2021 年英国能源和气候信息小组的数据，截至 2020 年，全球有超过 120 个国家和地区设立了碳中和的目标。许多国家和城市陆续制定减碳目标与路线图，并通过行动计划予以落实。在中国新型城镇化进程中，推动低碳城市建设不仅需要在产业和技术领域积极发展低碳经济，还应注重从消费结构和生活质量方面促进低碳生活方式和消费模式的改变和升级。目前，中国低碳城市建设正处在探索阶段，仍需借鉴欧美等国家低碳城市建设经验。

欧美等发达国家开始低碳城市建设早于我国。早在 2003 年，英国于《能源白皮书》中首次提出了低碳发展目标，计划到 2050 年将二氧化碳排放量减少 60%，并将碳预算纳入国家财政管理。丹麦注重低碳节能技术的发展，其风力发电系统和公共交通网络系统领先世界各国。丹麦首都哥本哈根作为全球低碳城市的代表，拥有世界上最大的海上风力发电厂。美国是世界上温室气体排放量最大的国家之一，其在能源效率技术改进和清洁能源开发方面取得了显著进展。日本作为亚洲高度工业化的发达国家，由于资源短缺匮乏，较重视新型能源和低碳技术的研发。2004 年，日本颁布了《面向 2050 年的日本低碳社会情景研究计划》，成为全球首个承诺建设低碳社会的国家。这些事例表明，欧美等发达国家高度重视低碳城市建设，积极调整政策取向，以抓住低碳经济的机遇和制高点。

目前，中国低碳城市建设仍处在探索阶段。2008 年，国家建设部与世界自然基金会在中国以上海和保定两市为试点提出"低碳城市"的目标后，中国开始了建设低碳城市的探索。近年来，我国分别于 2010 年、2012 年和 2017 年先后实施了三批国家低碳城市试点政策。2010 年 7 月，中华人民共和国国家发展和改革委员会下发了《关于开展低碳省区和低碳城市试点工作的通知》，将全国五省八市列入试点范围，经过多年的探索与创新，在深入推动低碳城市建设方面形成一系列低碳发展示范经验，形成具有我国特色的低碳城市发展模式。截至 2021 年，全国共有 6 个省份 81 个城市被列入低碳城市试点名单。2020

年，我国更是在碳达峰、碳中和高峰论坛上指出要在 2030 年前实现碳达峰，2060 年前实现碳中和的"双碳"目标。

我国低碳城市发展应在贯彻落实习近平生态文明思想的基础上，积极实施绿色低碳发展策略，加快转变经济发展方式，重点优化产业结构和能源结构，从规划、能源、交通、节能等多方面形成零碳建筑、零碳单元、低碳城市"三位一体"的低碳城市发展路径。需指出的是，低碳城市建设仍处在发展阶段，研究和实践仍在逐步探索推进中，这不仅需要国家政府的大力推动，更事关民众切实利益，需要社会各界广泛参与、共同助力。然而，我国的低碳城市建设体系尚未成熟。未来低碳城市发展作为一项探索性创新工作，需要相关理论和实践经验指导。基于上述背景，我们撰写了本书。本书主要包括以下三方面的内容。

（1）厘清低碳城市的内涵与外延。阐述低碳城市的概念，系统梳理低碳城市建设的基础理论，从理论上对低碳城市的内涵及其特征进行阐述。

（2）提炼低碳城市建设经验。通过对全球低碳城市建设典范国家与地区的城市建设背景、建设路径以及建设最佳实践案例的深入分析与总结，提炼优秀经验，为中国未来低碳城市发展提供参考。

（3）创新未来低碳城市发展道路。基于对低碳城市的内涵和各国建设经验的总结，在剖析中国目前低碳城市建设的基础后，结合理论提出未来低碳城市发展的方向、框架和实现路径。

本书主要作者鲍海君教授、徐可西副教授长期致力于低碳城市研究，分别担任中国建筑节能协会城市绿色低碳发展质量专委会主任委员和秘书长，在城市治理、城市建设和城市发展等方面拥有丰富的研究经验，为本书提供了严谨的理论支撑。

全书章节内容和撰写分工如下：鲍海君、徐可西、詹冰倩、苏婕好共同负责本书的整体章节策划和内容安排。全书分为三部分：第一部分是理论分析，回顾低碳城市概念、基础理论，厘清低碳城市的内涵与外延，主要呈现在第一章，由张飞、林琛撰写；第二部分是低碳城市建设经验总结，包括英国、瑞典、丹麦、德国、美国、新加坡、日本以及中国的低碳城市建设理念和最佳低碳城市实践经验，涉及第二章至第九章，由姜春、何旻宇、陈龙凤、陈桢民等撰写；第三部分是中国迈向"30·60"未来低碳城市的发展规划，主要为低碳城市的发展指引、框架构建和建设路径，覆盖第十章到第十二章，由詹冰倩、苏婕好、何旻宇撰写。

低碳城市建设与发展推行的时间尚短、理论体系和建设实践都尚不完善。同时受限于作者的知识、资料与时间，本书还存在不足之处，有待进一步的完善。本书旨在提出未来低碳城市发展的方向，抛砖引玉，引起学界、业界对低碳城市发展的关注，促进对我国低碳城市建设的相关研究。敬请各位学者、同行不吝指出书中错误，作者将虚心改进。

作　者
2023 年 9 月

目　录

第一章 低碳城市基础理论

一、可持续发展理论

（一）起源与发展

1784年，蒸汽机的发明拉开了英国产业革命的序幕，随后全球范围内掀起了"高生产、高消耗、高污染"的发展热潮。这种发展模式带来了全球性的人口暴涨、粮食短缺、能源危机、环境污染等问题，严重危及了人类健康安全。20世纪五六十年代，在经济长期单极增长的发展态势下，相对低下的环境承载能力、规划能力和资源水平逐渐与经济和人口水平失衡并逐步崩溃，大规模爆发的城市病让人们对"增长＝发展"的模式产生怀疑。随后，环境保护思想逐渐登上国际政治舞台，引发了人类对环境与生存问题的关注，以及对发展道路的反思和探索。

1981年，美国世界观察研究所所长布朗的《建设一个可持续发展的社会》一书出版，书中首次提出可持续发展理论，认为必须迅速建立一个"可持续发展的社会"。1987年，布伦特兰夫人主持的世界环境与发展委员会发表的题为《我们共同的未来》的报告对可持续发展进行了定义："可持续发展是指既满足当代人的需要，又不损害后代人满足需要的能力的发展。"在1992年联合国环境与发展大会上，可持续发展要领得到与会者的认可与支持。2015年9月，联合国可持续发展峰会在纽约总部召开，联合国193个成员国在峰会上通过17个可持续发展目标，并正式把建设包容、安全、有风险抵御能力的可持续城市和社区作为新的15年发展目标。2020年，习近平主席在第七十五届联合国大会的讲话中提到："应对气候变化，《巴黎协定》代表了全球绿色低碳转型的大方向，是保护地球家园需要采取的最低限度行动，各国必须迈出决定性步伐。中国将提高国家自主贡献力度，采取更加有力的政策和措施，二氧化碳排放力争于2030年前达到峰值，努力争取2060年前实现碳中和。"

（二）基本内涵

可持续发展理论（Sustainable Development Theory）是指既满足当代人的需要，又不对后代人满足其需要的能力构成危害的发展，以公平性、持续性、共同性为三大基本原则。可持续发展理论的最终目的是实现共同、协调、公平、高效、多维的发展。

可持续发展的标志是资源的永续利用和良好的生态环境，经济和社会发展不能超越资

1

源和环境的承载能力。可持续发展是以自然资源为基础，同生态环境相协调。它要求在保护环境和资源永续利用的基础上进行经济建设，将人类的发展控制在地球的承载力之内，以确保自然资源和环境成本使用的可持续性。要实现可持续发展，必须使可再生资源的消耗速率低于资源的再生速率，使消耗的不可再生资源能够得到替代资源的补充。

可持续发展理念是科学发展观的重要内涵和内在机理。实现可持续发展是现代城市必须突破的重大现实课题，也是现代城市未来发展的价值取向和重要标尺。城市的可持续发展决定着一个地区乃至一个国家经济社会发展方式和综合实力。只有在绿色生态、经济高端、数字网络、科技创新、特色文化、低碳环保等方面不断推进，才能实现城市可持续发展目标。

二、生态承载力理论

（一）起源与发展

生态环境与人类的生命健康直接相关，而人类自从诞生以来就开始对所生活环境中的资源进行发掘，自然资源的供给是有限的，那么它的承载力也必然是有限的，人类无休止地发掘资源无疑会对生态构成威胁和挑战。

生态承载力概念可以追溯到柏拉图所提出的概念，他在《Laws Book V》书中写道："所谓最适宜的市民人口数是无法确定的，一块土地必须大到足够供养既定数量的人口，并供给舒适感与食物。"这便是现代生态承载力理念的前身，蕴含了其核心思想。20世纪以来世界经历了战乱以及战后的经济快速发展时期，人类对自然的过度依赖对生态造成了严重的破坏，对于人类自身生存构成了威胁，不利于人类社会的长期发展。生态承载力是可持续发展的工具之一，这方面的理论研究由此兴起，成为生态学领域的一个热点。

在国外，有关生态承载力的研究可追溯到1921年，Park和Burgess在《人类生态学杂志》中首次提出生态承载力的概念，他们指出生态承载力是指在某一特定环境条件下（主要指生存空间、营养物质、阳光等生态因子的组合），某种个体存在数量的最高极限。1992年，联合国环境与发展大会（UNCED）提出"准确计算地球的承载能力和地球对人类社会经济活动的恢复能力是可持续发展战略的基本问题"。近年来有国外部分学者采用特殊方法例如质量平衡模型、传递矩阵等，对生态承载力进行研究，拓展了生态承载力的研究视角。在我国，生态问题也备受关注，在2020年1月召开的中央经济工作会议上，习近平总书记明确提出"推动形成优势互补高质量发展的区域经济布局""增强中心城市和城市群等经济发展优势区域的经济和人口承载能力"。生态环境是中心城市和城市群高质量发展、承载力提升的关键要素和基本底色，城市可持续发展如何与城市生态承载力相协调，关系到城市未来自身的命运，也关系到其周边地区能否顺利实现高质量、可持续发展的目标。可见，城市生态系统承载力研究有十分重要的时代意义。

（二）基本内涵

生态承载力就是确定生态系统对人类活动的最大承受能力，所谓对人类活动的最大承受能力是指在不破坏生态系统服务功能的前提下，生态系统所能承受的人类活动的强度。

现代研究认为，生态承载力反映了生态环境与社会发展的相互作用关系，是生态环境系统对当前社会发展的支撑力、社会发展对生态环境系统的压力。一个城市想要实现长久的良性循环发展，必须尊重自然生态，不越过生态系统能够承受人类活动强度的红线。

将生态承载力理论放到城市尺度来看，不同地域、不同发展阶段的城市有自身固有的特点。比如在城市规划中，各个城市受其地理位置、自然条件限制，均有一定的不可控自然因素，如雨水、风沙等。在实际规划中，应从实际出发评估各种自然力量所带来的可能的危害及治理的可行性，制定相关方案应对；还应特别注意城市的发展形态，城市形态的合理与否，直接影响城市的功能布局、发展方向和交通系统等各个方面，因此，就城市发展形态必须进行充分审慎的考虑，慎重选择城市发展形态；必须根据城市自身的特点，确定城市发展的合理规模和结构布局，构建多样化、生态型的城市格局，以发展循环经济，转变传统的物质、能源单向消耗的生产生活和消费方式，将城市的生产、生活和消费规范在生态环境的承载力范围内，实现经济、社会和环境三大系统的协调发展和人与自然的和谐。

三、碳排放"脱钩"（Decoupling）理论

（一）起源与发展

"脱钩"源于物理学领域，是指具有相互依赖、交互胁迫关系的两个及以上的变量或系统之间不再发生同步变化和相互作用的现象。20世纪末，OECD（经济合作与发展组织）将脱钩概念引入农业政策研究，并逐步拓展到能源、环境等领域。以"脱钩"这一术语表示二者关系的阻断，即使得经济增长与资源消耗或环境污染脱钩，实现二者脱钩发展。过去百年间，全球工业化进程全面铺开，全球经济飞速发展，与之相对应的是化石燃料消耗量增加，温室气体排放量放大，并引起了以全球气候变暖为主导的一系列环境问题，威胁到了城市居民正常的生产生活，引起了全人类的关注。也正是在这样的背景下"脱钩"理论与碳排放挂钩，由此诞生了"碳排放脱钩"理论。

针对气候变暖的挑战，1997年12月，国际社会达成《京都议定书》，其目标是"将大气中的温室气体含量稳定在一个适当的水平，进而防止剧烈的气候改变对人类造成伤害"。党的十八届三中全会提出，坚持经济低碳清洁发展，减缓气候变化对经济与社会的巨大影响。因此提高适应气候变化的能力就成为中国可持续发展的一个重要命题。2020年，在第三届巴黎和平论坛的致辞中，习近平主席提出我国力争2030年前二氧化碳排放达到峰值，2060年前实现碳中和这一目标。2021年，中央财经委员会第九次会议强调，将碳达峰、碳中和列入生态文明建设的整体布局。着力发展绿色经济、低碳经济，大力加快推进我国产业结构的提质增效与转型升级，与各国交流合作，共同解决气候变暖这一问题，是我国经济社会发展的重要方向。

（二）基本内涵

碳排放是关于温室气体排放的总称，温室气体中最主要的气体是二氧化碳，因此用碳

一词作代表，温室气体的排放会造成温室效应，使全球气温上升。人类的任何活动都有可能造成碳排放，最具有代表性的是化石燃料的燃烧。

"脱钩"理论是 OECD 提出的形容阻断经济增长与资源消耗或环境污染之间联系的基本理论。OECD 在用脱钩概念表示经济增长与资源消耗或环境污染之间的阻断程度时，把脱钩划分为绝对脱钩和相对脱钩两种状态，其中前者又称为强脱钩，是指经济增长的同时，与经济活动相关的资源环境变量保持稳定或下降的现象，这是最为理想的一种脱钩状态；后者也成为弱脱钩，指的是经济增长的变化幅度和资源环境的变化幅度均大于零，同时资源环境的变化幅度要小于经济增长的变化幅度。基于以上两个概念的结合，本书认为，碳排放"脱钩"是经济增长与温室气体排放之间关系不断弱化乃至消失的理想化过程，即实现经济增长基础上，逐渐降低能源消费量。

因此，城市发展的低碳化在全球的碳减排中具有重要意义，它意味着城市经济发展必须最大限度地减少或停止对碳基燃料的依赖，实现能源利用转型和经济转型。作为区域碳减排的重要单元和研究主体，城市是实现全球减碳和低碳城市化的关键所在。

四、低碳经济理论

（一）起源与发展

"低碳经济"最早见诸政府文件是在 2003 年的英国能源白皮书《我们能源的未来：创建低碳经济》。作为第一次工业革命的先驱和资源并不丰富的国家，英国充分意识到了能源安全和气候变化的威胁。英国能源白皮书指出，低碳经济是通过更少的自然资源消耗和更少的环境污染，获得更多的经济产出；低碳经济是创造更高的生活标准和更好的生活质量的途径和机会，也为发展、应用和输出先进技术创造了机会，同时也能创造新的商机和更多的就业机会。

2006 年，前世界银行首席经济学家尼古拉斯·斯特恩牵头做出的《斯特恩报告》指出，全球以每年 GDP（Gross Domestic Product，国内生产总值）1％的投入，可以避免将来每年 GDP5％～20％的损失，呼吁全球向低碳经济转型。此后，中国也逐渐重视起低碳经济的发展。2006 年底，科学技术部、中国气象局、国家发展和改革委员会、国家环境保护总局等六部委联合发布了我国第一部《气候变化国家评估报告》。

在此背景下，"碳足迹""低碳经济""低碳技术""低碳发展""低碳生活方式""低碳社会""低碳城市""低碳世界"等一系列新概念、新政策应运而生。而能源与经济以至价值观实行大变革，可能为逐步迈向生态文明走出一条新路，即摒弃 20 世纪的传统增长模式，直接应用新世纪的创新技术与创新机制，通过低碳经济模式与低碳生活方式，实现可持续发展。联合国环境规划署确定 2008 年"世界环境日"的主题为"转变传统观念，推行低碳经济"。为呼应这一主题，环境保护部确定 2008 年"世界环境日"中国主题为"绿色奥运与环境友好型社会"。2007 年，在亚太经合组织（APEC）第 15 次领导人会议上，本着对人类、对未来的高度负责态度，对事关中国人民、亚太地区人民乃至全世界人民福祉的大事，中国代表胡锦涛同志郑重提出了四项建议，明确主张"发展低碳经济"，令世人瞩目。在这次重要讲话中，他强调"发展低碳经济"、研发和推广"低碳能源技术""增加碳汇""促进碳吸收技术发展"。他还提出："开展全民气候变化宣传教育，提高公众节能减排意识，让每个公民自觉为减缓和适应气候变化做出努力。"这也是对全国人民发出号召，提出了新的要求和期待。此后，中国开始重视低碳经济的发展。2010年7月，国家发展和改革委员会发布了《关于开展低碳省区和低碳城市试点工作的通知》，确立了包括广东、辽宁、云南、天津、重庆、深圳等5省8市为首批低碳试点，这一举措也正式将低碳发展引入城市范畴，低碳发展是未来城市发展必经之路；2013年，深圳启动了全国首个碳交易市场；2016年的"世界地球日"，中国正式加入《巴黎协定》；2020年，中国提出2030年前碳达峰、2060年前碳中和的"双碳"目标。

（二）基本内涵

低碳经济是指在可持续发展理念指导下，通过技术创新、制度创新、产业转型、新能源开发等多种手段，尽可能地减少煤炭、石油等高碳能源消耗，减少温室气体排放，实现经济社会发展与生态环境保护双赢的一种经济发展形态。

我国学者庄贵阳认为，低碳经济的实质是能源效率和清洁能源结构问题，核心是能源技术创新和制度创新，目标是减缓气候变化和促进人类的可持续发展。即依靠技术创新和政策措施，实施一场能源革命，建立一种较少排放温室气体的经济发展模式，减缓气候变化。低碳经济的发展方向是低碳发展，低碳经济的发展方式是节能减排，低碳经济的发展方法是碳中和技术（图1-1）。

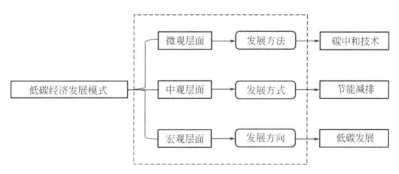

图 1-1 低碳城市经济发展模式框架图

低碳技术，也称为清洁能源技术，主要是指通过提高能源效率来稳定或减少能源需求，同时减少对煤炭等化石燃料依赖程度的主导技术，是涉及电力、交通、建筑、冶金、化工等部门以及在可再生能源及新能源、煤的清洁高效利用、油气资源和煤层气的勘探开发、二氧化碳捕获与埋存等领域开发的有效控制温室气体排放的新技术。

根据来自英国的经验，低碳政策措施主要包括三个方面：一是提高能源效率和发展可再生能源，即不断提高建筑物的能效，执行更高的产品标准，并将低碳能源技术应用于可再生能源发电中；二是建立温室气体排放贸易等市场机制，通过设定排放上限，依靠碳排放贸易来激励对提高能效和清洁技术开发的投资；三是设立碳基金，发挥政府在扶持和鼓励开发低碳技术领域的重要作用。

五、循环经济理论

（一）起源与发展

在 20 世纪 70 年代，循环经济的思想只是一种理念，当时人们关心的主要是对污染物的无害化处理。20 世纪 80 年代，人们认识到应采用资源化的方式处理废弃物。20 世纪 90 年代，可持续发展战略成为世界潮流，环境保护、清洁生产、绿色消费和废弃物的再生利用等才整合为一套系统的以资源循环利用、避免废物产生为特征的循环经济战略。循环经济是与线性经济相对的，是以物质资源的循环使用为特征的。

循环经济的思想萌芽可以追溯到环境保护兴起的 20 世纪 60 年代。1962 年美国生态学家卡尔逊发表了《寂静的春天》，文献中指出了生物界以及人类所面临的危险。"循环经济"一词，首先由美国经济学家波尔丁提出，主要指在人、自然资源和科学技术的大系统内，在资源投入、企业生产、产品消费及其废弃的全过程中，把传统的依赖资源消耗的线性增长经济，转变为依靠生态型资源循环来发展的经济。其"宇宙飞船理论"可以作为循环经济的早期代表。

20 世纪 90 年代之后，发展知识经济和循环经济成为国际社会的两大趋势。中国于 20 世纪 90 年代引入了循环经济的思想，此后对于循环经济的理论研究和实践不断深入。1998 年引入德国循环经济概念，确立"3R"［减量化（reducing），再利用（reusing）和再循环（recycling）］原理的中心地位；1999 年从可持续生产的角度对循环经济发展模式进行整合；2002 年从新兴工业化的角度认识循环经济的发展意义；2003 年将循环经济纳入科学发展观，确立物质减量化的发展战略；2004 年，提出从不同的空间规模——城市、区域、国家层面大力发展循环经济。

2021 年 7 月，国家发展和改革委员会再次强调了循环经济这一重大战略对我国经济社会发展的重要性，全面解读了"十四五"循环经济发展规划，其中提到了未来 5 年的主要目标，包括主要资源产出率比 2020 年提高 20%，单位 GDP 能源消耗、用水量比 2020 年分别降低 13.5%、16% 左右，资源循环利用产业产值将达到 5 万亿元。

我国是世界上人口最多、产生固体废物量最大的国家，每年新增固体废物 100 亿 t 左右，历史堆存总量高达 600 亿～700 亿 t。固体废物产生量大、利用不充分，部分城市"垃圾围城"问题十分突出，固体废物污染风险隐患较高，亟需对于破解这一难题开展创新探索。为适应固体废物污染防治新形势，新修订的《中华人民共和国固体废物污染环境防治法》（简称《固体废物污染环境防治法》）总则第三条明确提出国家推行绿色发展方式，促进清洁生产和循环经济发展。

（二）基本内涵

循环经济主要是指运用资源进行循环的经济模式，以资源节约和循环利用为主要方式来促进经济与环境和谐发展。美国经济学家肯尼斯·鲍奈丁强调在经济活动中进行"资源—产品—再生资源"的反馈式流程，采用的是低排放的发展模式，减少经济活动对自然环境的影响，利用技术创新将损害程度降低到最低。循环经济是资源的综合利用和环境的综合保护，采用创新技术的方法实现经济形态和增长方式的和谐发展。循环经济以可持续发展为核心，以资源高效利用为主要原则，以循环利用为主要方式，实现经济高质量发展，摒弃传统的大量生产、大量消费、人量废弃的增长模式。美国经济学家波尔丁受当时发射的宇宙飞船的启发来分析地球经济的发展，他认为飞船是一个孤立无援、与世隔绝的独立系统，靠不断消耗自身资源而存在，最终它将因资源耗尽而毁灭。唯一延长其寿命的方法就是实现飞船内的资源循环，尽可能少地排出废物。同理，地球经济系统如同一艘宇宙飞船。尽管地球资源系统大很多，地球寿命也长很多，但是也只有实现对资源的循环利用，地球才能长存。

在发展理念上循环经济将传统的依赖资源消耗的线性增长的经济，转变为依靠生态型资源循环来发展的经济。这既是一种新的经济增长方式，也是一种新的污染治理模式，同时又是经济发展、资源节约与环境保护的一体化战略。

循环经济本质上也是一种生态经济，它要求运用生态学规律而不是机械论规律来指导人类社会的经济活动。与传统经济相比，循环经济的不同之处在于：传统经济是一种"资源—产品—污染排放"单向流动的线性经济，其特征是高开采、低利用、高排放。在这种经济中，人们将地球上的物质和能源高强度地提取出来，然后又把污染和废物大量地排放到水系、空气和土壤中，对资源的利用是粗放的和一次性的。与其不同，循环经济是一种与环境和谐相处的经济发展模式。它要求把经济活动组织成一个"资源—产品—再生资源"的反馈式流程，其特征是低开采、高利用、低排放。所有的物质和能源要能在这个不断进行的经济循环中得到合理和持久的利用，将经济活动对自然环境的影响程度尽可能降低。

中国政府在《"十四五"循环经济发展规划》（发改环资〔2021〕969号）强调市场主导，强化创新对循环经济的引领作用，以再利用、资源化为重点，强化重点区域、重点品种的资源保障能力，重点解决制约循环经济发展的突出问题。

循环经济可以推动区域经济实现快速进步，有利于更好地解决当前经济中资源和环境存在的矛盾，有利于经济流通中减少资源投入。其注重绿色设计，对地球生态与人类生存环境高度关怀，生态环境的再开发需要按照循环利用的原则，促进空间环境资源再修复、再利用，实现循环利用。这样的经济模式对于区域发展有重要的作用，特别是在区域经济发展不平衡的阶段，发展循环经济减少了对资源环境的依赖程度，同时，运用创新技术进行操作，遵循再循环、再利用的原则能够从根本上促进资源快速恢复，形成低排放的经济运行模式。

六、精明增长理论

（一）起源与发展

二战后，伴随着小汽车的普及和公路的大规模建设，美国率先步入了郊区城市化加速阶段。尤其是20世纪70年代后，小汽车交通主导下的郊区化现象极大地加剧了就业问题且造成了居住的低密度扩散，出现了所谓的"城市蔓延"（Urban Sprawl）。至此，城市空间增长形态发生转变，由工业化时期市区边缘的高密度蔓延转变为城市郊区低密度扩展。美国经济学家与城市学家安东尼·当斯在其所著的《美国大城市地区最新增长模式》一书中，将"城市蔓延"表述为"郊区化的特别形式，它包括以极低的人口密度向现有城市化地区的边缘扩展，占用过去从未开发过的土地"。阿尔·萌（R·Moe）进一步把蔓延定义为"低密度地在城镇边缘地区的发展"。最后，布希尔（Burchell）等将"城市蔓延"的诸多解释总结为以下 8 个方面：低密度的土地开发；空间分离、单一功能的土地利用；"蛙跳式"或零散的扩展形态；带状商业开发；依赖小汽车交通的土地开发；牺牲城市中心的发展进行城市边缘地区的开发；就业岗位的分散；农业用地和开敞空间的消失。针对城市蔓延带来的诸多问题，精明增长应运而生。

2000 年，美国规划协会联合 60 家公共团体组成了"美国精明增长联盟"（Smart Growth America），确定精明增长的核心内容：用足城市存量空间，减少盲目扩张；加强对现有社区的重建，重新开发废弃、污染工业用地，以节约基础设施建设和公共服务成本；城市建设相对集中，密集组团，生活和就业单元尽量拉近距离，减少基础设施、房屋建设和使用成本。

（二）基本内涵

精明增长是一项综合的应对"城市蔓延"的发展策略，目标是通过规划紧凑型社区，充分发挥已有基础设施的效用，提出"城市增长边界"（Urban Growth Boundary）、"以公共交通为导向"（TOD，Transit-oriented Development）发展模式以及城市内部废弃地的再利用（Brown Field Redevelopment）等，提供更多样化的交通和住房选择来努力控制城市蔓延。它还是一项将交通和土地利用综合考虑的政策，提供更加多样化的交通出行选择，通过公共交通导向的土地开发模式将居住、商业及公共服务设施混合布置在一起，并将开敞空间和环境设施的保护置于同等重要的地位。

我国学者梁鹤年认为，精明增长就是城乡政府在基础设施开发管理的决策中，以最低的基础设施成本去创造最高的土地开发收益。要达到这一目的就应该根据这些基础设施（特别是道路和上下水管道）对土地进行"最高最好用途"的开发，尤其是达到最高的使用密度。刘海龙认为，"精明"强调"充分考虑土地开发、城市增长以及市政基础设施规划的需求"，具有"先见性""整体性"等特征，"同时承认自然与人的不同需求，提供一个保护与开发并重的框架"。总的来说，精明增长把时间、注意力和资源放在恢复市区与老近郊的活力和社区感；新的精明增长以"城"为本位，以公共交通和步行为导向，混合住房、商业和商店各用途，保留空地及环境设施。

城市增长的"精明"主要体现于两个方面：一是增长的效益，有效的增长应该是服从市场经济规律、自然生态条件以及人们生活习惯的增长，城市的发展不但能繁荣经济，还能保护环境和提高人们的生活质量；二是容纳城市增长的途径，按其优先程度排序依次为现有城区的再利用—基础设施完善、生态环境许可的区域内熟地开发—生态环境许可的其他区域内生地开发。通过对土地开发的时空顺序控制，将城市边缘带农田的发展压力转移到城市或基础设施完善的近城市区域。因此，精明增长是一种高效、集约、紧凑的城市发展模式。

七、紧凑城市理论

（一）起源与发展

自工业革命以来，城市化迅速推进，城市在发展过程中面临着许多危机，如环境污染、水资源短缺、交通堵塞等，迫使许多学者为解决这些危机进行理论与实践的尝试。以霍华德的"花园城市"理论、芒福德的"有机秩序"理论为代表，其基本思想是城市在地域空间上必须保持低密度，生活应该回归绿色自然，即分散化思想。在这一思想自觉与不自觉的影响下，伴随着逆向城市化现象，许多国家对城市都进行了新的规划。进入20世纪中后期，随着城市规模的进一步扩大，特别是城市蔓延现象的出现，大量侵占了本来已十分有限的土地资源，同时也存在着能源过度消耗等问题。这一系列问题的出现，迫使人们重新思考城市在空间上应该采取什么样的发展形态。

1990年，紧凑城市理论最积极的倡导者欧洲共同体于布鲁塞尔发布了《欧洲城市环境绿皮书》，提出鼓励更多的多样性，避免城市扩张等观点。1996年，《紧缩城市——一种可持续发展的城市形态》发表，其作者认为：紧凑城市理论在一定程度上是以限制城市扩张为前提的，通过对集中设置的公共设施的可持续性的综合利用，将会有效地缩短交通距离、减少废气排放量并促进城市的发展。1997年，提倡紧凑城市的重要人物布雷赫尼对紧凑城市的定义：促进城市的重新发展、中心的再次兴旺；保护农地，限制农村地区的大量开发；更高的城市密度；功能混合的用地布局；优先发展公共交通，并在其节点处集中进行城市开发。而这也是"紧凑城市"从概念走向理论的一个标志。

2000年，在迈克·詹克斯等编著出版的可持续城市形态系列丛书的第二本和第三本中，紧凑城市像迈克·詹克斯等所声称的那样，已经成为一个世界问题。迄今为止，紧凑城市的理论已经不仅限于对土地的节约，实际上已经发展成为一种集约化城市发展的模式，包括对能源、时间等的集约利用，以实现城市的可持续发展。而紧凑城市的实践也已经扩展到欧洲的许多国家，其中包括一些人口密度很低的国家，瑞典、芬兰、挪威、瑞士、英国、法国、德国、意大利等均已开始紧凑城市的实践。

而20世纪90年代以来，城市的快速扩张是导致我国土地资源紧张和浪费的重要因素。如何控制城市建成区的无序蔓延，降低人均城市用地面积，适当提高城市建成区的人口密度，是我国解决人口城市化和粮食供应问题，实现可持续发展所要面临的首要问题。

（二）基本内涵

紧凑城市理论是在城市规划建设中主张以紧凑的城市形态来有效遏制城市蔓延，保护郊区开敞空间，减少能源消耗，并为人们创造多样化、充满活力的城市生活的规划理论。它最早的积极倡导者是欧洲共同体，其理论构想在很大程度上受到了许多欧洲历史名城的高度密集发展模式的启发。紧凑城市理论主要提倡以下三个观点：高密度开发、混合的土地利用和优先发展公共交通等。

1. 高密度开发

紧凑城市理论主张采用高密度的城市土地利用开发模式，一方面可以在很大程度上遏制城市蔓延，从而保护郊区的开敞空间使其免遭开发。另一方面可以有效缩短交通距离，降低人们对小汽车的依赖程度，鼓励步行和自行车出行，从而降低能源消耗，减少废气排放乃至抑制全球变暖。另外，高密度的城市开发可以在有限的城市范围内容纳更多的城市活动，提高公共服务设施的利用效率，减少城市基础设施建设的投入。

2. 混合的土地利用

紧凑城市理论提倡适度混合的城市土地利用，认为将居住用地与工作用地、休闲娱乐、公共服务设施用地等混合布局，可以在更短的通勤距离内提供更多的工作，不仅可以降低交通需求，减少能源消耗，而且可以加强人们之间的联系，有利于形成良好的社区文化。

3. 优先发展公共交通

紧凑城市理论认为，城市的低密度开发使人们的交通需求上升、通勤距离增大，在出行方式上过度依赖小汽车，从而导致汽车尾气排放过多。因此，该理论强调要优先发展公共交通，创建一个方便、快捷的城市公共交通系统，从而降低对小汽车的依赖程度，减少尾气排放，改善城市环境，这与 TOD 开发模式相同。

紧凑城市理论是针对西方城市郊区蔓延和"边缘城市"无效性等问题而进行的回应，其研究的范围目前主要集中在美国、欧洲、澳大利亚等工业化国家和地区，对发展中国家的研究涉及较少。而随着发展中国家的城镇化进程的加快，已经有发展中国家的某些发达地区开始了对紧凑城市理论的实践。深圳光明新城的建设是紧凑城市理念在中国大陆的具体实践，已经取得了良好的效果。天津市滨海新区的于家堡金融区、响螺湾商务区和泰达现代服务产业区（MSD，Modern Service District）在规划过程中也对紧凑城市理论有所借鉴。

虽然紧凑城市理论可以带来很多好处，但其目前仍存在争议，如在研究层面上，紧凑城市主要以环境保护为目标，却缺乏对经济和社会的可持续性影响的研究。在实践层面上，紧凑城市和可持续发展之间的关系以及紧凑城市所声言的好处还有待验证。在可能引发的新的城市问题上，高密度的城市形态可能导致交通拥堵、生活成本上升等一系列问题。

第二章 统筹规划，协调发展
——英国低碳城市全面规划之路

英国作为第一次工业革命的起源地，受到了环境污染带来的负面影响。为解决空气污染问题，英国率先开始了环境治理。英国是最早提出低碳概念并积极倡导低碳经济发展的国家。发展低碳城市，需要整合和充分发挥多种资源和力量的作用。在长期的环境治理与低碳建设中，英国统筹规划，在国土空间、低碳交通、清洁可再生能源、绿色金融等领域采取了有效举措，积累了大量经验，并将其通过法案、政策等方式制度化，为其他国家的低碳建设提供了重要参考和依据。

一、低碳城市发展背景

气候学家们普遍认为，全球气温存在一个"临界点"，当全球变暖使气温超过这一"临界点"时，便会引发整个地球生态系统崩溃造成海平面上升、生物灭绝等灾难性后果。英国是一个岛国，四面环海的地理位置决定了它更容易受到全球变暖带来的海平面上升的负面影响。而作为最早开始工业革命的国家，英国在能源应用方面有着悠久的历史。从第一次工业革命开始，煤炭等化石材料被大量地开采使用；第二次工业革命以来，工业的血液——石油——被广泛应用于各行各业作为动力的来源。然而，化石燃料在造就英国成为强大的"日不落帝国"的同时，也带来了许多负面影响。例如，1952 年，持续数天的大雾笼罩伦敦，造成了过万的直接伤亡；英国在 2000 年的碳排放占全球的 2%，远高于其他国家；英国本土的煤炭资源趋于衰竭，英国的能源安全受到严峻挑战。伦敦大雾事件后，英国开始以强有力的手段整治污染，并推行低碳发展。

英国是世界上最早开始治理环境的国家。伦敦大雾事件的 4 年后，英国出台了世界上首部空气污染防治法案——《洁净空气法案》。该法案的目的在于整顿英国原有的环境问题。随后，英国出台《控制公害法案》，将对环境的保护从空气扩大到土地和水域，并且增加了对噪声污染的管控。进入 21 世纪，英国的低碳体系建设不断完善。2003 年，《我们能源的未来：创建低碳经济》首次提出了"低碳经济"这一概念；2008 年，英国议会通过《气候变化法案》，将减排目标纳入法律体系，形成了低碳经济的基本法律体系，并成立了气候变化委员会这一专门部门来确保低碳政策得到有效执行。到 2019 年，英国议会通过《气候变化法案（2050 年目标修正案）》，英国成为世界上首个以法律形式规定碳中和目标年限的国家。

除了对国内碳排放的严格管控，英国在国际合作方面同样持有积极的态度。20 世纪 90 年代，英国签署了《联合国气候变化框架公约》，又在新世纪来临之际签署《京都议定书》，与国际社会一道面对新世纪的气候变化问题。2015 年，英国签署了《巴黎协定》，并在之后的几年内按照《巴黎协定》相关规定出台、修改国内法律，成为国际低碳领域的领导者。

二、低碳城市政策体系

作为全世界最早提出"低碳"概念的国家之一，英国在低碳城市建设方面有着一套较为成熟的体系。20 世纪 50 年代的伦敦大雾事件使英国承受了破坏环境带来的恶果，此后英国痛定思痛，开始以强有力的手段整治环境污染问题。1956 年英国出台世界上首部环境保护法案——《洁净空气法案》，对工业排放进行了严格的限制。随后几年，英国陆续出台了一系列空气污染防治法案，这些法案对各种废气排放进行了严格的约束，有效地改善了英国的空气质量和环境水平。21 世纪后，英国将重心从"低碳化"转向了"零碳化"。2008 年，英国议会通过《气候变化法案》，将减排目标纳入法律体系，形成了低碳社会的基本法律体系。2019 年又以修正案的形式将"2050 年实现碳中和"写入了该法案。至此，英国建成了一套较为完整的低碳法律体系，这套体系涵盖了规划、环境、交通、能源、住房与经济等多个大类（表 2-1），在实践中已经取得一定的成效。

英国低碳政策框架体系部分法规　　　　　　　　　　　　　表 2-1

政策名称	政策英文名	发布部门	政策类别	发布时间
《洁净空气法案》	Clean Air Act	英国政府	碳监管政策	1956
《控制公害法案》	Disaster Control Act (Control of Pollution Act 1974)	英国政府	碳监管政策	1974
《气候变化法案》	Climate Change Act	英国议会	碳监管政策	2008
《气候变化法案（2050 年目标修正案）》	Climate Change Act (2050 Target Amendment)	英国议会	碳调控政策	2019
《我们能源的未来：创建低碳经济》	Our Energy Future: creating a Low Carbon Economy	英国环境、食品与农村事务部；英国交通部	碳调控政策	2003
《英国可再生能源战略》	The UK Renewable Energy Strategy	英国政府	碳调控政策	2009
《规划我们的未来：关于发展安全、价格适宜和低碳电力的白皮书》	Planning Our Electric Future: a White Paper for Secure, Affordable and Low-carbon Electricity	英国商业、能源和工业战略部	碳调控政策	2011
《绿色工业革命十点计划》	The Ten Point Plan for a Green Industrial Revolution	英国总理办公室	碳调控政策	2020
《能源白皮书：净零排放》	Energy White Paper: Powering Our Net Zero Future	英国商业、能源和工业战略部	碳调控政策	2020
《脱碳运输：一个更好的、更环保的英国》	Decarbonising Transport: A Better Greener Britain	英国交通部	碳调控政策	2021

续表

政策名称	政策英文名	发布部门	政策类别	发布时间
《绿色巴士》	*The UK Low Carbon Transition Plan：National Strategy for Climate and Energy*	英国交通部	碳调控政策	2021
《工业脱碳战略》	*Industrial Decarbonisation Strategy*	英国政府	碳调控政策	2021
《低碳工业战略》	*Low Carbon Industrial Strategy：a Vision*	商业、能源和工业战略部	碳调控政策	2022
《2007年能源白皮书：应对能源挑战》	*Meeting the Energy Challenge：a White Paper on Energy*	英国贸易与工业部	碳调控政策	2007
《工业战略：汽车行业交易》	*Industrial Strategy：Automotive Sector Deal*	英国商业、能源和工业战略部	市场培育政策	2018
《离岸风电行业交易》	*Offshore Wind Sector Deal*	英国商业、能源和工业战略部	市场培育政策	2020
《国家公共汽车战略》	*Bus Back Better：a National Bus Strategy for England*	英国交通部	市场培育政策	2021
《可再生能源战略（2023版）》	*The UK Renewable Energy Strategy*	英国商业、能源和工业战略部	市场培育政策	2023
《今天驱动未来：英国超低排放汽车的战略》	*Driving the Future Today：a Strategy for Ultra Low Emission Vehicles in the UK*	英国低排放车辆办公室	技术创新政策	2013
《运输的未来计划》	*Future of Transport Programme*	英国交通部；英国低排放车辆办公室；英国互联与自动驾驶汽车中心	技术创新政策	2020
《全生命周期零碳路线图：英国建筑环境净零路径》	*Net Zero Whole Life Carbon Roadmap：A Pathway to Net Zero UK Built Environment*	英国绿色建筑协会	技术创新政策	2021

（一）碳监管政策

1974年，英国出台《控制公害法案》，该法案全面、系统地规定了对空气、土地等方面进行保护，并制定了相应的控制条款。2008年，议会通过《气候变化法案》，提出了"以1990年的排放量为基准，2050年的碳排放量减少80%"的碳减排要求，并设置了严格的碳预算体系，即每五年为一个周期，按照周期制定碳预算，直至2050年。同时规定了主管部门的负责官员在限定时间内制定出未来三个周期的碳预算，每年向社会披露碳排放数据。该法案同时设立了一个新的法定机构——气候变化委员会（CCC，Climate Change Committee），向政府提供碳预算之建议，并提交相关报告以证实其建议的合理性。而政府必须对其提交的建议和报告作出回应，以确保碳预算的透明性和问责性。

（二）碳调控政策

在碳调控方面，依托完善的碳监管法律体系，英国政府的各个部门均发布了各自领域的纲领性文件，对规划、交通、能源、工业、建筑等领域的碳排放活动进行调控与监管。

在规划方面，2008 年出台的《气候变化法案》以法律的形式将遏制气候变化作为英国政府的一项长期任务。该法案要求制定每五年一周期的碳预算，政府根据碳预算，以亿吨二氧化碳当量（CO_2e）为单位进行减碳工作，2019 年，议会通过《气候变化法案（2050 年目标修正案）》，规定了英国在 2050 年以前实现碳中和这一目标。

在交通方面，英国交通部（Department for Transport）于 2009 年发布纲领性规划《低碳交通：更绿色的未来》，提出"低碳交通"这一概念，并将减碳要求分为汽车、火车、航空和海运这四大板块，提出利用新能源新技术替代化石能源和燃气燃油动力设备，并完善公共交通，促进国民选择低碳化的出行方式；2021 年，英国交通部在此基础上发布《脱碳运输：一个更好的，更环保的英国》白皮书，将减排从汽车、火车等四大板块拓展到全类别的交通工具，同时《脱碳运输：一个更好的，更环保的英国》提出进一步完善公共交通，为国民提供更多的交通工具种类，促进其"低碳选择"。此外，《脱碳运输：一个更好的，更环保的英国》提出了重点发展以电、氢为能源的新型车辆，并在未来增加氢能源等可持续低碳燃料的研究投入。2021 年，英国交通部发布《绿色巴士》白皮书，确定了以柴油为动力的巴士的禁售日期，提出逐步以电动化巴士替代现有巴士，实现高效清洁的运营。通过修改巴士线路、调整票价等方式，增加公共交通客流；同时提高公共汽车的交通优先级，将公共交通的运营范围向郊区扩展。

在能源方面，英国环境、食品与农村事务部和交通部于 2003 年联合发布了《我们能源的未来：创建低碳经济》这一白皮书。这份白皮书提出使用"更清洁、更智能的能源"，要求提高能源效率并进行低碳发电，实现低碳清洁的运输。2007 年，英国贸易与工业部（BIEE，British Institute of Energy Economics）发布《2007 年能源白皮书：应对能源挑战》，阐述了英国能源系统改革的思路。该文件提出，重视可再生能源的应用，发展清洁电力、核能与天然气等低碳能源，以应对气候变化，确保英国能源的安全、清洁与经济性。2009 年，《英国可再生能源战略》提出了发展清洁电力、氢能源在内的清洁能源。随着煤炭资源日益减少以及法律对煤炭使用的限制，同时受到国际局势的影响，石油价格在一定程度上上涨，英国的能源安全受到了严峻挑战。2011 年，英国商业、能源和工业战略部（BEIS，Department for Business，Energy & Industrial Strategy）发布了《规划我们的未来：关于发展安全、价格适宜和低碳电力的白皮书》，这份文件指出英国的能源安全，尤其是电力系统正面临前所未有的挑战，阐明英国进行电力脱碳的必要性与紧迫性，要求投资低碳发电技术。同时，该文件认为碳价格下限（CPF）是推动低碳技术进行必要投资的关键措施。在电力系统改革方面，白皮书提出了基于差价合约的上网电价（PFIT），以满足政府提出的电力市场改革计划。2020 年，BEIS 发布了《能源白皮书：净零排放》，提出到 2030 年海上风电装机总量达到 40GW 的目标；2028 年之前，电热泵的安装量将会以每年 600000 个的数量增长；同时，在工业集群中部署碳捕获装置。除此之外，政府将致力于降低可再生能源的价格，确保不增加民众的负担。

在工业方面，英国总理办公室于 2020 年提出了《绿色工业革命十点计划》，旨在通过能源、金融与工业技术方面的革新来带动整个工业体系向零碳方向迈进，最终建立碳中和的工业体系。2021 年，《工业脱碳战略》出台，在原先的基础上强调通过碳捕获与封存技术（CCUS，Carbon Capture，Utilization and Storage）来达到脱碳的目标。2022 年，BEIS 发布《低碳工业战略》，对英国的未来工业体系进行了概括，强调了英国建立绿色工业体系的决心。

在建筑方面，2020 年 BEIS 发布的《能源白皮书：净零排放》提出，在 2025 年停止向新建建筑提供天然气管网连接。除了设置针对新建筑的更高标准，英国同样重视提升现有建筑的能效。由英国五大管网公司联合发布的《绿色天然气》提出以现有的管网设施、创新项目等为基础，实现最佳成本效益的净零路线。

（三）市场培育政策

2007 年，英国贸易与工业部（BIEE）发布《2007 年能源白皮书：应对能源挑战》，提出发展核能、清洁电力与绿色天然气等清洁能源，并逐步将其推广至市场，以取代传统的高污染能源。2010 年，英国政府推出"减碳承诺计划"（CRC），要求任何年用电量超过 6000MWh 的企业或公共部门必须在 9 月底之前登记其能源使用量。从 2011 年 4 月份起，每个组织都必须以吨二氧化碳当量（tCO_2e）为单位提前购买"温室气体排放许可证"。2018 年。BEIS 发布的《工业战略：汽车行业交易》提出鼓励发展氢能源、电能车辆，限制燃油车的销售年限。2020 年，BEIS 发布《离岸风电行业交易》，提出在发展本国离岸风电的同时，保持英国在该领域的全球领先地位，向其他国家提供离岸风电的设备及后续服务。2021 年，英国交通部在《国家公共汽车战略》中提出通过票价改革，鼓励国民使用公共交通，减少私家车的行驶里程。同年，英国内阁办公室发布政府采购文件《采购政策说明——在采购主要政府合同时考虑碳减排计划》，文件规定政府部门或相关机构应强制要求大型公共项目供应商提供包含"2050 年前实现净零承诺"的碳减排计划（CRP）。

（四）技术创新政策

2013 年，英国低排放车辆办公室发布《今天驱动未来：英国超低排放汽车战略》，指出超低排放汽车（ULEV）正高速发展，为英国的汽车产业和供应链提供了巨大的机会。该战略要求英国，减少或停止对燃油车的研究开发，将研发重心放在超低排放汽车上。此外，英国各部门在其发布的各自领域的减碳白皮书中均提到了支持该领域的技术创新。如《英国可再生能源战略》中提到支持英国国内的核能、离岸风电、智能电网、氢能源等技术的开发与市场化，《绿色工业革命十点计划》提到了对氢能源、离岸风电和碳捕获与封存技术（CCUS）的支持。2020 年，英国交通部、低排放车辆办公室和互联与自动驾驶汽车中心联合发布了《运输的未来计划》，鼓励电动车、物联网汽车、无人驾驶等一系列新技术的开发研究。

建筑方面，英国绿色建筑协会于 2021 年发布了《全生命周期零碳路线图：英国建筑环境净零路径》这一系列指导性文件，涵盖了设计、施工、材料、运营等多方面，指导英国的建筑脱碳。提出发展装配式建筑等新型建设方法，降低建设过程碳排放；使用智能电网的清洁电力，采用热电联产、废热回收等技术，降低建筑运营过程中的能耗；使用新型材料降低建筑的隐含碳。

三、低碳城市建设路径

（一）规划：法律、经济与宣传"三管齐下"，建设净零排放的英国

一是对低碳城市的规划主要分为政策、经济与民众三个方面。一是注重使用法律法规等政策体系构建低碳发展的基本框架；二是用经济手段调节、引导企业和居民进行节能减排；三是注重对公众进行宣传，引导民众养成"低碳意识"。

英国在低碳方面的法律法规较为完善，最早可以追溯到 1956 年的《洁净空气法案》。21 世纪以来，随着碳排放引发的全球变暖带来的负面影响日益加剧，英国加快了低碳城市建设的脚步。2008 年是英国低碳城市建设的重要节点，在这一年，英国通过了《气候变化法案》，将减排目标纳入了法律体系，制定了每五年一期的碳预算制度，并成立了独立的气候变化委员会（CCC，Climate Change Committee），向英国政府提供碳预算之建议、监督碳预算执行状况及年度进展报告。2019 年，英国通过了修正案，将 2050 年实现碳中和的目标写入《气候变化法案（2050 目标修正案）》（表 2-2）。

根据《气候变化法案》制定的碳预算   表 2-2

碳预算期	时间	减碳量 （亿 t CO_2e）	较基准线降低 （1990 年排放量）	实施情况
第一期	2008—2012	30.18	25％	已实现
第二期	2013—2017	27.82	31％	已实现
第三期	2018—2022	25.44	37％（2020 年前）	正在实施
第四期	2023—2027	19.50	51％（2025 年前）	未实施
第五期	2028—2032	17.25	57％（2030 年前）	未实施
第六期	2033—2037	9.65	78％（2035 年前）	待审批

英国通过税收和碳交易等经济手段来调节和限制企业的碳排放。2001 年，英国就设立了气候变化税；2002 年建立了世界上最早的碳交易排放市场（UKETS）；2006 年，政府出资设立节能信托公司，面向英国家庭推广减排措施；此外，英国还在国内推行节能消费贷款政策（PAYS），帮助普通家庭减碳。除了限制碳排放，英国政府利用自身在全球绿色金融领域的领导地位，巩固、发展绿色金融体系，用金融工具助力国内脱碳。

英国政府十分重视培养公众的低碳意识。"英国气候变化节"是英国政府引导公众消费意识向低碳方向转变的一个重要举措。此外，英国政府通过互联网、社区服务中心、长期低碳项目等方式，向居民宣传低碳理念，为居民提供低碳节能的各种辅导。

（二）交通：升级交通能源结构，建设脱碳交通体系

"低碳交通"的概念源于《气候变化法案》中降低交通运输的碳排放的要求。2009年，英国交通部发布《低碳交通：更绿色的未来》，这部白皮书提出支持转向新技术和清洁燃料，并利用市场机制鼓励转变以实现低碳运输。2021 年，英国交通部在"低碳运输"

的基础上提出了"脱碳运输"，要求在 2050 年以前实现交通方面的净零排放。

根据英国政府的规划，英国将在 2040 年至 2050 年之间实现交通方面的碳中和，这就要求英国必须每年降低交通方面的碳排放。为实现这一目标，英国政府一方面推行新兴清洁能源，另一方面限制并逐步淘汰传统化石能源。

英国交通部将交通排放分为车辆、铁路、航空和水运这四大板块。车辆减排主要由以电、氢为能源的新型车辆推动。英国政府通过修建配套的基础设施（充电桩、加氢站）、加大研发和给予税收补贴等方式来鼓励国民使用新能源汽车。同时，对高污染的车辆进行区域限行，并规定了燃油车的最晚禁售时间，强制淘汰了高排放的车辆。航空方面，英国政府推动改进机场的基础设施，引入"碳交易"，并通过商业化来推动清洁燃料的使用，以期实现航空碳中和的目标。为了降低水运的碳排放，英国政府积极推动高效能环保燃料的研发，并要求停泊在英国境内港口的船只在靠岸时关闭发动机，使用港口提供的清洁可再生的岸电。

此外，英国政府计划出台推动可再生燃料创新，增强电、氢在运输方面应用的一系列政策；在全国范围内建设单车、行人友好型城市，通过优化公共交通，建设单车、行人专用道等手段，解决居民"最后一英里"的交通难题，降低私家车的行驶里程，从根源上减少碳排放，各类减排政策颁布后交通碳排放预计见图 2-1。

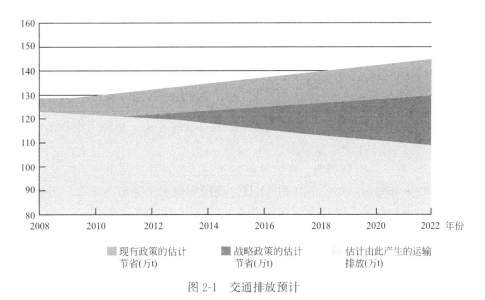

图 2-1 交通排放预计

（三）能源：淘汰传统能源，推行清洁能源

自第二次工业革命以来，电得到了大规模的应用。21 世纪以来，电由于其不产生任何实质性的污染的特性，被认为是最清洁的能源。然而，电作为二次能源，其产生的过程中伴随着一次能源——煤炭、石油、天然气的消耗，这些化石燃料的消耗会产生大量的碳排放与污染。英国电网中电力的主要来源是大量的化石燃料（图 2-2）。电为英国提供了18% 的能源，电力系统的低碳化将为英国能源系统的低碳化提供巨大帮助，进而影响交通、工业、住房等多个领域的低碳减排。因此，能源系统的低碳减排是英国完成 2050 碳

中和目标的重中之重，而能源系统的减排主要依靠电力系统的低碳、脱碳运营。英国的电力系统脱碳化通过以下三条路径来实现：一是加速淘汰以煤炭发电为代表的化石燃料发电；二是扩大以潮汐能、太阳能发电为代表的清洁可再生新能源发电的规模；三是建设智能电网，提高电网的承载力。

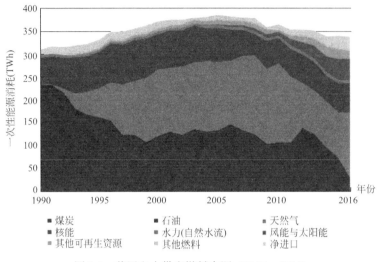

图 2-2 英国电力供应燃料来源（1990—2016）

1. 传统化石能源

通过向化石燃料发电站征收碳税、提供可再生能源补贴等手段，英国化石燃料发电正在加速成为历史。英国政府制定了在 2025 年完全淘汰煤炭发电的目标。英国与加拿大带头发起创立了"电力去煤联盟"（Powering Past Coal Alliance），被称为化石燃料的"核不扩散条约"，目前已有 104 个国家参加。

截至 2020 年底，英国只剩余 4 座燃煤电站还在运行，并且其中的 2 座已宣布分别将于 2021 年和 2023 年停运。2017 年 4 月 21 日，英国实现了工业革命以来，历史上第一天没有使用燃煤发电的成就；2020 年，英国共有 67 天没有使用燃煤发电。

天然气是十分重要的化石能源。2020 年 4 月，英国最大的 5 家管网公司联合发布了《Gas Goes Green》《天然气绿色化》报告，将天然气管道中使用的天然气从基于甲烷的天然气替换为零碳氢和生物甲烷（图 2-3），同时提出了六大工作流：①净零投资；②气体质量与安全；③消费者选择；④系统增强；⑤氢转化；⑥利益相关者的参与。

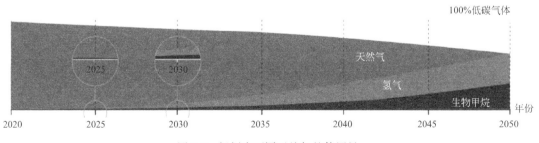

图 2-3 规划中不同天然气的使用量

　　首先，英国将利用其在绿色金融领域的优势地位，引导资本投向绿色天然气领域。通过对现有关于天然气的法律法规的调整，加强对天然气质量和安全性的监管。同时，国家层面联合多部门，对天然气在交通、运输管网方面的应用进行统筹规划，使消费者更容易选择到绿色的天然气。此外，五大管网公司通过实施一系列统一的技术标准，将入口连接等应用端标准化，以增强天然气系统的可用性与稳定性。

　　"氢转化"计划提出建立一整套完整的工业流程（图 2-4），以实现氢气作为净零排放的重要手段的愿景。天然气在能源系统的大规模应用同样离不开家庭、企业等能源消费者的支持，因此，《Gas Goes Green》提出将不同的能源系统之间组合，以绿色高效的能源系统替代高排放高污染的能源系统。

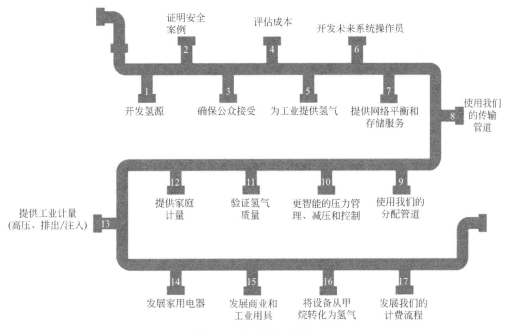

图 2-4 "氢转化"计划

　　2. 可再生新能源

　　（1）潮汐、水力发电

　　1879 年，一盏白炽灯在诺森伯兰郡被点亮，这是全世界第一次使用水生产出电，至此，英国拥有了世界上第一座水电站。到 2011 年，英国约 1.5% 的电来自水电发电计划。根据国际水电协会在 2019 年发布的报告，英国总水电装机容量超过了 4700MW，这些水电发电机每年为英国贡献 2% 的清洁电力（IHA）。根据英国能源公司 Drax 的估计，英国目前的大型水电站已经趋于饱和，在英国政府《可再生能源战略》的规划中，英国在未来将重点进行小型或是微型的水电站建设，以最大化利用英国的水电资源，2010—2020 年间英国小型和大型水力发电站发电量对比见图 2-5。

　　除了直接发电，抽水蓄能也是英国充分利用水力资源的途径。在电网空闲时，抽水机将利用电网富余的电能把水从低处抽到高处，当电网繁忙时，则将水从高处泻下用于发电（图 2-6）。水力发电的能量转换率超过 90%，是已知所有能源中转换率最高的能源之一，尽

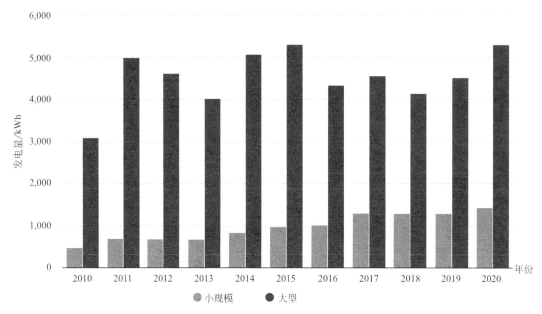

图 2-5　2010—2020 年间英国小型和大型水力发电站发电量对比

管抽水蓄能因花费巨大而不被视为可再生能源，但是它对提升整个能源系统的效率非常有益。

图 2-6　抽水蓄能电站原理示意图

（2）潮汐发电

英国四面环海，处于洋流交汇处，拥有欧洲约 50% 的潮汐能，而潮汐相较于风力更具可预测性。根据英国政府估算，英国潮汐发电的高峰与英国用电高峰恰好重合。根据英国《可再生能源战略》的规划，英国将加大对潮汐发电方面的研发投入，促进潮汐发电早日大规模商业化。

（3）风力发电

英国独特的地理位置带来了得天独厚的海上风力资源。根据英国商业、能源和工业战略部发布的"离岸风电行业交易"政策，英国将在未来大规模发展海上离岸风力发电设施，并将其并入智能电网，实现电力清洁化和低碳化。

（4）智能电网建设与分布式发电

政府提出了分布式的发电计划，即在家家户户的屋顶上安装光伏发电装置，并视情况安装热泵发电装置，在某些地区，微型水电装置被安装在社区里甚至房屋上。发电装置将会并入智能电网，在满足家庭用电的情况下实现电力的最大化收集利用。目前，英国国内的电力来源正由集中式转向分布式和基于社区的发电，以适应风力、太阳能等发电形式。

根据英国总理的规划，英国未来将加快在新型核电与氢能源方面的研究，并在近几年逐步推广新的能源技术落地应用。

尽管英国受到温带海洋性气候的影响，日照资源较为稀缺，但凭借高效能的光伏发电装置，太阳能正在其能源系统中发挥越来越重要的作用。2021 年太阳能光伏总装机容量超过 13.47GW，预计到 2030 年这个数字将翻一番。

统一的电网是促进清洁能源发展的重要因素。英国的清洁能源的供给侧大多位于电网末端，而需求侧一般位于电网中心。同时清洁能源的生产受天气影响大，有着间歇性的特点。统一的智能电网（图 2-7）能够做到智能监测，提高电网调度机构的感知决策能力，也可以让缺乏清洁能源的地区使用清洁能源充裕地区的洁净电力，替代本地区原有的非清洁能源。

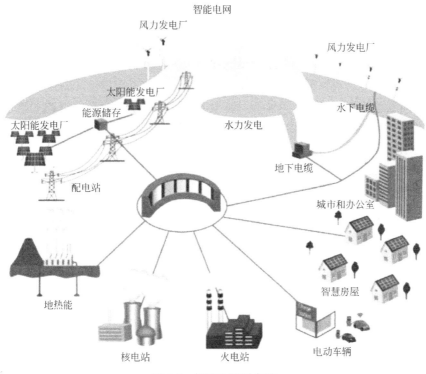

图 2-7 智能电网示意图

时至今日，英国在智能电网布局方面成绩显著，并在智能电网研究和示范项目方面进行了大量投资。这些项目都是通过一系列的计划进行的，如独立能源监管机构（Ofgem）建立了着眼于支持电网创新的价格控制模型，并创立了 5 亿英镑的低碳网络基金（LCNF）及其后续项目——电网创新竞赛（ENIC）。承接创新项目、尝试新型电网技术和方案的电网公司不仅可以从这些竞赛计划中获取资金，还可通过电网创新补贴（NIA）和上述创新资金激励政策（IFI）来获取更多的有限资金。此外，英国还全面实施了智能电表安装计划。这不仅能改进电网管理，还有助于减少电力需求，促进供需体系的转变。

英国的智能电网发展还涉及许多执行机构，包括政府机构（能源和气候变化部门，DECC）、独立能源监管机构（Ofgem）、电网公司、设备制造商和相关学术单位。

（四）工业：高新技术引领，供需改革并行

英国是世界上第一个提出净零工业脱碳战略的主要经济体。根据总体规划，英国的工业要在 2050 年以前实现碳中和，为此，英国制定了详细的工业脱碳方案。该方案分为三个部分：一是向供给侧发出明确的信号，即向行业阐明政府的决策与措施；二是鼓励投资者选择低碳；三是促进需求侧选择低碳产品，即通过宣传和一系列措施，让消费者在不付出额外代价的情况下优先选择低碳工业品。

1. 改革供给侧

供给侧方面，英国确立了"工业流程转型"的主旨，这一主旨将通过结合不同技术和措施实现工业部门脱碳化运行。英国商业、能源和工业战略部提出采用"Low-Regret"技术和建设基础设施的路径，例如在工业站点部署 CCUS 来捕获和储存二氧化碳；更多地利用氢燃料来代替传统的高污染材料；根据"生物能源战略"，审查工业中生物能源的最适当用途，为生物能源的部署提供论证；加强脱碳与环境政策之间的协作，实现共同的可持续议程。提高现有能源和材料的利用效率同样能减少碳排放。英国将大范围部署能源管理系统，改善跨站点的热回收和再利用，并通过采用市场上可用的技术帮助能源密度低、分散的场所提高能源效率。此外，工业部门将全力支持燃料转换技术的创新（低碳电力、生物质和氢气等），支持数字工业的发展，以提高能源利用效率。

投资者激励方面，英国将借助 ETS（排放交易系统）把使用碳定价作为发出明确市场信号的工具。同时建立融资机制，以支持 CCUS 和低碳氢基础设施的部署和使用。根据英国政府的测算，碳捕获的成本将在未来逐年下降（图 2-8）。

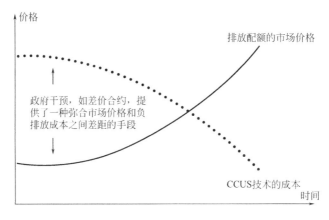

图 2-8　CCUS 成本随着时间的推移而下降

除了商业方面的措施，英国政府将为碳捕获的市场化搭建正确的政策框架，以保证市场的平稳运行。根据政府的研究，使用 CCUS 后，还将有少量的剩余排放，这需要通过组合采用不同的温室气体清除（GGR）措施来解决，包括植树造林、直接空气碳捕获

（DACCS）和生物质能碳捕获与封存（BECCS）。

2. 激励需求侧

需求侧方面，政府将会引入以下措施：支持行业与消费者平摊脱碳成本，为跨行业的平衡减排创造激励措施等。同时提高数据透明度，增加消费者对脱碳工业品的信心；利用政府公共采购来推动变革；加强国际合作，支持企业作出更环保的选择。

核工业一直是英国的优势项目。自 2008 年以来，英国政府在核工业领域进行了长期的投入，以期在民用核电领域取得市场领导地位。

2020 年 11 月，英国总理提出了《绿色工业革命十点计划》，描述了英国在脱碳战略方面的行动路径，表明政府对工业脱碳的决心。

（五）金融：增加可持续性投资活动，领导全球绿色金融发展

1. 绿色金融发展脉络

英国是全球绿色金融领域当之无愧的先行者与领导者。2001 年英国建立了世界上首个国家、多部门排放交易计划的排放交易系统（ETS）；2003 年，英国发布《我们能源的未来：创建低碳经济》，首次提出了"低碳经济"这一概念，这是英国乃至全世界绿色金融的雏形；2009 年，世界银行在伦敦证券交易所发布首支绿色债券；2011 年英国设立38.7 亿英镑的国际气候基金；2012 年英国绿色投资银行成立；2015 年英国成立了气候相关财务金融披露工作组（TCFD）；2016 年英国与中国一道成立绿色金融研究小组；2018年英国举办以绿色金融为首要主题的首届"绿色英国周"活动；2019 年英国政府设定2050 年温室气体零排放的目标，并发布《绿色金融战略》等重要节点文件。

2. 绿色金融发展特色

英国的目标是通过提供更好、更具创新性和更高效的金融体系，成为全球绿色金融的领导者。为实现这一目标，英国于 2019 年制定了《绿色金融战略》，目的是使私营部门的资金流动变得清洁、实现环境可持续和有弹性增长，保持英国在金融领域的长期竞争力。该战略提出了英国发展绿色金融的三大要素：金融绿色化、投资绿色化、抓住机遇。

（1）金融绿色化

金融绿色化要求政府将气候和环境因素纳入主流作为财政和战略当务之急。实现该目标主要通过以下 4 点：第一，各部门要建立共同的认知与愿景，即认同气候和环境因素导致的金融风险和机遇，并且积极采取措施应对此风险；第二，明确各部门的职责；第三，增加透明度，保证政策长期一致性；第四，建立健全一致的绿色金融框架。

（2）投资绿色化

投资绿色化要求英国建立健全长期的政策框架，改善绿色投资的渠道，扫除市场障碍和解决能力建设问题，开发创新方法和新的工作方式，以达到动员私人资金实现清洁、弹性的增长的目的。

（3）抓住机遇

抓住机遇的目的是巩固英国的全球绿色金融中心地位。英国将自身定位转向绿色金融创新、数据、分析的前沿，在《绿色金融战略》中，英国政府制定了一系列措施来培养国内金融业工作者绿色金融的技能与能力。

此外，英国成立了绿色金融研究所，在支持实施绿色金融战略和推动绿色金融在英国

和全球的主流化方面发挥作用。英国政府将所有融资纳入气候变化和环境带来的金融风险与机遇中，并引入了强制性的气候报告。出台实施《绿色分类法》，规定了哪些经济活动是可持续的，以增进公司活动和投资活动对环境影响的理解。2021年6月，英国成立了由专家组成的绿色技术咨询小组（GTAG），为政府提供建议。

在《绿色金融战略》中，英国政府利用英国自身具有成熟的会计师制度的优势，建立了审慎监管局（PRA）等机构，详细规定了各个机构的职责，用监督机制为绿色金融的发展保驾护航。表2-3为各机构的职责及其与绿色金融和气候变化相关的行动。

《绿色金融战略》中的相关机构及其职责与行动　　　　表2-3

机构	职责	绿色金融和气候变化相关的行动
审慎监管局（PRA）	负责大约1500家银行、建筑协会、信用合作社、保险公司和主要投资公司的审慎监管和监督	1. 就保险业和银行业面临的与气候相关的金融风险发表了回顾分析，阐述了气候变化如何给公司带来财务风险，以及应对这些风险的急迫性和独特性。 2. 发表监管声明，加强银行和保险公司管理气候变化带来的金融风险的能力，表达了对公司治理、风险管理、情景分析和披露的期望。 3. 要求保险公司考虑不同的物理风险和转型风险清结的影响，作为全英国市场保险压力测试的一部分。 4. 将金融系统对气候相关风险的弹性测试纳入两年一次的探索性压力情景测试之中。 5. 与金融行为监管局（FCA）联合举办气候金融风险论坛，对私营部门进行能力建设。 6. 与其他央行一起建立央行和监管机构绿色金融网络（NGFS），并主持关于宏观经济和金融稳定对气候变化影响的主题工作。 7. 根据气候相关财务金融披露工作组（TCFD）的建议进行披露及管理气候相关金融风险。 8. 发起可持续保险论坛，汇集保险监管机构和监管机构应对可持续性挑战
金融行为监管局	负责英国56000多家金融服务公司的行为监管，负责其中18000多家金融服务公司的审慎监管工作	1. 扩大独立治理委员会的职权范围，纳入对公司环境、社会和治理的考虑。 2. 发起绿色金融科技挑战杯，鼓励企业开发创新解决方案，以支持英国向清洁经济增长的过渡。 3. 与负责投资原则组织（PRI）共同建立了气候金融风险论坛，旨在使整个私营部门具备评估气候变化金融风险的能力。 4. 发布了一份关于气候变化和绿色金融的讨论文件，传达了与气候变化有关的一系列建议。 5. 加入国际证监会组织的可持续金融网络，与其他国际证监会组织成员就可持续金融问题开展合作。 6. FRC与FCA正在共同修订《尽责投资守则》（《Stewardship Codes》），以使资产所有人和资产管理人有效地将气候变化和其他环境、社会和治理因素整合到其投资活动中
财务报告委员会（FRC）	英国独立的会计师、精算师和审计师监管机构，负责提高业务透明度和诚信度	1. 通过《公司治理》和《尽责投资守则》鼓励公司和投资者在决策中考虑长期可持续性因素。 2. 正在与FCA共同修订《尽责投资守则》。 3. 通过精算监管联合论坛，从年度风险角度强调了气候变化给高质量精算工作带来的风险。 4. 监督公司是否遵守法定披露要求以及监控气候变化对财务报表的影响 5. 审计监督将考虑审计师对主要风险披露的充分性以及气候变化对财务报表的影响。 6. "财务报告实验室"将编制报告，为实践气候信息相关报告提供实践性指导。 7. "未来公司财务报告"的项目将考虑改进公司的可持续性信息

续表

机构	职责	绿色金融和气候变化相关的行动
养老金监管机构	保护英国工作场所养老金的公共机构	1. 更新固定缴款投资指南，以明确和强化受托人的职责，包括对环境、社会和治理方面的考虑，包括气候变化相关的责任。 2. 参与构成 FRC 与 FCA 共同修订的《尽责投资守则》，倡导投资治理和风险管理考虑环境、社会和治理问题（包括气候变化）相关因素。 3. 与金融稳定委员会（FSB）共同成立气候变化行业工作组，就治理、风险管理、情景分析和披露方面的气候相关做法为养老金计划提供指导。通过年度治理调查中关于气候变化的问题来监测环境，调查确定的效益和确定的贡献方案

（六）建筑：升级行业标准，实现全生命周期净零排放

建筑碳排放是整个社会碳排放的主要来源之一。根据英国绿色建筑协会发布的《全生命周期零碳路线图：英国建筑环境净零路径》，英国建筑行业直接造成了英国 25% 的碳排放（图 2-9）。为此，英国绿色建筑协会发布了路线图，旨在勾勒出一个共同愿景，并就整个行业的行动达成一致，以在英国建筑和基础设施的建设、运营和拆除中实现净零碳。

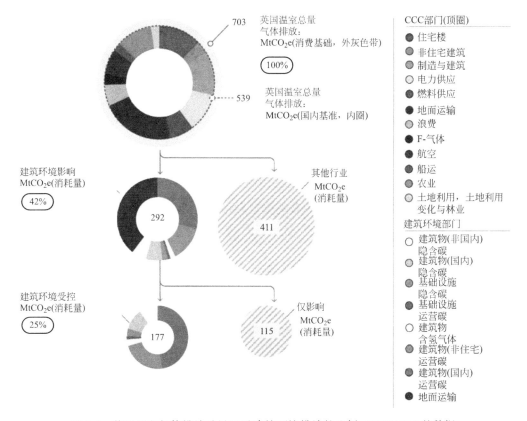

图 2-9　英国温室气体排放总量显示建筑环境排放的比例（CCC 2018 的数据）

路线图将建筑脱碳分为运营碳和隐含碳。英国绿色建筑协会根据国家改造战略，提出了政府和行业在实现建筑环境净零路线上的 5 个关键优先事项。

第一，对全国现有房屋进行改造。根据规划，英国将在 2030 年前逐步淘汰住房内的燃

25

油锅炉。在淘汰燃油锅炉的同时，也将改造房屋，使其更高效、更温暖、更便宜（图2-10）。

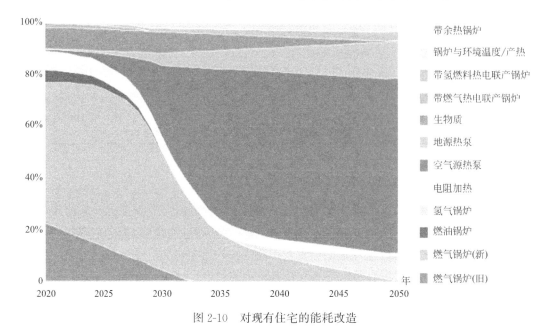

图 2-10　对现有住宅的能耗改造

第二，非能源绩效披露。将房屋的能源绩效纳入资产评估范围，确保资产的真实表现对市场可见，并且房屋的能源绩效能够影响资产的估值、交易和决策。

第三，采用性能设计的方法，建造能源密集型建筑。例如采用"织物优先"的策略，作为"Low-Regret"战略和消除燃料贫困的基本步骤。

第四，制定终生碳测量和商定的限制。强制性测量，然后分阶段对建筑引入新的碳限制以减少需求，同时改变规划并以增值税激励促进现有的建筑实现再利用。

第五，基于净排放影响的国家基础设施投资。政府将碳足迹、碳预算引入建筑行业，并推动确立关键建筑供应链工业脱碳的政策框架和进行投资。

四、低碳城市最佳实践

（一）贝丁顿社区

低碳社区作为比低碳城市更为细化的单元，应在物质层面具有完整的低碳节能环保体系，除了电力、绿化等物质层面的基础设施，社区组织、生活方式、观念、制度和文化等非物质层面的内容和物质层面的基础设施一道组成一个整体，形成一个能源结构可循环、可持续的区域。

贝丁顿社区位于伦敦西南部的萨顿镇，占地 1.65hm²，包括 82 套公寓和 2500m² 的办公和商住建筑，于 2002 年完工。社区内进行巧妙设计并使用可循环利用的建筑材料、太阳能装置、雨水收集设施等，该社区成为英国第一个，也是世界上第一个零碳排放社区，因此获得可持续发展奖，被列入"斯特林奖"的候选名单，并作为上海世博会零碳社区的原型在中国上海展出（图 2-11）。

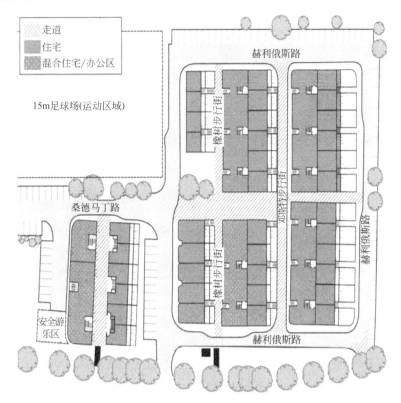

图 2-11　贝丁顿地图

贝丁顿原来是一片污物回填地，萨顿区政府为了将废地充分利用起来，决定在此开发生态村项目，希望建造一个"零化石能耗发展社区"，即整个小区只使用可再生资源产生满足居民生活所需的能源，不向大气释放二氧化碳，其目的是向人们展示一种在城市环境中实现可持续居住的解决方案以及减少能源、水和汽车使用率的各种良策。

1. 永续建筑

贝丁顿社区在建造过程中因"就近取材"和大量使用回收建材而大大降低了成本。为了节约能源，建筑 95% 的结构用钢材是从 35 英里内的拆毁建筑场地回收的。许多木料和玻璃都是从附近的工地上捡的，建筑窗框选用木材而不是未增塑聚氯乙烯，仅这一项就相当于在制造过程中减少了 10% 以上（约 800t）的二氧化碳排放。

同时采用高密度的建筑布局以减少建筑物散热；办公与住宅建筑共存混合，以缓解交通能耗；社区内多功能公共空间的设计（运动场、菜地、洗浴、娱乐中心等）使居民生活需求最大限度在社区内解决，减少出行能耗。这些设计不仅能降低建筑建造和使用的能源消耗，也能防止建筑垃圾的产生。

2. 绿色能源

绿色能源是贝丁顿社区设计的重点。建筑设计者希望贝丁顿需要的所有能量都来自再生能源而不是矿物燃料。关键在于运用热电联产（CHP）设施、太阳能和风能装置为社区提供更清洁高效的能源，在理想情况下，热电联产设施不使用英国高压输电线网的天然气和电力，而是用社区内树木修剪下来的枝叶，并能在发电的同时供热（图2-12）。

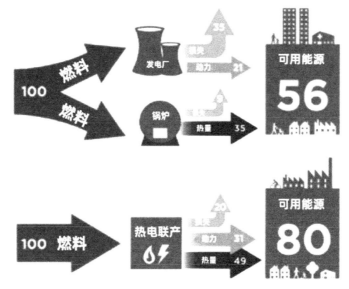

图2-12　热电联产设施示意图

热能方面，以因地制宜、融于自然的低碳理念，将降低建筑能耗和充分利用太阳能和生物能结合，形成一种"零采暖"的住宅模式。所有住宅坐北朝南，可最大限度铺设太阳能光伏板，使其充分吸收日光，在有限面积内最大限度地储存热量和产生电能；北向采用3层中空玻璃，配合超保温墙体等使得房屋本身的能量流失降到最低；采用自然通风系统降低通风能耗；屋顶颜色鲜艳的风动通风帽不断转动引入新鲜空气、排出污浊空气，并实现室内废气和室外寒冷空气的热交换；屋顶大量种植的半肉质植物"景天"，不仅有助于防止冬天室内热量散失，还能改善整个生态村的形象和吸收二氧化碳。

3. 循环资源

英国的丰富降雨对水资源的循环利用提出了较高要求，主要表现在雨水收集装置和"生活机器"两个方面，在条件良好的情况下，两者可以实现每人每天节约15L用水。雨水经过自动净化过滤器的过滤，进入储水池，居民用潜水泵把雨水从储水池抽出来，可直接清洗卫生间、灌溉树木以及打造花园水景。而冲洗过马桶的水，则经过"生活机器"，即生活污水处理设施，利用芦苇湿地对生活污水进行过滤后再利用。通过收集雨水冲洗厕所、生活污水就地净化、中水循环利用、使用节水电器和马桶，以及循环过滤提高水资源的利用效率。

4. 低碳交通

在交通方面，贝丁顿减少小汽车交通的目标，在社区设计中得到充分体现：社区内提供就业场所，实现商住两用，住宅及商业空间共存，通过就地就业和就地消费以减少交通消耗；同时提供服务设施（涵盖公寓、联排别墅、办公区、展览中心、幼儿园、社区俱乐部、足球场等综合功能），有效减少了居民的出行需求；配套良好的公共交通联系（包括两个铁路站点、两条公共汽车线路和一条有轨电车线路），并提供多种替代小汽车的选择，如伦敦最早的共用汽车俱乐部（"Smart Move"/明智出行）、可充电车辆、太阳能充电自行车等。

5. 户内节能

所有家庭安装的都是对环境危害程度最低的电冰箱、制冷设备和炊具；住宅内有各种节能"小机关"，如厨房的低水量水龙头，明晰醒目的电表、水表、天然气表等能源支出提示；使用低能耗的灯具和节能电器；细致的垃圾分类和循环使用，在保障居民生活品质的同时，通过居家生活的细节实现节能。

据统计，贝丁顿社区建设成本比伦敦普通住宅的建筑成本要高50%。但从长远来看，投入多、耗费少，既降低了整个社会的成本，又减少了社区的长期能耗。与同类居住区相比，在保证生活质量的前提下，贝丁顿住户的采暖能耗降低了88%，用电量减少了25%，用水量只相当于英国平均用水量的50%。

6. 低碳宣传

贝丁顿社区设有贝丁顿中心，以"蜂巢"布局，详细介绍贝丁顿生态区面临的挑战及应对方案、运作方式、成果等；社区设有服务中心，为居民提供低碳节能的各种辅导；社区参与了由世界自然基金会和英国生态区域发展集团共同发起的"一个地球生活"项目。持续的低碳项目使得社区居民形成社区低碳节能的共识，以自己的低碳行为和社区的低碳为荣，低碳成为社区居民联系的纽带。

（二）伦敦

从工业革命时代的雾都到如今成为全球践行低碳城市理念的最佳案例之一，伦敦在低碳城市实践方面采取了包括政策、技术在内的多项措施。伦敦政府在国内现有的法律体系和低碳政策背景下，提出了2050零碳排放计划，即伦敦环境战略（图2-13）。

图2-13 伦敦环境战略政策体系

伦敦环境战略包含七大目标：①零碳城市；②零废弃城市；③达到世界健康组织（WHO）设定的$PM_{2.5}$指标；④绿色覆盖率提升至50%；⑤解决燃料困境和太阳能行动计划；⑥筹集新的行动资金；⑦提高能源效率和绿色基础设施的商业效率。

1. 低碳交通

在英国，交通运输是二氧化碳的最大来源。要实现整个城市的低碳，就必须先实现交通的低碳化。

在交通方面，伦敦沿用英国政府在脱碳交通方面的政策，逐步用以清洁能源为动力的交通工具取代包括以柴油在内的落后化石燃料为动力的交通工具。最迟到 2037 年，伦敦将完成公交车队运营零排放这一目标。

同时，伦敦划设了超低排放区（ULEZ，Ultra Low Emission Zone），以减少车辆排放对人口稠密地区的影响。在 ULEZ 中行驶的车辆需要满足极为严格的排放标准，否则就要支付相关费用。对于不同用途的车辆，政府制定了不同的标准。目前，伦敦市逐步减少了对混合动力车辆的补贴，并逐步将混合动力车辆列为非超低排放车辆。ULEZ 作为伦敦市长改善伦敦市民健康计划的核心，从 2017 年设立至今，极大地改善了空气质量，并降低了约 12300t 的二氧化碳排放。

此外，伦敦正在改进其公共交通系统，并逐步建设成为单车友好型城市。在新冠疫情期间，伦敦政府在伦敦设置了临时自行车道和无车区，其中的一部分可能会成为永久性的设施。这些措施将使私家车的行驶里程逐步降低，促使市民转向公共交通工具和骑行。

2. 低碳宜居建筑

由于建筑占英国总碳足迹的 40% 左右，伦敦研究建筑材料的隐含碳之后，转向使用更为可持续的新型材料——交叉层压木材（CLT）。同时，在建筑内加入保温隔热材料，减少空调系统的使用。通过研究，伦敦对气密门窗、室内照明和建筑物朝向作了相关规定。

废热回收与热电联产是提升能源利用效率的有效方式。伦敦市借鉴贝丁顿社区的经验，采用废热回收系统以减少能源浪费，提高能源利用率（图 2-14）。

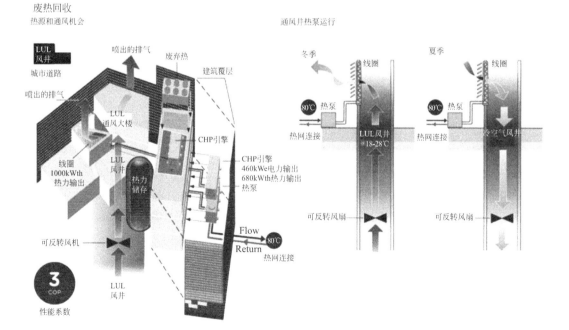

图 2-14　废热回收系统

3. 绿色能源

伦敦的能源政策基本沿用英国国家战略，即采用经过 CCUS 技术的天然气替代传统天然气以及煤炭，通过增加新能源（太阳能、风能等）在电力系统来源的占比，实现 2050 年碳中和的目标（图 2-15）。

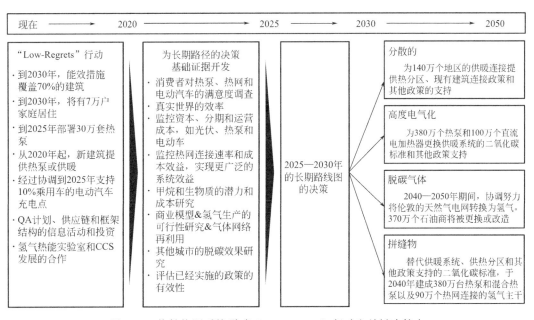

现在 ➡	2020 ➡	2025 ➡	2030 ➡	2050

"Low-Regrets" 行动
· 到2030年，能效措施覆盖70%的建筑
· 到2030年，将有7万户家庭居住
· 到2025年部署30万套热泵
· 从2020年起，新建筑提供热泵或供暖
· 经过协调到2025年支持10%乘用车的电动汽车充电点
· QA计划、供应链和框架结构的信息活动和投资
· 氢气热能实验室和CCS发展的合作

为长期路径的决策基础证据开发
· 消费者对热泵、热网和电动汽车的满意度调查
· 真实世界的效率
· 监控资本、分期和运营成本，如光伏、热泵和电动车
· 监控热网连接速率和成本效益，实现更广泛的系统效益
· 甲烷和生物质的潜力和成本研究
· 商业模型&氢气生产的可行性研究&气体网络再利用
· 其他城市的脱碳效果研究
· 评估已经实施的政策的有效性

2025—2030年的长期路线图的决策

分散的
为140万个地区的供暖连接提供热分区、现有建筑连接政策和其他政策的支持

高度电气化
为380万个热泵和100万个直流电加热器更换供暖系统的二氧化碳标准和其他政策支持

脱碳气体
2040—2050年期间，协调努力将伦敦的天然气电网转换为氢气。370万个石油商将被更换或改造

拼缝物
替代供暖系统、供热分区和其他政策支持的二氧化碳标准，于2040年建成380万台热泵以及混合热泵以及90万个热网连接的氢气主干

图 2-15　伦敦能源系统脱碳 "Low-Regret" 行动和关键决策点

在伦敦，市政府建立了区域供热系统——其中热量在集中位置产生并通过绝缘管道系统在当地分布。这一举措虽然会使用到化石燃料，但是区域供热系统可以让更多的地区使用可再生的低碳燃料，减少高碳排放燃料的使用，降低碳排放量。

此外，伦敦把天然气管道内输送的气体从基于甲烷的天然气逐步替换为生物甲烷和氢气，并大规模部署 CCUS 以最大限度减少碳排放。

4. 循环资源与节能

城市的垃圾是另一个重要的碳排放源，垃圾在运输、焚烧或者腐烂时的碳排放不可小觑。伦敦从经济方面入手，将一次性经济转变为可循环的经济，例如通过资助设置新的饮水机来减少一次性塑料瓶的使用。

通过可持续城市排水系统、绿色屋顶和雨水收集等措施，管理和储存地表水，伦敦将实现水资源的高效利用，减少地下水开采过程中的碳排放。

五、低碳城市经验总结

伦敦从 20 世纪中叶的雾都变为如今低碳城市建设的先行者，现实证明英国在低碳城市建设方面的做法是有效的。其成功可以归纳为以下几点。

（一）重视全局发展，构建城市协调发展机制

英国通过 20 多个法案，以法律的形式规定了全国的统一清洁能源战略。发布白皮书，成立了统一的可再生能源协调办公室和独立的基础设施规划委员会。一方面，采取由国家制定战略的方式，说明了发展清洁可再生能源的重要性；另一方面，由国家主导、集中技术、经济、社会等各方面专家，可以站在国家战略的高度来协调各方利益。

英国制定低碳城市规划具有全局观。推进城市低碳发展，并非局限于某个城市，要有"全国一盘棋"的观念。做好城市的低碳发展规划，既应立足于城市本身，又要着眼所在区域和全国的高度，加强低碳城市规划与周边城市和所在区域的整体规划的衔接，在土地利用、产业布局、功能划分、交通规划等方面统筹协调，注重在符合主体功能区的前提下走符合当地实际的低碳发展道路。

（二）重视金融工具，充分发挥市场机制作用

英国政府设立碳交易市场，将低碳减排的指标和任务分化的同时引入市场机制，企业自行买卖碳排放额度，削弱了政府的强制性和刻板性，同时融入了市场的灵活性，在整体减排目标稳步实现的同时，将各地区各企业降低碳排放的速度交给市场来调节，从而缓和了政府和企业之间的紧张关系；同时，英国政府设立碳基金公司，使政府资金借助企业的身份流入市场，政府作为中立方参与建议但并不决策，同时使行业协会、科研机构等各方的意见参与碳基金的决策，既保证了政府资金流向的合理性，同时又能够留给市场更大的选择空间。

一方面，在低碳城市的前期规划阶段，需要切实促进公众参与，真正建立"民众呼声高、接地气、可操作性强"的城市规划体系，在规划落实和评估制度中设立群众意见反馈和监督渠道；另一方面，在低碳城市的建设和管理阶段，鼓励更多社会资本参与，借助全国碳排放交易市场的建设，充分动员公众和企业投身低碳行动，建立市场化的碳资产流通配置方式，形成全民上下积极践行低碳理念的良好社会氛围。

（三）重视多部门协作，合力达成减碳目标

在英国议会通过《气候变化法案》提出了 2050 碳中和目标后，英国商业、能源和工业战略部（BEIS），教育部（DfE），环境、食品与农村事务部（DEFRA），交通部（DfT）等部门都在各自负责的领域内发布了一系列的细分战略规划或技术准则，部门间成立专门的小组来协调工作，使政策体系得以覆盖所有可能产生碳排放的领域。

（四）重视空间规划，形成城市低碳化布局

英国在新建城市的空间规划布局上实现了布局的低碳化。在城市建设之前，英国政府会制定具有前瞻性的低碳规划体系，促进城镇发展合理优化布局。重视城市土地空间的混合利用，逐步推进工业园区和居住区混合分布。建设"多中心"城市和高密度、紧凑型城市，减少通勤距离，通过科学路网规划降低交通领域碳排放，探索推进集约型社区建设，降低居民人均碳排放。提高大城市的辐射能力，科学规划城市群建设，形成规划布局可持续、国土空间高效利用、人与自然和谐相处的城市发展格局。

第三章 "哈马碧"模式的缔造者
——瑞典低碳生态城市的探索

瑞典在经历两次石油危机后，开始重视低碳城市的发展。如今瑞典已成为低碳城市发展的国际领导者，单位 GDP 能源消费量与人均二氧化碳排放量都为全球第二低。在城市建设过程中，瑞典在能源转型指数方面处于全球首位，是能源转型引领国家，在能源系统绩效、转型准备度方面都有上佳表现。这与瑞典政府制定了能源转型和碳减排目标，以及在此目标下稳步推进节能低碳技术的实施有密切关系。瑞典的哈马碧模式是可持续发展的典型代表，也是可持续发展城市的成功案例，它打造了一个低能耗、高循环的系统。本章将深入探析瑞典低碳生态城市的探索过程。

一、低碳城市发展背景

约一个世纪前，瑞典是欧洲最贫穷的农业国之一。19 世纪后期，欧洲各国对瑞典木材和铁矿需求的不断增长，推动了以木材加工和采矿业为主体的瑞典工业的起步。经过半个世纪的努力，瑞典已然初步发展成一个工业国家。

随着对石油资源的广泛使用，油气资源相对缺乏的瑞典的对外能源依赖日趋严重，能源问题日渐突出。特别是 19 世纪 70 年代，世界连续发生了两次影响深远的石油危机，这使得瑞典的经济遭受沉重打击。当时，瑞典能源消费的 70% 依赖进口石油，1975 年至 1982 年间瑞典石油进口减少了 40%，但进口费用却翻了两番多，瑞典经济发展的速度明显放慢，工业生产徘徊不前，政府财政状况不断恶化，经济增长与严重的通货膨胀并存。瑞典的经济发展不仅比不上本国 19 世纪 60 年代的情况，而且大大低于同一时期的经济合作与发展组织中其他国家的平均水平。因祸得福的是，瑞典社会被迫对此进行应对——实现了政策导向、技术发展和全民意识的大提升，瑞典终于来到经济增长与碳排放脱钩的拐点，成为世界上低碳发展的先锋模范。从 1970 年第一次石油危机开始，瑞典摆脱石油依赖的政治抱负就从未间断过，2010 年瑞典发表了《迈向 2020 的无油国家》宣言（图 3-1）。

除去石油资源危机，气候变化和环境污染也已成为人类经济和社会发展面临的共同挑战。全球气候变暖的后果将波及粮食、水资源、能源、生态以及公共安全，甚至将直接威胁到人类的生存和发展。瑞典政府在很早就意识到传统工业经济是以高污染、高能耗、高排放为特点的高碳经济，并积极提出经济转型。2009 年 2 月，瑞典执政的温和党、人民党、中央党和基督教民主党四党派就瑞典可持续发展的能源政策达成一致并发布了政策文件，指出要应对全球气候变化、缓解能源约束和减少环境污染，实现经济社会的可持续发

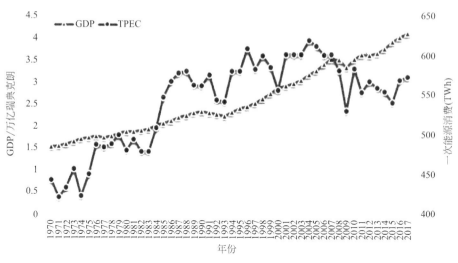

图 3-1 瑞典经济发展与能源消费变化趋势

展，瑞典的能源和气候政策应该建立在环保、竞争力和安全三大基石之上，必须要向低污染、低能耗、低排放的低碳经济转型。

虽然"低碳经济"的概念最早见 2003 年的英国能源白皮书《我们能源的未来：创建低碳经济》，但实际上，瑞典从 20 世纪 70 年代起便在摆脱石油依赖、发展新能源方面开始了积极的探索，并逐步向低碳经济进行转型：瑞典颁布一系列强制性的有关能源合理化使用和节能的法律法规，并随着技术的发展不断修缮，以此来指导、规范低碳发展。为保证所制定的法律得以执行，政府还制定了许多具体可行的监督措施与行业标准。2009 年瑞典政府出台了《气候与能源联合法案》，提出 2020 年的目标是在 1990 年基础上，能源使用效率提高 20%，温室气体排放减少 40%，可再生能源占比不低于 50%，运输领域最少使用 10% 的可再生能源。能源曾在瑞典经济发展和工业化过程中发挥过重要作用，但自 2004 年开始，瑞典一次能源消费量达峰并逐年下降，且经济发展速度并未降低，经济发展和能源消费之间实现了脱钩（图 4-1）。

目前瑞典非化石能源占比超过 3/4，以核能、生物能为主，瑞典在垃圾回收和能源化利用领域有独特优势。瑞典制定的中远期目标是 2045 年实现零排放，2050 年实现零化石能源社会。瑞典的单位 GDP 能源消费量仅次于瑞士，为全球第二低，人均二氧化碳排放量也是全球第二低，仅次于墨西哥。其在较严苛的碳减排和能源目标的指导下，瑞典能源系统转型步伐不断加快，瑞典在技术创新、能源供应方式、消费模式、政策转变方面全面推进能源转型，已经成为全球能源转型的引领者。

二、低碳城市政策体系

瑞典作为创新型国家，在减排与可持续发展领域的政策引领方面一直走在世界前列。为实现 2045 年温室气体零净排放的目标，瑞典实施了"战略创新计划"推动可持续科研项目产业化，实施"气候飞跃"和"绿色工业飞跃"计划以及"无化石瑞典行动计划"

等。瑞典在新材料、能源、环境、交通、建筑以及可持续发展等领域布局"减排"路径，以技术创新助力减排目标实现。

(一) 碳调控政策

为了节约能源、发展低碳，瑞典从 20 世纪六七十年代开始，便制定了一系列的政策措施。瑞典政府从 20 世纪 70 年代起，就着力发展以可持续发展为目标的能源产业。特别是经历了 20 世纪 70 年代世界石油危机的重创之后，为保证瑞典的经济发展不再受制于日益高涨的石油价格和受到日益匮乏的石油资源的威胁，从国家能源安全出发，瑞典政府制定了能源发展目标，并于 1997 年确立了能源战略的指导原则——加快可持续能源系统开发，早日摆脱对石油的依赖，全面实现可再生能源化。

在 1990 年到 2015 年间，瑞典建筑物取暖产生的碳排放共减少了 86.1％，燃油供热产生的碳排放减少了 96.1％。在 2016 年，瑞典的可再生能源占比已到达 52％，提前完成了碳调控目标。2017 年 6 月，瑞典议会通过《气候政策框架》，包括国家气候目标、《气候法案》和气候政策委员会三大支柱，提出了 2045 年实现温室气体零净排放的长期减排目标和 2020 年降低 40％、2030 年降低 63％、2040 年降低 75％的阶段性目标。2020 年，瑞典相继发布了《循环经济国家战略》《绿色复苏国家计划》《生命科学国家战略》和《瑞典减少温室气体排放长期战略》等国家战略计划，标志着瑞典的气候政策框架和实现碳中和目标的总体战略框架及政策路径基本形成。

(二) 财税激励政策

早在 1969 年，瑞典政府就建立了针对绿色技术的激励机制，并为该领域的研究提供资金。作为世界上最早进行减碳行动的国家之一，瑞典在 1991 年针对其工业体系推出了一项特别的碳税政策，以减少化石燃料的燃烧。此后，瑞典政府减碳降碳系列政策和政府倡议也逐步落实，以引导社会适应更加可持续的生活方式。在 2000 年初，瑞典开始征收高额垃圾填埋税，来促使工厂和企业研发、使用垃圾回收技术，以此推动垃圾零填埋的计划。

此外，瑞典还运用税收、排放交易等政策工具控制碳排放。经过近百年能源和环境政策的不断完善，从能源的购买、使用到排放的一系列环节，形成了一条完整的减排财税政策链。瑞典的能源税大致可分为一般能源税和环境税，一般能源税主要具有财政功能，环境税则主要是针对环境目标。但是，这两类能源税之间没有严格的区分，他们都具有财政和环境功能。为充分实现控制碳排放的目标，瑞典主要采用了三种方式。一是征收能源税。能源税在瑞典由来已久，汽油和柴油的能源税分别在 1924 年和 1937 年被引入。20 世纪 50 年代，瑞典开始对用于取暖的燃料征收能源税。二是征收碳排放税。1991 年瑞典引入基于燃料化石含量的碳税，目的是减少二氧化碳排放。征税初期，税负为每公斤二氧化碳 0.25 瑞典克朗，2020 年碳税已增加到每公斤 1.20 瑞典克朗。2009 年，瑞典的能源税和二氧化碳税的收入达到 730 亿瑞典克朗，占全部财政收入的 9.3％。同时，瑞典还实行税收减免优惠政策，2009 年税收减免总额达到 400 亿瑞典克朗。三是加入欧盟排放交易系统。2005 年，欧盟推出碳排放交易系统（EU-ETS, EU Emissions Trading Scheme），该系统是欧盟减少温室气体排放最重要的工具，约一半的排放权被免费分配，其余的被拍卖。

目前，瑞典实施环保补贴和奖励等政策。为了使减排税收政策不影响传统行业正常运行和发展，瑞典对能耗密集的行业领域给予一定补贴或奖励，如轨道交通补贴、邮递服务环保奖励、车辆环保补贴。同时，还通过签署城市环境协议给予拨款的做法，促进区域环保交通的发展。

（三）技术创新政策

瑞典作为创新型国家，在低碳技术创新方面一直走在世界前列。2011 年，瑞典创新署发布《环保技术发展总体战略》，将绿色材料和生物能源、可持续运输、轻量化、先进材料及可持续建筑环境等确定为重点领域。2014 年启动的"战略创新计划"，在生物医药、信息通信、新材料、能源、环境、交通、健康以及可持续发展等领域布局"减排"科研项目，以技术创新助力减排目标实现。在"资源循环"领域，支持研发可回收产品的数字化解决方案，包括循环产品设计、功能优化、循环产业模式等，促进资源循环利用。"制造 2030"项目支持创新整体解决方案，减少生产系统和产品的资源消耗与环境影响，实现资源高效制造的目标。"基建瑞典 2030"项目支持创新建设气候中和的交通基础设施，减少建设、运营和维护对气候和环境的影响。"驱动瑞典"项目通过降低汽车保有量、提升电动车占有量，寻求更加环保、安全、便捷的未来交通出行方式。"智能建筑环境"项目支持数字化、高效的信息管理和工业流程，降低成本、提高速度、提升建筑环境可持续性。"活力城市"项目通过支持研发创新气候中和与可持续性的工作和生活方式，寻求对居民、企业、经济、社会、气候有利的城市生态。

为实现 2045 年减排目标，瑞典政府加大科研投入。2021 年中央政府研究与开发（R&D）经费为 427 亿克朗，比 2020 年增长 11%，占中央政府预算总额的 3.66%。其中，74% 用于"知识的普遍进步"，26% 用于重点领域的科研项目。科研项目经费中，50% 以上分配给交通、电信和其他基础设施（22.83 亿瑞典克朗），能源（16 亿瑞典克朗），环境（9.85 亿瑞典克朗），工业生产和技术（9.96 亿瑞典克朗）等领域。在气候与环境领域，瑞典研究理事会、瑞典创新署、瑞典可持续发展研究理事会和瑞典能源署等长期部署，2021 年启动 4 项新的国家研究计划，作为消减碳排放的重要举措，数字化是其中一项重要研究计划。围绕重点行业领域减排，相关政府机构也部署实施了一系列科研计划。

瑞典之所以在低碳转型过程中成绩斐然，与其拥有的这套完整高效的包括产业、能源和气候等多种政策在内的低碳政策体系是分不开的。表 3-1 列举了 20 世纪 90 年代以来，瑞典的一些主要低碳政策。

20 世纪 90 年代以来瑞典的主要低碳政策　　　　　　　　　　　　　表 3-1

政策名称	政策英文名	发布部门	政策类别	发布时间(年)
《住宅标准法》	*Housing Standards Act* 1967	瑞典环境保护局	碳调控政策	1967
《规划和建造法案》	*Planning and Construction Act*	瑞典环境保护局	碳调控政策	1987
《氮氧化物（NOₓ）费》	*Nitrogen Oxides（NOₓ）Charge*	瑞典环境保护局	碳调控政策	1992
《建筑规范》	*Building Codes* 1993	瑞典环境保护局	碳调控政策	1993

续表

政策名称	政策英文名	发布部门	政策类别	发布时间(年)
《风力发电环境补贴》	*Environmental Bonus for Wind Power*	瑞典环境保护局	财税激励政策	1994
《废弃物收集与处置条例》	*Waste Collection and Disposal Regulations*	瑞典环境保护局	碳调控政策	1994
《瑞典环境质量目标——可持续瑞典的环境政策》	*Sweden's Environmental Quality Objectives-Environmental Policy for Sustainable Sweden*	瑞典环境保护局	碳调控政策	1997
《国家环境保护法典》	*According to the Environmental Code (1998:808)*	瑞典能源署	碳调控政策	1999
《瑞典环境目标——中期目标和行动战略》	*Sweden's Environmental Goals-Medium-term Goals and Action Strategies*	瑞典环境保护局	碳调控政策	2001
《瑞典气候战略》	*Swedish Climate Strategy*	瑞典能源署	碳调控政策	2002
《风力发电试验项目资助》	*Funding for Wind Power Pilot Projects*	瑞典能源署	财税激励政策	2003
《可再生能源白皮书》	*White Paper on Renewable Sources of Energy*	国际电联	碳调控政策	2003
《弹性机制的区域试验场地协定》	*Regional Testing Ground Agreement for Flexible Mechanisms*	瑞典能源署	市场培育政策	2003
《气候援助运动》	*Climate Aid Campaign*	瑞典能源署	碳调控政策	2004
《瑞典国家分配计划(2005—2007)》	*Sweden National Allocation Plan 2005—2007*	瑞典环境保护局	碳调控政策	2004
《热电联产中热能产品用化石燃料的税收减免》	*Tax Reduction for Fossil Fuels Used for Heat Production in CHP Plants*	瑞典能源署	财税激励政策	2004
《生物质供热系统与节能窗户安装成本的税收减免》	*Tax Reduction for Installation Costs of Biomass Heating Systems and Energy Efficient Windows*	瑞典能源署	财税激励政策	2004
《运输用生物燃料市场标准》	*Market Standards for Transport Biofuels*	瑞典能源署	市场培育政策	2005
《能源研发计划》	Program for Energy R&D	瑞典能源署	技术创新政策	2005
《改善能源密集型产业能源效率计划》	*Programme for Improving Energy Efficiency in Energy-intensive Industries (PFE)*	瑞典能源署	碳调控政策	2005
《家用燃料转换税收抵免》	*Tax Credits for Household Fuel Switching*	瑞典能源署	财税激励政策	2005
《公共建筑的环境与能源投资的减税》	*Tax Reduction for Environmental and Energy Investments in Public Buildings*	瑞典能源署	财税激励政策	2005
《环境质量目标——共同的责任》	*Environmental Quality Objectives-Shared Responsibility*	瑞典环境保护局	碳调控政策	2005

续表

政策名称	政策英文名	发布部门	政策类别	发布时间(年)
《建筑物能源法案(低耗能建筑投资促进计划)》	*Energy Declaration of Buildings Act-Incentives for Investment in Lower-Energy Buildings*	瑞典能源署	财税激励政策	2006
《气候与能源联合法案》	*A Joint Climate and Energy Policy (A Sustainable Energy and Climate Policy for the Environment，Competitiveness and Long-term Stability)*	瑞典环境保护局	碳调控政策	2009
《关于废物预防和管理的城市废物指引》	*Guidance on Municipal Waste Plans for the Prevention and Management of Waste*	瑞典环境保护局	碳调控政策	2017
《环境空气质量监测规定》	*Provisions on Ambient Air Quality Monitoring*	瑞典环境保护局	技术创新政策	2020
《2022—2033年国家能源和气候综合计划》	*National Infrastructure Plan for 2022—2033-" Future Infrastructure-sustainable Investments throughout Sweden"*	瑞典能源署	碳调控政策	2021
《瑞典碳税》	*Sweden Carbon Tax*	瑞典环境部	绿色金融政策	2021
《在处理易燃液体和废油时防止土壤和水污染》	*Protection against Soil and Water Contamination When Handling Flammable Liquids and Waste Oils*	瑞典环境保护局	技术创新政策	2022

来源：IEA WEO Database

三、低碳城市建设路径

(一) 能源：可持续能源转型，实现全面可再生

1. 能源结构转型升级

1977年，瑞典就出台了《能源规划法》，其中要求每个城市和市政当局都需准备一份能源规划；20世纪80年代，瑞典则开始实施节能补贴，并对1975年以前建造的大部分建筑进行窗户和隔热材料翻新；1991年，瑞典开始征收二氧化碳排放税。目前，瑞典的二氧化碳排放税在欧洲国家中价格最高；2000年初，瑞典又正式征收垃圾填埋税。2003年，瑞典引入了电力证书系统，并取得了明显的效果。此外，在电力部门，瑞典还采取了提高电力证书系统的目标水平，继续推进可再生电力的并网互联，以及为使风电达到30亿kWh的规划框架等政策措施。

政策的密集出台，使得瑞典在能源转型路上加速前进。通过在能源、垃圾处理等领域实施一系列法律法规，1990—2015年间，瑞典建筑物取暖产生的碳排放共减少了86.1%，燃油供热产生的碳排放减少了96.1%；1970—2017年间，化石燃料逐渐退出主流能源市场，核能与生物质能成为主要能源来源（图3-2）。瑞典目前有500家区域供热厂以生物质作为供热热源；超90%的公寓楼与超80%的办公楼、商业大楼由集中供热系统供暖。

资料显示，2016年，瑞典的可再生能源占比已达到52%，运输领域使用生物燃料超

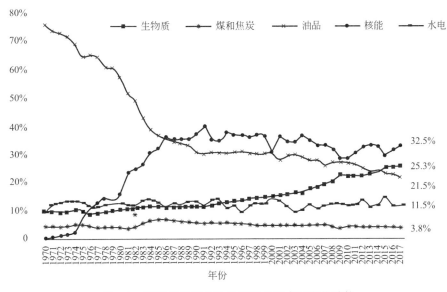

图 3-2 瑞典能源结构和各能源品种占比变化趋势

过了20%，提前完成了预定目标。如今，为应对气候变化、实现碳减排，瑞典制定了更为宏大的发展目标：计划最迟于2045年实现温室气体零排放，至2050年，打造"全球第一个零化石能源国家"。

瑞典的能源税和二氧化碳税使生物燃料比化石燃料在价格上具有更大优势，提高了生物燃料的竞争力。1990年以来，化石燃料的能源税持续增加。瑞典的其他促进可再生能源发展的措施包括：推进生物燃料热点联产（1991—1997年），地方投资计划（1998—2002年），气候投资计划（2003—2008年），排放权交易系统（2005年至今），支持独栋住宅取消电取暖和油取暖以及支持公共场所的能源转换（2005年至今）等。

2. 能源技术研究开发

2007年瑞典政府提出议案，加大对能源研发项目的指导和投资，内容涵盖能源研究、开发、示范以及能源技术商业化运作等议题。2009年，瑞典政府在政策文件（*A sustainable Energy and Climate Policy for the Environment，Competiti-veness and Long-term Stability*）中指出，瑞典将采取措施逐步缩减对现有技术的投资，转而加大对新能源技术的研究与开发力度，这些措施旨在保证达成2020年战略目标。瑞典优先发展的技术包括大规模可再生能源发电和电网、电动汽车和混合动力驱动系统等，与此相对应的是瑞典科技研发政策，该政策关注的主要是交通系统、可再生能源发电以及能源使用效率的提高。

此外，根据瑞典国家教育局要求，所有的学前教育学校都必须教育孩子尊重和保护周边的环境和生态系统，并为符合环境教育目标的学校颁发"可持续发展卓越证书"（Diploma of Excellence in Sustainability）。此举目的是鼓励学校培养有环境责任意识的下一代，使其为环境保护发挥积极作用，并让孩子起到影响父母的作用。

（二）环境：提高环保技术水平，增强回收循环力度

1. 环境质量目标调整

瑞典政府于1995年发布了政府能源研究、发展计划，自此，能源研发成为瑞典能源政策重要的组成部分。1969 年，首部环境保护法案通过以来，瑞典先后颁布了自然保护、禁止海洋倾废、机动车尾气排放等法律法规。1997 年，瑞典政府制定了雄心勃勃的环境目标框架法案《瑞典环境质量目标——可持续瑞典的环境政策》。

1999 年 4 月，瑞典议会批准了这个有 15 项环境质量目标的环境目标框架法案，提出了一项重大任务，即到 2020 年减轻对环境的压力，使之处于长期可持续的水平，给后代人留下一个没有环境问题的社会，称为"一代人目标"。比如环境法第九章中涉及的破坏环境行为、公共卫生保护的条款，就有与之相配套的《关于破坏环境行为和公共卫生保护法令》来对各种各样破坏环境的行为进行具体界定。同时，为了加强环境目标管理，引入了多项监管和许可制度，对违反环境法的行为起到一定的警示、防范作用。

根据议会的要求，瑞典政府修改了环境质量目标框架法案，制定了《瑞典环境目标——中期目标和行动战略》，阐述了 15 个环境质量目标，提出了实现其中 14 个环境质量目标的综合性中期目标、措施和战略建议（另行制定了关于"减弱的气候影响"目标的政府法案）。2001 年 5 月，议会批准了这项有 69 项中期目标的环境目标新法案。支持这些环境质量目标的政策也包含在《无毒环境的化学战略》和《室内环境》等政府文件中。

2005 年 5 月 10 日，瑞典政府发布了新的环境质量目标政府法案——《环境质量目标——共同的责任》，增加了第 16 项环境质量目标——丰富的动植物生命多样性。2005 年 11 月，瑞典议会批准了这个法案。2005 年瑞典政府还制定了《全球合作中的国家气候政策》，单独阐述了"减弱的气候影响"这一环境质量目标。在 2001—2005 年间，瑞典议会共确定了 16 项环境质量目标的 72 项中期目标，近 200 项具体目标。这些环境质量目标规定了通过实施瑞典的环境政策应当实现的环境状态，其根本目的是在一代人（约 20 年）时间内解决所有重大环境问题，为全国各部门、各地方的环境规划与行动提供统一框架，是与瑞典所有环境目标相关的规范。

2. 垃圾回收循环制度

20 世纪 90 年代，瑞典政府通过立法并出台法律监督机制。1994 年，瑞典政府出台的《废弃物收集与处置条例》，详细规定了瑞典生活垃圾的分类、收运与处理，是瑞典生活垃圾分类的开端；1999 年，瑞典政府出台的《国家环境保护法典》，规定生活垃圾管理的总原则、生活垃圾的基本概念以及政府在管理生活垃圾方面的职责，成为监管生活垃圾的主要法律。瑞典的生活垃圾处理原则是以资源化、减量化为终极目标，实现最大限度的循环使用，并以能源化为导向，最低限度地进行填埋处理（图 3-3）。

瑞典从 2002 年开始禁止可燃性垃圾填埋，2005 年又进一步禁止有机垃圾填埋（图 3-3）。瑞典于 2000 年初，开始征收高额垃圾填埋税，从最初的每吨征收 250 瑞典克朗，增长至 2019 年的每吨 520 瑞典克朗，以此推动垃圾的回收再利用，实现垃圾零填埋。到 2016 年，焚烧炉所产生的能源已能够满足瑞典 20% 的城市家庭的供暖需求，同时为 5% 的家庭提供廉价电力。作为欧盟的成员国，瑞典的垃圾处理遵循《欧盟垃圾框架指令》，并按照优先级分成 5 个层级：①减少垃圾的产生；②回收再利用；③生物技术处理；④焚烧处理；⑤填埋处理。在完备的法律基础上，瑞典已形成一系列有效的垃圾管理制度，包括城市垃圾强制规划、"生产者责任制"、生活垃圾征收填埋税、严格的垃圾填埋制度（包括禁止未分类的可燃垃圾和有机垃圾填埋）、食品垃圾生化处理目标。除此之外，瑞典还有着完善的垃圾自动处理的流程，详见图 3-4。

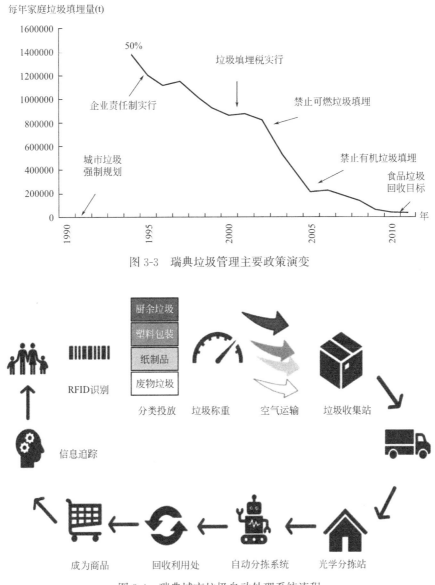

每年家庭垃圾填埋量(t)

图 3-3 瑞典垃圾管理主要政策演变

图 3-4 瑞典城市垃圾自动处理系统流程

此外，瑞典自 1984 年就对易拉罐进行回收并实施押金制度，目前已建立由市场机构运营的全国统一的易拉罐、饮料瓶和玻璃瓶回收体系。1994 年推行"生产者责任"制度后，瑞典开始积极拓展公共和私营部门的合作。

瑞典于 2017 年生效的《关于废物预防和管理的城市废物指引》(*Guidance on Municipal Waste Plans for the Prevention and Management of Waste*)进一步明确了市政府的城市垃圾管理责任。根据瑞典法律规定，所有公共行政机构都有责任处理废物问题，特别是城市规划管理局、城市发展管理局，交通管理办公室和市区管理局。瑞典各市政府有义务制定本市的废物管理计划，并承担收集和处理生活垃圾的责任，也可以颁布本市的垃圾废物和卫生条例及财政措施。

（三）建筑：规范建筑节能，发展可持续建筑

瑞典地处北欧，冬季气温较低且时间长，对建筑物保暖性能要求高，故取暖耗能多。瑞典建筑节能从 20 世纪 70 年代开始，20 世纪 80 年代以后发展迅速，效果明显，Bo01 社会建筑的节能系统就是一个典范（见图 3-5）。瑞典的建筑节能具有比较完善的法律、法规体系。

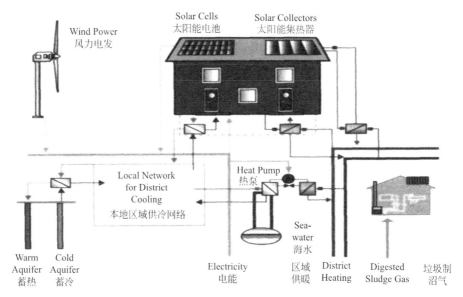

图 3-5　Bo01 社区建筑能源系统

1. 建筑节能法律体系

瑞典政府根据欧盟相关立法的规定，与本国国情相结合，制定了一系列的法律，规范建筑市场行为，推动可持续建筑的发展。主要法律包括：《住宅标准法》（1967 年）；《建筑物技术质量法》（1989）；《规划和建造法案》（1987 年，2003 年修订）；《关于欧洲共同市场安全（CE）标识的法案》（1992 年）；《建筑施工技术要求法案》（1994 年）。在此基础上，瑞典还制定了相关的技术标准规范，进一步落实相关法律，满足建筑质量、性能和可持续性的要求。主要的标准规范包括：《建筑规范》（1993 年，2002 年修订）；《建筑施工技术要求条例》（1994 年，1999 年修订）；《设计规范》（1993 年，1999 年修订）；《环境标准》（1998 年）。其中都明确提出住宅和建筑要符合安全性、耐久性、适应性、预防性、经济性等几项性能要求。在《环境标准》中，对住户能源消耗的节约有明确规定：如 1978 年为 240kWh/m²，1980 年下降到 200kWh/m²，1990 年下降到 150kWh/m²，2000 年下降到 100kWh/m²，2015 年达到 50kWh/m²。

2. 建筑节能保障制度

自 1998 年起，瑞典政府专门拨款用于资助环境可持续发展的项目，又称为 LIP 当地投资计划，1998～2002 年间政府拨款达 62 亿瑞典克朗。2002 年，为了履行《京都议定书》的义务，瑞典政府又设立了气候城市合同（KLIMP）气候投资计划，2002—2010 年间政府拨款 100 亿瑞典克朗。为消化高环保要求和 100% 利用可再生能源所造成的建造成本提高，瑞典政府 LIP 专项拨款 2.5 亿瑞典克朗，当地政府拨款 0.2 瑞典亿克朗，企业集

资 0.3 瑞典亿克朗用于与环境有关的投资，主要用于引进先进技术体系，发展土壤无害化及基础设施，也投资环保教育、信息项目建设。

2005 年 11 月 3 日，瑞典住宅建筑规划委员会又公布了修订后的建筑法规、强制性规定和建议性法规，包括节能的条款。瑞典通过补贴、免税等经济激励措施，鼓励节能技术的推广和发展。这种激励方式可以根据技术和市场的变化情况，调整补贴力度，甚至取消补贴。这些经济手段，减少了能源的消耗，提高了可再生能源的使用比例。瑞典政府制定建筑能源消耗规范，由市场选择具体的节能技术，使得具有经济可行性的技术推广迅速。

不论多少年的房屋，瑞典的每一处公寓都会成立业主委员会，业主委员会由大家选举，成立后对公寓楼进行经营维护，如一般管道系统 30～50 年就需进行改造，到期后业主委员会召集所有业主公开投票实施改造。所以不论是多少年的旧建筑，总能保持得如新房一般。这种基于建筑的绿色价值观，也值得我们在从"一拆到底"向"以修代建"的思路转变过程中借鉴。

（四）交通：发展生物燃料，推进新能源交通

1. 低碳交通技术研发

瑞典政府引入了一项"绿色汽车返还 1 万瑞典克朗"的行动，目的是刺激对于燃油效率型汽车和可替代能源的汽车的需求。2007 年 8 月 1 日起，瑞典首都斯德哥尔摩征收永久性拥堵费，对环境产生了积极影响。为了发展更多的环境友好型汽车，2008 年政府投入 4 亿瑞典克朗在研发上，政府正在与企业界一道投入 6200 万瑞典克朗发展并论证插电式混合动力技术项目，即可以从墙壁插座直接充电的下一代混合动力汽车。同时瑞典还推进环保型汽车研制，采用补贴等手段鼓励购买和使用环保型汽车。

为了加快实现交通用能转型的政策目标，瑞典政府出台了一系列法案，包括要求所有大型加油站都必须提供至少一种可再生燃料的法律，针对二氧化碳排放量较低或零排放的车辆的免税政策，着力降低碳、硫、氮氧化物等的排放，鼓励节能技术的引入和公共交通的发展，促进交通领域的去碳化，近年来交通领域能源使用见图 3-6。

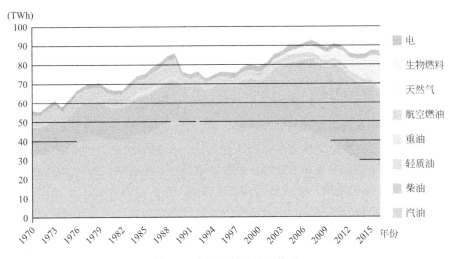

图 3-6 交通领域的能源使用

2. 低碳交通应用计划

瑞典的税收政策被称为"绿色税收体系",即重点征收能源消耗和污染排放税,同时对就业和劳动所得相应减少等量的征税额,并将部分税收进行返还或补贴。

瑞典分别从 1924 年、1937 年开始对汽油柴油征收燃油税,目前还对汽油柴油征收碳税,对低浓度混合生物燃料的汽油柴油征收燃油税,碳税不减免;对高浓度混合生物燃料的汽油柴油,例如 E85 汽油,免征燃油税、碳税。政府还针对百公里碳排放量低的车型,减免每年的车辆税,并在购买时针对排放量情况给予 1 万~6 万瑞典克朗的奖励。瑞典还积极推动电动汽车普及,对购买电动汽车的用户给予补贴,并在安装充电桩时补贴成本的50%,补贴总金额不超过 1 万瑞典克朗。2015 年,瑞典已拥有 12000 辆可充电汽车,其中42%是电动汽车,58%是插电式混合动力汽车。瑞典还利用农场畜禽粪便、能源作物、有机垃圾等经过厌氧发酵生成沼气,生产的沼气中近 2/3 经过提纯后升级为车辆燃料。

2006 年开始,瑞典针对车辆二氧化排放量收取车辆税。对使用柴油或其他替代燃料如乙醇燃料和气体燃料的机动车,所征税率都低于汽油车。对老旧车辆征税主要是针对重型卡车进行征税,其计税以车辆重量为基础。对免征环保车辆(EFVs)新车首五年免征车辆税。

政府还推行"超级绿色汽车"和电动公交车的补贴计划,环保型汽车可以在扩展边缘税收补贴中受益,刺激燃油效率型汽车和可替代能源汽车的市场需求。自 2012 年以来,瑞典国内购买"超级绿色汽车"会获得最多 4 万瑞典克朗的补贴。2016 年,为推行"超级绿色汽车"瑞典政府准备了 4.89 亿瑞典克朗,使用了 3.48 亿瑞典克朗。2016 年 12 月,瑞典政府决定将"超级绿色汽车"计划延长至 2017 年底,2017 年,将有 7 亿瑞典克朗用于该计划。2016 年 6 月,瑞典政府决定对电动公交车进行监管,地区公共交通机构以及获得购买公共交通权限的市政当局可以申请补贴,补贴力度取决于公交车的排放等级及其运输能力。

此外,政府还实施了"替代燃料基础设施行动计划",以配合欧洲议会关于替代燃料基础设施部署的指令。该行动计划包括评估运输中替代燃料市场的未来发展部门以及国家的发展和替代燃料基础设施部署的目标。根据欧盟的指示,瑞典将制定替代燃料的充电和加油通用标准。

四、低碳城市最佳实践

(一)瑞典哈马碧生态城

哈马碧位于瑞典首都斯德哥尔摩东南部,瑞典语义为"临海而建的城市",原为一非法小型工业区兼港口,曾遭受极为严重的工业污染。后因瑞典申办 2004 年奥运会而进行改造,向高循环低耗费、自然和谐发展。最后奥运会申办未成功,哈马碧城也未能成为奥运村。但经过 20 多年的发展,哈马碧已经建设成为一座占地约 204 万 m^2 的高循环、低能耗的宜居生态城,并且因其超前的环境与可持续发展理念和成功的建设经验而成为世界可持续发展城市建设的典范。

哈马碧湖城生态建设成功的技术核心在于"哈马碧模式",这是联结全部环境计划的一根绿线,是一个能将能源、雨水、污水、垃圾等进行生态循环利用的系统。这个系统将建筑、景观、生态基础设施等多方面进行统筹规划，将资源进行合理利用，最大程度提升当地能源利用效率。通过城市内部的能源循环利用，哈马碧城可以满足自身50％的能源需求。

哈马碧城地下设置渗水层和蓄水池，城内所有的积水、雨水、融化水都在当地进行储存及处理；建筑设置绿化屋顶及景天类植物来收集雨水，还能起到隔热作用；污泥、食物废物都可以分解产生沼气，同时处理后的废水和废物也可以在生产过程中用于制热、制冷和发电。在垃圾处理方面，哈马碧城构建了楼层、街区、地区的三级垃圾管理系统以及一套真空处理垃圾的全自动中央垃圾抽吸系统，经过适当处理后，这些城市废物即可转化为农作物肥料或热电厂的燃料。

围绕哈马碧湖沿岸采用集约紧凑的开发模式建设生态城，绿地、湖泊、道路、建筑相结合，形成紧凑的空间形态——城市街区尺度小，街区内部采用围合式布局；城市用地功能混合，间或分布底商商住的混合公用建筑，满足了哈马碧城内部的职住平衡，缩短了居民的日常通勤距离；采取空间形态发展（TOD，Transit-orientated Development）开发模式，建立邻里、社区、城镇三个层级的公共服务体系，使居民可享受到完善的近距离的公共服务，详见图 3-7。

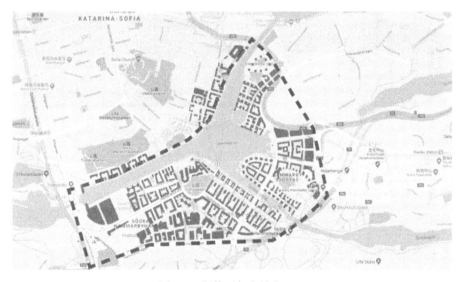

图 3-7 斯德哥尔摩城市肌理

为了实现"80％的居民和通勤者都采用公共交通、自行车或步行等绿色出行方式"的目标，哈马碧城投入大量资金，建立了便捷高效的公共交通网络。区域内以轻轨、地铁站及巴士使整个城市交通线路交织成一个通达的交通网络，便于居民利用公共交通快速到达城市各个角落；城内以共享汽车的形式减少城市居民车辆保有量，并在主要公共建筑附近设立了免费充电装置，保证共享汽车的快速充电。此外，滨河区域建有渡轮码头，为近郊出行提供多样化选择，减少部分地区客运流量。城市内部道路构建以自行车、步行为主的慢行系统，有效降低了污染排放（图 3-8）。

在环境设计上，哈马碧城依托于滨水空间设置了码头公园、栈桥步道等游憩场所，并设置了海鸟的栖息地，用以构建人与动物和谐共处的空间，营造出城市及自然交融的宜人

图 3-8　哈马碧生态城的公共交通网络建设措施

生态环境，实现人与城市及自然的融合。同时通过对废弃港湾和工业园区的再利用，连同沿岸建筑形成哈马碧湖丰富的沿岸轮廓线（图 3-9）。

图 3-9　哈马碧城景观规划

　　基于可持续发展的理念，哈马碧生态城的规划建设由政府统筹，政府设立了精细明确的"无碳城市"发展目标。项目采用集约紧凑的开发模式，建立了独立的可持续发展能源供应系统，使得哈马碧转变成为一座能够代表瑞典，甚至是全世界最先进科技与人居理念的现代居住新城。

（二）瑞典马尔默市 Bo01 新区

　　马尔默位于瑞典南部的斯科纳省，是瑞典第三大城市。马尔默开始发展是在公元 14 世纪到 17 世纪，到 18 世纪初期马尔默大概有 2300 位居民。但是，由于瑞典查尔斯七世战争和瘟疫，直到 18 世纪末期现代港口建造前，当地经济与人口一直没有太大增长。经过两百多年的衰落后，马尔默在 19 世纪随着欧洲工业革命再次兴旺。它的工业和造船业奠定了瑞典现代工业的基础，它曾经是斯堪的纳维亚半岛工业最发达的城市。

　　但是，工业化时代的到来使得马尔默再次遭遇了严重的衰退。随着制造业重心从欧洲向亚洲转移，这里的工厂相继关闭，许多公司及其雇员都从西港区搬离，废弃的码头杂草丛生。在新世纪来临之际，瑞典政府和欧盟共同投入巨资治理西港的污染。改造工程先是从土壤开始，工人们移走被污染的土壤，替换表层土壤，开始在新的土地上建起一个知识与科技共同驱动的生活新区。

　　2000 年，马尔默开始吸引高科技产业，进行产业转型。2001 年 5 月，马尔默在国际住宅建筑博览会上推出了"明日之城"的样板——Bo01 新区,将废弃码头改建为占地 30hm^2、可容纳 1000 户居民的住宅综合区。马尔默 Bo01 新区以环境规划为龙头,从节能、节水、节材、节地和环保等方面积极地探索综合统筹设计,整个住宅小区在建造过程中并未追求使用先进的技术和产品,而是把改造重点放在相对成熟、实用的住宅技术与产品的集成使用上,并取得了明显成效,在 2001 年获得了欧盟的"推广可再生能源奖",目前,马尔默已经成为世界公认的生态城市建设的领跑者。

Bo01 新区的能源供给实现了 100% 依靠当地可再生能源(风能、太阳能、地热等),并已自给自足,供需平衡;瑞典皇家工学院 2001 年的对比实验表明,通过采用合理的规划设计理念、集成的技术和产品以及先进的施工工艺,与参照楼相比,实验楼的能源需求减少 20%~31%,对土地和基础设施的人均占用减少 45%~59%,人均节水 10%,建材总需求量减少 10%,建材废弃物量减少 20%;通过成功地将废弃工业区改造为新型、优美的住宅区,马尔默市向可持续发展城市的发展目标迈出了坚实的一步,也为欧洲其他国家树立了一个新型住宅区的样板。

1. 生活用能结构与能源消耗

减少能源特别是化石能源的消耗,促进可再生能源的发展,提高能源使用效率,是西方发达国家一直以来的重要研究课题,这几个发展方向落实到 Bo01 新区上的重要成果之一就是实现了 Bo01 新区 1000 多个住宅单元 100% 依靠可再生能源,实现自给自足。

在风能方面,新区使用风力发电,依托距新区以北 3km 远的一个 2MW 风力发电站(瑞典最大的风力发电站),能够满足新区所有住户的家庭用电、热泵以及小区电力机车用电;在太阳能方面,新区利用约 120m^2 的太阳能光伏电池系统以及 8 块 1400m^2 的太阳能板,可分别满足 5 个住宅单元的需电量以及新区 15% 的供热需求;地热资源方面,小区采用地源热泵技术,通过埋在地下土层的管线,把地下热量"取"出来,然后用少量电能使之升温,供室内取暖或提供生活热水等,满足住宅示范区 85% 的供热需求;同时新区将生活垃圾与废弃物通过市政处理站进行再生,将再生电力与热力回用于小区。

当地政府对该新区的居民提出了较高要求,力求人均年耗能达到 105kWh/m^2。这个标准低于当前瑞典人平均耗能水平的 40%,只有美国人的平均耗能标准的 34%。为了达到要求,居民们除了改变自己的生活习惯,自觉降低生活中的耗能水平外,还要通过相应的耗能检测手段来随时监测自己的日常消费。

新区广泛推广植被绿色屋顶,有助于保温、减少能耗而且环保。充分利用信息(IT)技术,加快了可持续发展理念的普及,居住者不再仅仅是被动的参与者:居民可以随时查询和比较每月所用水、电、暖的情况,并可将建议和意见进行反馈;同时可提供垃圾回收处理的反馈;可以提供动态停车和公共交通时刻表;还可通过宽带网实现在家办公。以上新区开展的环境教育计划,使居住其中的居民有了更加环保的生活方式。同时新区引入"大循环周期的概念",即新区的电网、热网与市政电网、热网是串联的,保证了新区在可再生能源生产高峰时可将多余电量输给城市公共电网而不浪费;反之,在低谷时可从公共电网获得补充。

2. 可持续水系统设计规划

新区通过水系与老城中心连接,实现每座建筑直接与水和自然接触,收集雨水并利用植物对其进行处理和可持续利用。整个新区环境均以水为基本要素,通过一条穿越居住区和欧洲村的人工运河实现了每栋建筑都临水的目标。设计师将不同形式的水景巧妙地引入城市新区中，最大程度优化了居住环境。

针对瑞典南部多雨的特点，将雨水排放系统设计为：雨水首先经过屋顶绿化系统进行过滤处理，补充绿化系统水分，其余雨水通过路面两侧开放式排水道汇集，经简单过滤处理后最终排入大海。

3. 垃圾回收与循环利用

在生活垃圾的处理上，Bo01新区的做法是按照3R原则，遵循分类、磨碎处理、再利用的程序。居民首先将生活垃圾分为食物类垃圾和其他类干燥垃圾，然后把分类后的垃圾通过小区内两个地下真空管道，连接到市政相应处理站，通常食物垃圾经过市政生物能反应器，可转化生成甲烷、二氧化碳和有机肥；其他类干燥垃圾经焚化产生热能和电能（图3-10）。据测算，垃圾发电可为居住区每户居民提供每年290kWh的电量，足够满足每户全年的正常照明用电。

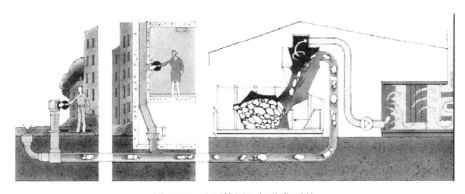

图 3-10　地下管网垃圾收集系统

4. 生物多样性保护

Bo01项目启动伊始，当地的环保和科研机构对住宅示范区进行了地毯式的物种搜索以及土质和水文测试，务求在项目开工之前，对那些曾在当地出现的物种进行妥善的移植和保护，并在项目后期进行景观设计时再移植回来。

五、低碳城市经验总结

瑞典在能源转型和碳减排方面成为全球的引领者，一方面与其国情和资源禀赋有关，另一方面更是因为政府在促进清洁低碳能源发展方面出台了相关政策且执行得力。

（一）完善市场机制政策，助力转型低碳经济

瑞典高效完善的低碳经济政策体系帮助它成功实现了低碳城市转型。其采用了多种经济政策工具，包括各种环境税、新能源补贴、能效补贴、排放交易体系、自愿减排协议、绿色电力证书计划等。瑞典低碳政策工具的显著特点是充分利用了市场机制，使用各种政策工具并保证各种工具之间的相互协调，尽可能地调动微观经济主体（企业、消费者）的

积极性，促进企业决策者和公众观念的转变，政府发挥制定规则和弥补市场失灵的作用。如碳税、能源税、垃圾填埋税等税收手段，以及低碳能源和技术的税收减免，成为消费者选择低碳能源的最好价格信号。并且随着新的政策工具的引入，尤其是欧盟排放权交易体系的引入，瑞典的能源税体系也多次进行了更新修改。

（二）注重科技研发，创新低碳技术

研究与开发政策是一种基于长期视角的战略工具，技术进步与知识的积累对于实现长期的能源和环境目标具有重要的意义。过去几十年来，瑞典一直高度重视科技研究与开发，是世界上 R&D 投资占 GDP 比例最高的国家之一。高比例的 R&D 投入保证了瑞典的科技研究在国际上拥有很强的竞争力。

瑞典政府于早在 1995 年便发布了政府能源研究、发展计划，自此，能源研发成为瑞典能源政策重要的重要组成部分。随后在 2007 年瑞典政府提出议案，要求加大对能源研发项目的指导和投资，2009 年，瑞典政府在政策文件《气候与能源联合法案》（*A Sustainable Energy and Climate Policy for the Environment，Competitiveness and Long-term Stability*）中指出，瑞典将采取措施逐步缩减对现有技术的投资，转而加大对新能源技术的研究与开发力度。瑞典政府关注的重点为交通系统，因此瑞典政府将低碳技术的发展重点放在了大规模可再生能源发电和电网、电动汽车和混合动力驱动系统。

（三）建设生态基础设施，打造"哈马碧模式"

"哈马碧模式"是一个集能源、雨水、污水、垃圾等多元素的综合的生态循环利用系统。"哈马碧模式"通过利用分类的可燃废弃物，为社区集中供热与降温，将太阳能技术融合进社区建筑中，提供社区年热水所需的一半热量；并且设计街道雨水收集系统、稳定塘与绿色房顶，实现降水资源的高效利用；将污水分流，降低污水的清洁难度，同时在污水中提取污泥产出沼气与生物固体再利用；使用废弃物自动抽吸处置系统、小区回收屋系统、地区环境站系统帮助居民进行垃圾分类，并实现对废弃物的高效处理。

（四）政府引导公众参与，建设低碳生态社区

发展生态循环经济要坚持环境经济综合决策，在社区开发或改造中，实行以生态为中心的一体化规划，对能源、交通、建筑、给水排水和污水、废弃物处理等基础设施进行综合考虑，为此，各部门和各行业要密切合作，协调行动。其次，发展生态循环经济要明确各部门各行业的环境保护目标，在最大程度上减弱各自的环境影响。中小企业和终端消费者，获取节能低碳知识比较困难，这是影响节能低碳发展的重要障碍之一。政府作为市场的引导者，应该重视信息普及推广工作，扫除信息障碍，并建立完善的环境基础设施，从企业和家庭，到社区和区域，建立完整的环保工作体系和废弃物分类回收网络。瑞典是可持续发展理念的倡导国家，也在可持续发展方面作出了突出成绩。我国应该将可持续发展的理念融入经济社会发展的各个环节，例如重视垃圾的循环分类和能源化利用，一方面建成集约高效社会，另一方面将废弃的垃圾变为能源，构建循环低碳可持续发展社会。

第四章 "国民共建模式"引领者
——丹麦零碳排放城市建设的经验

丹麦受气候变化影响较大，政府和国民都有强烈的忧患意识，因此丹麦把节能与低碳建设作为国家发展的根本动力。通过多年的努力，丹麦已经成为国际上著名的零碳排放建设国家。本章主要介绍丹麦零碳排城市建设的经验，通过对其低碳城市发展背景、低碳城市政策体系与低碳城市建设路径进行总结，分析其出台的碳调控政策、技术创新政策、财政税收政策等，采取新能源与区域能源并行、发展低碳出行、完善处理水循环、改善空气质量等措施的可行性，并以哥本哈根优秀实践为具体案例总结其低碳城市的三条发展经验：充足的低碳城市发展资金保障；明确政策规划指引，提升低碳出行品质；提升全民环保意识，实现低碳社会氛围。

一、低碳城市发展背景

丹麦作为欧盟成员国之一，其在清洁能源和低碳发展方面一直位居世界前列，被公认为是世界上最"绿色"的国家之一。但是，历史上的丹麦也因为工业化带来的严重污染和能源危机而饱受困扰。在20世纪70年代，丹麦首都哥本哈根发生大气污染而引发的酸雨灾害，诸多历史遗迹遭受到不同程度的侵蚀，丹麦南边波罗的海受到藻类污染，农业也因此损失严重，河流湖泊遭到工农业污染，生态环境也受到严重破坏。在此期间，丹麦的能源自给率非常低，约93％的能源消费依赖进口。完全依赖进口能源的丹麦只能依靠全国性的节能政策缓解能源危机，同时斥巨资发展油气开采。从1980年起，丹麦根据本国国情，着手制定了新的能源发展战略，并把低碳发展上升为国家战略高度，大力推进零碳经济发展。自此，丹麦的能源消费结构开始从"依赖型"向"自力型"的方向转变。

丹麦在经历了前工业化时代的各种不利影响后，进行了长达50年的环境治理与能源开发，也是在"倒逼机制"的作用下才开始进行政策变革。1980年至今，丹麦的经济累计增长了78％，能源消耗总量几乎零增长，二氧化碳气体排放量实际反而降低了13％。2009年，丹麦制定了到2050年完全摆脱化石能源依赖的目标，并通过立法来巩固既定政策。

如今，丹麦在提高能源效率和发展可再生能源方面走在了世界的前列。在低碳城镇建设方面，丹麦注重创新、注重实践，形成了一系列先进理念和经验。丹麦现阶段主要关注的是如何建设绿色低碳城市。欧洲的许多城市也已经提出类似的建设"绿色城市"的计划。不同的是，丹麦的绿色低碳城市建设目标非常宏伟。丹麦首都哥本哈根于 2012 年提出《哥本哈根 2025 气候计划》，到 2025 年，丹麦首都哥本哈根将成为世界上首个零碳排放的城市。为了实现这个目标，哥本哈根市政府制定了 50 个具体的行动计划，包括鼓励市民绿色出行、建设区域能源系统、建造绿色环保建筑等。

二、低碳城市政策体系

20 世纪 90 年代以来，气候变迁、全球变暖及温室气体排放等议题受到国际社会高度关注。1992 年，联合国环境与发展大会通过了《联合国气候变化框架公约》，提出 20 世纪末发达国家温室气体的年排放量要控制在 1990 年的水平。1997 年，公约缔约国通过了《京都议定书》，规定了六种受控温室气体，明确发达国家削减温室气体排放的比例。2015 年，缔约国通过《巴黎协定》，该协定取代了《京都议定书》，提出将 21 世纪全球平均气温上升幅度控制在 2℃以内。丹麦响应国际号召，积极应对气候变化，不仅参与签署联合国《21 世纪议程》《京都议定书》等多个国际保护气候公约，而且在 2012 年颁布了《能源政策协议 2012—2020》，提出到 2020 年，丹麦一半的电力将来自风能，可再生能源在 2020 年的能源消费总量中所占比例将达 35%，能源消费总量将比 2006 年减少 12%以上，二氧化碳排放量将比 1990 年减少 34%的目标。

丹麦进行低碳城市建设时在能源、交通、水资源、环境四个方面的投入力度较大。能源方面，哥本哈根把绿色、低碳、环保作为能源建设的基本要求，力求在追求节能的同时，实现能源效用最大化；交通方面，"指形规划"和可持续交通理念引导了哥本哈根城市交通的建设；水资源和环境方面，丹麦推出了"海绵城市"——可持续的城市排水系统，更完善的排水系统在城市的环境建设中发挥了重要的作用。而这一完整体系的建立，离不开丹麦政府的一系列强有力的政策支持。

（一）碳调控政策

20 世纪 70 年代石油危机爆发后，丹麦根据本国实际，把保障能源稳定、安全和可持续发展作为国家战略，制定了多个能源计划进行碳调控。1976 年，丹麦发布了第一部能源领域的整体规划。该规划明确提出要大力发展风能，增加新能源领域的研发投入、鼓励节能等。之后又颁布了多个能源计划。如，1981 年提出到 2000 年风电装机要达到 900MW，满足 10%的电力需求；1988 年，明确了能源发展的总目标是获得一个高效、清洁和可持续的能源前景；1990 年颁布的《能源 2000》计划，提出 2005 年二氧化碳排放量将比 1988 年减少 20%的目标；1996 年提出 2030 年能源发展远景，届时 50%的电力来自于风电，二氧化碳的排放量将减少 50%；在 2007 年颁布的《富有远见的丹麦能源政策 2025》中，丹麦政府提出要推动绿色能源体系发展。总体看，无论是哪个时期的能源计划，可再生能源发展和可持续发展始终是能源战略和政策的主要目标，也是丹麦能源发展的一个显著特点。根据丹麦能源署的规划，随着风能、太阳能、生物质能源利用比例的不断提高，2025 年可再生能源发电量将占发电总量的 36%；2030 年能源构成将优化为风能 50%，太阳能 15%，生物能和其他可再生能源 35%；2050—2070 年则完全摆脱对化石能源的依赖。丹麦优化能源结构，采取多种能源利用方式。丹麦最初 90％的能源需求都依靠石油满足，在新政策的引导下，能源来源开始走向取材多元化、选材优化的道路。在 20 世纪 80 年代，丹麦开始发展以生物能源和风能为主的可再生能源，这一举措将会实现能源方面的碳减排。

（二）技术创新政策

在丹麦政府大力支持能源供给多元化发展的基础上，丹麦推动多种能源的综合利用，大力发展新的能源技术，以提高能源利用效率。丹麦先后颁布了《供电法案》《供热法案》和《地区供热和热电联产法案》，推动热电联产和区域集中供热，规定只有能够进行热电联产和向区域集中供热网络供热的发电厂才能运营，新的发电厂必须以有新的需求为理由才能兴建；超过 1MW 的发电厂必须以热电联产的形式运行。与单纯的供电和供热方式相比，热电联产可以节省 20％～40％用在热力与电力生产上的总燃料消耗，提高能源的综合利用效率。随着技术的发展和可再生能源装机容量的不断扩大，热电联产系统逐步分散化和小型化，燃料从最初的煤炭逐渐转到天然气、生物燃料和废物。热电联产不仅提高了能源利用效率、节省了能源，而且可以更好地消纳风电。此外，丹麦的热网和电网实现耦合互联。当风电发电量不足时，热电联产机组可尽量多地用来发电，满足用户需求；当风电电量过剩时，热电联产机组可尽量少发电，避免弃风，但因为热电联产机组发电量少，产生的热量不足以满足用户需求，就需要电取暖装置来满足用热需求。这样的热电交互，既可保证用户的用电安全和用热的舒适度，也可配合风电机组的运行，使整个电力系统和热力系统实现运行成本的最优化。

加快能源部门的技术创新也是丹麦政府激励绿色低碳发展的重要举措。《能源科技研发和示范规划》的制定，确保了政府对能源科技研发的投入快速增长，以便最终将成熟、价格低廉的可再生能源技术推向市场。"能源政策协议 2008"和"绿色增长协议 2009"中都规定了对可再生能源技术发展的资金投入。同时丹麦注重广泛吸纳科技人才进入新能源行业。此外，丹麦政府也与企业和科研机构建立起广泛的合作关系，为研发成果的商业化提供技术支持。

（三）财政税收政策

在过去 30 多年内，丹麦已逐步构建了绿色税收制度，促使消费者放弃高污染、税负高的传统化石能源，选择价格和污染较低的新能源，有力地推动了能源结构改善和经济发展绿色转型。丹麦是最早课征能源税的国家之一，汽油、柴油和石油税于 1974 年石油危机后制定并在 1985 年原油价格下滑时提升，1982 年和 1996 年分别开始征收煤炭税和天然气税。丹麦 1993 年通过《环境税收改革决议》，成为第一个真正进行绿色税收改革的国家。其中，二氧化碳税和二氧化硫税分别于 1992 年和 1996 年开始课征。同时，对于环保产业进行减税，如从 20 世纪 80 年代初到 90 年代中期，丹麦对于风机发电所得收入一直没有征税。

丹麦政府的经济激励政策在推动排放交易市场建设中发挥着积极作用。一方面，对化石能源开征高额碳税，对绿色能源进行补贴。丹麦对化石能源征收的税额占每度电应付税的 57％，有效遏制了高排放；而对近海风电、生物质能发电则采取少征、减免措施，对

"绿色"用电、可再生能源不但不征税，反而进行补贴，给投资者和大众提供了一个明确的政策导向。另一方面，税收优惠和价格杠杆并用。从 19 世纪 80 年代初期开始，丹麦对风机发电所得的收入实行免税。在电价政策方面，丹麦采取风电与火电差别定价。火电采用固定的价格，而风电由于成本高实行高入网电价，同时对于风电使用者实行补贴。通过这些措施，最大限度保证风能投资者的利益，鼓励风电的开发和使用。

2020 年，《绿色国度为绿色转型提供资金——投资如何实现可持续的未来》中提出了两项绿色经济的改革政策。第一，调节能源价格，推动绿色能源发展。丹麦通过价格调节机制，积极支持绿色能源的生产、发展以及市场推广，比如采用相对固定的风电价格，来保证风能投资者的利益，鼓励投资者。第二，改革税收方式，对新能源收税条件放宽。从20 世纪 80 年代初期到 90 年代中期，丹麦对风机发电所得的收入都不征税；对可再生能源不但不征税，还有补贴。与此相对应，政府大力征收车用燃油税、二氧化碳税和垃圾税等16 个税种，以此达到鼓励、促进新能源发展的目的。可以看到丹麦根据自身特点，注重碳政策调控和技术发展，大力发展节能环保和可再生能源产业。目前，丹麦风电、秸秆和垃圾发电等可再生能源技术，超临界清洁高效燃煤技术及热电联产技术处于世界领先水平，丹麦成为世界风能发电大国和风机制造大国，风电产业和风机制造业形成一定规模并具有较强国际竞争力，其风力发电设备和产品占到了世界市场份额的 40%。同时丹麦在绿色金融方面也着力发展，以此促进整体低碳水平的进步。表 4-1 是丹麦近年来的低碳相关政策。

丹麦低碳政策框架体系部分法规 表 4-1

政策名称	政策英文名	发布部门	政策类别	发布时间
《供电法案》	Power Supply Bill	气候和能源部	碳调控政策	1976
《供热法案》	Heating Bill	气候和能源部	碳调控政策	1979
《住房节能法案》	Housing Energy Conservation Act	气候和能源部	碳调控政策	1981
《交通与环境规划》	Transportation and Environmental Planning	交通运输部	碳调控政策	1994
《2020 能源计划》	Energy Plan	气候和能源部	碳调控政策	1999
《能源节约法》	Energy Conservation Law	气候和能源部	碳调控政策	2000
《自行车优先计划》	Bicycle Priority Plan	交通运输部	碳调控政策	2001
《富有远见的丹麦能源政策 2025》	Far-sighted Danish Energy Policy 2025	气候和能源部	碳调控政策	2007
《市政规划指南》	Municipal Planning Guide	住房和规划局	碳调控政策	2008
《战略 2025》	Strategy 2025	气候和能源部	碳调控政策	2010
《丹麦空间规划》	Spatial Planning in Denmark	住房和规划局	碳调控政策	2012
《城市更新与发展法》	Urban Renewal and Development Law	住房和规划局	碳调控政策	2016
《城市发展指南》	Urban Development Guide	住房和规划局	碳调控政策	2017
《可再生能源利用法案》	Renewable Energy Utilization Act	气候和能源部	技术创新政策	1981

政策名称	政策英文名	发布部门	政策类别	发布时间
《绿色国度白皮书——智慧城市》	*White Paper-Smart City*	绿色国度	技术创新政策	2020
《绿色国度白皮书——区域能源》	*White Paper-Regional Energy*	绿色国度	技术创新政策	2020
《绿色国度白皮书——风电发展突飞猛进》	*White Paper-Wind Power Development by Leaps and Bounds*	绿色国度	技术创新政策	2020
《绿色国度白皮书——海绵城市》	*White Paper-Sponge City*	绿色国度	技术创新政策	2020
《绿色国度为绿色转型提供资金——投资如何实现可持续的未来》	*Financing Green Transformation-How can Investment Achieve a Sustainable Future*	绿色国度	财政税收政策	2020

三、低碳城市建设路径

(一) 能源：新能源与区域能源并行

在丹麦政府的有效引导下，哥本哈根的诸多高新技术企业顺势而为，及时调整了企业战略方向与投资重心，积极进行低碳技术研发应用和市场化推广。丹麦技术大学等高等院校以及诸多专业研究机构，充分结合自身科研优势，用前瞻性的战略视角把握未来低碳发展趋势，将发展目光聚焦于可再生能源开发领域。

1. 做全球风能源建设的标杆

风能在欧洲向清洁能源转型的过程中发挥了重要作用。近年来，欧洲一直在引领全球气候行动，现在已成为创造可持续就业、增长和投资条件的典范。欧盟能源同盟将实现欧盟经济现代化，促进清洁能源发展，为所有的欧洲公民和企业提供充分利用清洁能源的方式。风力涡轮机是绿色转型的标志，正在全世界蓬勃发展。然而在欧洲，它们远远不只是标志，风能在欧洲电力供应中占比超过 15%，在一些成员国甚至超过了 40%。整个欧盟正致力于在 2030 年之前，减少 40% 的二氧化碳排放量，与此同时，至少将可再生能源占比提高至 27%，将能源效率提高至 30%。

丹麦人从不必为电力供应而担忧。这种成功依赖三个前提条件：（1）丹麦具有灵活高效的发电站，当地的热电联产厂、风力发电和太阳能相互作用形成一个整体的供电系统；（2）丹麦有着发达的电网，可以应对大幅波动，丹麦可以进口或出口相当于最大用电量 80% 左右的电力；（3）丹麦是完善的北欧和欧洲电力市场的一部分，通常在大风条件下，发电成本会下降，当发电成本低时，丹麦供应商会向邻国出售电力，在邻国电力价格更优惠时，丹麦会从邻国进口电力，包括挪威水电、德国风电和太阳能电力、瑞典核能电力等。

丹麦风能的历史可以追溯至 1891 年，当时丹麦建立了第一台风力涡轮机，为一所学校供电。1991 年，丹麦率先建设了商业级海上风场，并且几十年如一日地走在风电产业的前沿。2017年，丹麦的岸上与离岸风电可满足43%的全国电力消耗，并且丹麦计划到2021年，将风力发电占比进一步提高到50%以上。现今，陆上风力是丹麦电力生产中价格最低的能源来源，下一代风机将实现为10000个家庭供电的宏伟目标。

2021年，风电占丹麦用电量的43.6%。丹麦是世界上首个决定领导转型并在2050年之前淘汰化石燃料的国家。扩大风能在可再生能源中的份额是实现该目标的一大要素，其中包括促进可再生能源智能管理系统的开发。丹麦是全球风能创新和发展中心。丹麦风能行业拥有将近3.3万名从业人员。丹麦凭借专业能力超群的员工、一流的样机测试设备，以及全面的企业、研究机构及政府研究项目的联系网络，共同营造了一个全球独一无二的创新研发环境。丹麦有大约4750台风力涡轮机，提供超过5GW的电力，占丹麦产能的1/3以上。

2. 着重发展区域能源

区域能源是关于通过一个集体系统确保高效的供暖和制冷供应的方案。简而言之，区域能源是将具有温度的水的能量从生产地转移到消费地。区域能源在世界范围内对供暖或制冷有集中需求的地方都是可行的，例如在大城市和小城市的工业区或人口稠密地区。

高效节能的供暖和制冷解决方案是丹麦解决能源问题中很重要的一部分。虽然许多国家选择了单独的现场供暖和制冷解决方案，但丹麦在20世纪70年代石油危机之后决定专注于集体供暖系统。到今天，64%的丹麦家庭使用区域能源供暖，这也使得丹麦成为世界上最节能的国家之一。

丹麦于1979年通过了第一部《供热法案》，之后丹麦政府致力于灵活、清洁的电能和热能联产。热电联产（CHP）工厂的电能和热能联产能够达到90%以上的效率水平，使其成为在人口稠密地区供热和制冷的一种特别高效且具有成本效益的方式。在丹麦首都哥本哈根，98%的家庭使用区域供热进行供电。此外，区域供热和制冷能够利用包括可再生能源在内的所有能源，从而实现更加灵活和清洁的生产。同时，丹麦60%的区域供暖是基于可再生能源。与区域供热类似，区域供冷在降低成本和减少二氧化碳排放方面具有巨大潜力。比如，哥本哈根的区域供冷系统可以使用周边海港的海水，具有很高的经济效益。

丹麦政府同时着力于集成升级的沼气和热泵，并将它们与区域能源相结合，丹麦还采用天然气电网以及单独的供暖和制冷解决方案。升级后的沼气被送入天然气网；热泵越来越多地用于单独的供暖解决方案，大型热泵也用于各种热电联产工厂，多余的可再生能源被整合到热能系统中，从而平衡能源系统。

3. 完善政策体系，保障绿色能源转型

为了保证能源节约、提高能源效率和促进可再生能源发展，丹麦政府注重通过立法提供制度保障。首先是分别于1976年和1979年颁布了《供电法案》《供热法案》，接着在1981年出台了《可再生能源利用法案》（2008年修订）和《住房节能法案》，2000年发布了《能源节约法》，2003年制定了《能源供应法案》。

（二）交通：以人为本，低碳出行

1. 公共交通网络建设

在交通方面，丹麦政府鼓励人们更多地采用步行、自行车、公交出行，从而建起一个"以人为本"而不是"以车为本"的交通环境。《哥本哈根模式》中提到了"绿色先行"理

念，即以公共交通为主的城市开发。其中就提到了四个主要方面，一是利用轨道交通系统引导城市呈放射形发展，即通过完善轻轨、地铁、高铁等轨道交通系统来增强交通便利性；二是轨道交通系统与土地开发相互配合，具体为通过建设完善的步行和自行车设施，包括适当增加自行车站点密度、增设自行车道等方式，更好地引导人们从不同地区到达轨道交通车站；三是通过系统化整合公共与私人交通来提高交通运转速率；四是通过对私家车的控制实现交通的公平性。

同时，丹麦政府致力于建立完整的城市低碳交通系统。丹麦采用放射形的发展模式，发达的轨道交通系统沿着走廊从中心城区向外辐射，沿线的土地开发与轨道交通的建设整合在一起，大多数公共建筑和高密度的住宅区集中在轨道交通车站周围，使得新城的居民能够方便地利用轨道交通出行。轨道交通系统所支撑的走廊从中心城区向外辐射，城市大多集中在轨道交通车站附近发展。

公交系统要能够方便有效地服务于沿线地区，而沿线土地开发也要创造出一个适合乘坐公交的环境，并能为公交系统提供足够的客流。刚开始，城市规划要求所有的开发必须集中在轨道交通车站附近，所有的区域重要功能单位都要设在距离轨道交通车站步行距离 1km 的范围内。随后国家环境部出台了"限制引导"政策，要求区域内被轨道交通服务所覆盖的地区，要在当地直接规划区域到距离轨道交通车站 1km 的范围内集中进行城市建设。

丹麦不仅重视轨道交通、公共汽车等公共交通系统单独的发展，还要进行面向公共交通的不同交通模式间的整合。包括公共交通在内的任何交通模式都不是孤立存在的，它们都是整个城市交通系统的一个部分，系统化整合不同交通模式可以有效提高公共交通的服务水平和竞争力。由于轨道交通本身并不能直接提供"点对点"的服务，有效地提高轨道交通车站的可达性就显得非常重要。首先，将城市的规划开发建设集中在车站周围，这使得轨道交通覆盖了城市大面积的活动区域；其次，与轨道交通车站相连的步行和骑行道路网络逐渐完善，在方便了非机动化交通出行的同时也提高了轨道交通的可达性。再次，支线公交车站设在轨道交通车站附近，将更大范围内的出行者汇集到轨道交通系统。

对小汽车交通的控制也是丹麦交通政策的重要组成部分。一方面，通过控制城区机动车设施容量，将稀缺的城市道路资源向效率更高的非机动化交通和公共交通转移；另一方面，通过各种经济手段将小汽车交通的外部成本（交通拥堵、噪声、空气污染、城市景观的破坏和社区的割裂等）内部化，从而体现交通的公平性，自行车与汽车高峰时段 1km 周期旅程的成本效益见图 4-1。

2. 引导低碳出行

哥本哈根是全球首个"自行车之城"更是绿色出行的代表城市。哥本哈根绿色出行交通策略主要包括以下几点。一是制定自行车优先交通政策。交通管理是城市规划的重心。1980 年，哥本哈根政府通过了第一个自行车网络规划，1997 年出台了《交通与环境规划》，提出了大力发展自行车和公共交通的目标。2000 年，哥本哈根通过的《城市交通改善计划》所包含的《改善自行车使用条件子计划》中制定了明确的量化目标，到 2012 年实现：（1）自行车通勤比例由 34% 提高到 40%；（2）骑行者重伤和死亡的风险降低 50%；（3）将认为骑车很安全的人群比例从 57% 提高到 80%；（4）自行车车行速度从 5km/h 提高到 10km/h；（5）将路面质量差的自行车道控制在 5% 以内；等等。同时通过的还有

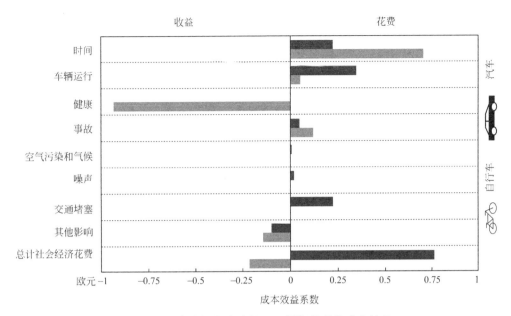

图 4-1 哥本哈根高峰时段 1km 周期旅程的成本效益

2000 年的《自行车绿色路线方案》和 2001 年的《自行车优先计划》；2007 年，在政府出台的《生态都市》发展纲领中，号召将哥本哈根建成"世界自行车最佳城市"。同时，哥本哈根市政府还给予自行车基础设施建设大量的财政支持，并且注重公交引导开发（TOD）与有机更新。哥本哈根交通运输系统建设发展兼顾现代性、多样化、流动性，城市努力构建环境友好型现代交通模式。丹麦交通运输部部长宣布将 2022 年作为"自行车年"，哥本哈根除了举办 2022 年环法自行车赛，还将投资 1000 万欧元用于自行车基础设施，以保持哥本哈根"世界上最适合自行车骑行的城市"的地位。

（三）水资源：完整的水处理循环系统

水是一种面临越来越大压力的稀缺资源。据联合国称，由于人口增长和财富增加，到 2030 年全球用水量将比 2020 年增加 30％。通过综合水管理和整个水循环的智能方法，可以避免或减少与供水、水质和废水处理相关的若干问题。通过将水视为宝贵且重要的资源，丹麦自 1980 年以来已将用水量减少了近 40％，并提高了整个水循环的效率。

1. 供水：完善水资源管理，实现高效安全供水

丹麦的用水完全来自清洁、安全和可饮用的地下水，甚至自来水也没有经过氯化处理。自 1980 年以来，丹麦的用水量减少了近 40％，尽管同期 GDP 增长了 75％。得益于丹麦政府高效的分配系统，自来水中的细菌和其他杂质被降至最低，管道中的水损失降至 8％以下。

2. 废水处理：从废水处理到能源生产

高标准的废水处理对于保护人类和生态系统至关重要。然而，废水的处理通常非常耗能，世界总能源消耗的大约 2％与废水处理有关。在丹麦，第一个国家污水处理计划于 1976 年通过，如今，丹麦共有约 900 个污水处理厂。

3. 水管理解决方案：实现可持续增长

丹麦水务管理部门和丹麦政府共同制定了 2025 年的水资源愿景，旨在将丹麦发展为全球智能高效水解决方案的中心国家。丹麦水资源管理部的目标是将全球水资源挑战转化为可持续增长的机会，为此丹麦更是建立了自来水集成监测系统（图4-2）。

图 4-2　自来水集成监测系统

4. 防暴雨详细规划：利用水流引导街道发展

暴雨防控详细规划旨在通过愿景式的设计方案带来协同效应，使城市成为一个整体。这一愿景将城市空间中的水流作为一种资源进行引导，并充分利用水敏性的、蓝绿结合的处理方案提升城市宜居性，整合后的规划将为城市带来很多额外效益。随着对总体规划愿景的细化，哥本哈根城区被分为 8 个区域，每个区域作为一个独立的集水区，均需要更为细致的具体规划方案。其中包括暴雨街道、雨水滞留街道、绿色街道的具体设计，以及如何通过这些方案实现提升城市宜居性。

（四）环境：着力改善空气质量，积极应对气候变化

1. 改善空气质量：减少空气污染，改善室内气候

世界各地的城市都面临着众多挑战。其中，我们发现空气污染带来了全球性的健康问题，每年导致数百万人过早死亡。城市的空气污染主要是由交通和工业造成的。随着城市化进程的显著加快，如果不采取行动，这个问题将在未来影响更多的人。2018 年，丹麦制定了新的清洁空气愿景，重点是到 2030 年将丹麦的清洁空气解决出口方案翻一番。

从 20 世纪 70 年代开始，丹麦政府就开始长期关注改善空气质量。多年来，丹麦一直专注于开发不同的清洁空气技术和制定相关解决方案，以解决包括航运、工业生产和发电厂这些空气污染重要来源的行业问题。再加上严格的环境立法和空气质量监测，已经成功地帮助丹麦大部分地区的大气污染减少到 20 世纪 70 年代后期水平的 1/5。丹麦政府提出，减少交通造成的空气污染要求城市专注于改变市民的出行方式，例如改善公共交通的可及性和鼓励使用电动汽车。此外，丹麦政府为公民带头，提出限制工业空气污染的要求，同

时鼓励开发商和建筑师设计建筑以改善室内空气质量。

丹麦还大力研究发展大气污染减排技术。对发电厂和焚烧厂的烟雾或废气中的硫化物及氮化物可以使用催化剂和洗涤器进行清洁。通过碳捕获和储存（CCS）来减少二氧化碳排放，并且将二氧化碳压缩成液体形式并储存在合适的地下位置。

2. 应对气候变化：将适应气候变化与城市发展相结合，从投资中获得更大价值

世界各地的城市越来越多地面临气候变化的不利影响，包括海平面上升、气温上升、干旱时间延长和风暴更强。当将这些现象与日益城市化的挑战以及大多数城市都有大面积的不透水表面这一事实结合起来时，丹麦政府意识到重新思考城市发展非常必要。

在丹麦，气候变化带来的最紧迫挑战是极端降雨事件和海平面上升。2011年，丹麦首都发生了一起恶性暴雨事件，与暴雨相关的总保险费达到10亿欧元，而连带产生的极端洪水也引起了丹麦政府的高度关注。今天，所有丹麦城市都必须制定气候适应计划，以便为应对气候变化的不利影响做好准备。这项责任由市政当局、自来水公司和私有财产所有者共同分担。

在接下来的15～20年里，丹麦将花费超过50亿欧元来调整其城市以适应气候变化。其目的是将适应气候变化与城市发展相结合，并从投资中获得更大的价值。丹麦政府的措施可以使多余的水被引导到地表以上的结构，例如城市周围的绿床、运河或湖泊，除了提高雨水排放能力外，还有助于城市降温、增加生物多样性。

四、低碳城市最佳实践——哥本哈根

哥本哈根是丹麦的首都，同时也是丹麦政治、经济、文化和交通中心，是一座世界著名的国际大都市。其坐落于丹麦西兰岛东部，与瑞典第三大城市马尔默隔厄勒海峡相望（图4-3）。作为全球绿色城市的领跑者，哥本哈根一直积极降低碳排放，发展低碳经济，争创全球首个碳中和城市。

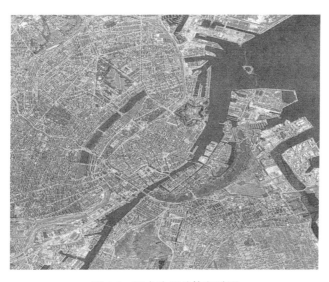

图4-3 哥本哈根总体鸟瞰图

作为丹麦的首都，哥本哈根是低碳经济的典范，其一直遵循着丹麦的低碳建设经验，实行科学的城区规划、倡导绿色出行、大力发展绿色低碳能源、注重垃圾回收利用，培养全民低碳意识。2012年，哥本哈根议会提出了《CPH2025年气候计划》，明确哥本哈根在2025年成为世界第一个碳中和城市，这对哥本哈根提出了新的要求，需要进一步深化各类低碳措施。

1. 手指形态的 TOD 模式

哥本哈根是一个建筑密集型的城市，整个城区呈手掌形。为控制城市蔓延，并对自然资源进行有效管理与合理利用，早在1947年，哥本哈根就提出了著名的"手指形态规划"，该规划规定城市开发要沿着几条狭窄的放射形走廊集中进行，走廊之间被森林、农田和开放绿地组成的绿楔所分隔。规划中，"手指区"是基于对老城区的保护，承载着城市发展方向的思考，而"指间绿楔"则考虑了市民休闲需求。在往后的几十年内，为了更好执行该规划，哥本哈根引入了公共交通导向的城市 TOD 模式将公交系统的建设与土地开发结合起来，首先，哥本哈根城市规划要求所有的开发必须集中在轨道交通车站附近，1987年区域规划的修订版中规定所有的区域重要功能单位都要设在距离轨道交通车站步行1km的范围内。随后1993年的规划修订版对此更加重视。国家环境部制定了相应的"限制引导"政策，要求当地规划区在距轨道交通车站1km的范围内集中进行城市建设。

目前，区域内每年要新建3000栋建筑，而最新修订的规划要求这些建筑要全部集中在公交车站附近。另外，为了吸引居民使用轨道交通车站，哥本哈根完善了步行和自行车设施，以及常规的公交接驳服务，方便居民从不同区域到达轨道交通车站。以新城哈城为例，该城围绕轨道交通进行开发，开发轴从车站向外发散，连结居住小区，轴线两侧集中了大量的公共设施和商业设施，步行、自行车和地面常规公交在该区域共存，新城哈城的出行可以不依靠小汽车而方便地实现。

这样，在哥本哈根的这些"手指"内就形成了轨道交通与用地开发相互促进的状态：使用轨道交通出行非常方便，这就使人们愿意选择在车站周围工作或居住，从而为轨道交通提供了大量的通勤客流，而这些通勤客流的存在又促进了沿线的商业开发，工作、居住和商业的混合开发进一步地方便了轨道交通乘客，并会继续推动沿线的土地开发。

2. 独立高效的城市自行车系统

哥本哈根一直倡导低碳出行，推行城市绿色交通。除了电力车、氢动力车以外，大力推行"自行车代步"，建设自行车城。哥本哈根以自行车拥有量闻名于世。哥本哈根人口67.2万，自行车却超过100万辆。哥本哈根设有贯穿全城的自行车专用道以及专供自行车使用的快车道，在各街区还设置了自行车借还点，供市民与游客使用（图4-4）。

据统计，在哥本哈根有34%的人骑自行车上班（搭乘公共交通工具的占32%，开私家车的占34%），58%的哥本哈根市民每天会固定使用自行车。哥本哈根市民每年人均自行车行驶距离长达900km，因此哥本哈根市民每年的人均二氧化碳排放量只有5t，相当于德国的一半。在自行车专用道的配置上，哥本哈根也规划得非常细致科学，哥本哈根自行车道有两种：一种是独立设置的，路面铺有蓝色塑胶，没有机动车和红绿灯的干扰；另一种是与机动车道伴行的，但机动车道、自行车道和人行道从高度上依次分开，保证了相

图 4-4　部分自行车站点

对独立，互不干扰。

3. 成熟的风电能源

哥本哈根拥有装机量第一、服务规模第一的维斯塔斯等在内的风电龙头公司，带动了 500 余家风电产业关联公司总部落户丹麦，从而形成了独一无二的风电供应链和全体系服务网络，这也使得哥本哈根成为风能产业的创新中心与发展中心。2012 年哥本哈根议会通过了《2020 能源计划》，提出了全新的减排和可再生能源利用目标。其中要求到 2020 年，风电可以满足全国 50% 的电力需求；碳排放总量在 1990 年的基础上降低 34%。

为了成功实现《2020 能源计划》，哥本哈根政府先后在米德尔格伦登（Middelgrunden）海上风车园建设了 20 座 0.2 万 kW 风机，这些风机通过海底电缆与 3.5km 以外的 Amager 电厂的变压器相连，现正为哥本哈根 4 万多个家庭供电。

除此之外，哥本哈根政府加大了对风电技术的政策与资金支持，带来的技术进步大大降低了风力发电场的噪声，使得风力发电场可以安设于距住宅区约 500m 处，而不影响居民正常生活。正是得益于这些措施，哥本哈根的风能替代率现已突破 50%，且最新的离岸风场的平准化发电成本已是全球最低，从而进一步降低了可再生能源转型成本，有力支撑了智慧绿色能源系统。

4. 低热损的区域供暖系统

哥本哈根区域供暖系统是丹麦最大的区域供暖系统（图 4-5），该套供暖系统东西向长约 50km，年供暖产量达 35PJ。该区域供暖系统的核心要求便是通过集成生物质能、多余风能、地热能等可再生能源，来取代区域供暖中的化石燃料，为区域供暖系统脱碳，同时利用热电联产等技术，捕捉和利用发电过程中被浪费的热能，实现进一步的脱碳。

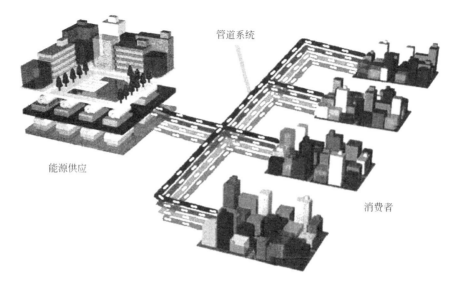

图 4-5　区域供暖系统示意图

在区域供暖系统中最为突出的便是低温区域供暖系统，此系统将运行温度从 100℃ 有效降低至 50~60℃，相对较低的运行温度既可以满足热电联产站高效运作条件，又可以实现工业流程热、太阳能和地热能等低温热源与热泵直接连接，有效降低管网中的热损失率。但此系统仍处于试运行状态，在哥本哈根郊区的阿尔贝斯郎地区（20 世纪 60 年代规划和建设的社区），大约有 2000 幢城镇房屋将被彻底翻新，改造为低温供暖建筑。老旧小区的供热管网将被替换，变为低温专用热力管网。迄今，有 544 栋房屋已完成改造，采用了低温供暖系统，能源损耗大大降低。

5. 完善的垃圾回收体系

根据《哥本哈根 2025 气候规划》，哥本哈根提出了在资源优化利用方面达到"工业和家用塑料制品实现完全分拣、有机垃圾实现完全生物气化"的目标。

为了顺利实现此目标，哥本哈根政府联合一家名为 R98 的市政垃圾处理公司成立了一套完善的垃圾回收体系。首先，R98 公司对各类垃圾进行了单独调查，从而确定了各种垃圾不同的回收潜力，并据此制定了不同的垃圾回收方案，大大减少了焚烧与填埋垃圾的数量。而后，政府根据这些不同的方案，出台了相关政策，要求垃圾生产者控制垃圾的产量并对垃圾进行预分类，除此之外，哥本哈根政府对垃圾运输者作出了要求，其必须在市政局登记注册，并记录每一次垃圾运输的情况，包含垃圾的类型、数量以及此运输的起始地和目的地，以此保障垃圾的回收处理。

凭借此体系，哥本哈根成功实现回收再利用 96% 的生活垃圾、94.8% 的建筑垃圾与 56.9% 的工业和商业垃圾。垃圾焚烧率也大大降低，生活垃圾的焚烧率仅为 4%，建筑垃圾的焚烧率则为 2.6%。而在此体系中最为突出的便是由普通超市空瓶自动回收机器、小超市人工回收点以及城市大型瓶罐回收站等共同组成的空瓶罐回收体系，得益于此体系，哥本哈根地区已达到 92% 的瓶罐回收率，其中塑料瓶的回收率高达 94%。

6. 全民低碳意识

对低碳生活的尊崇和热爱，已经成为哥本哈根人内心的一个组成部分。在哥本哈根，到处都是供人们休息、娱乐的广场，连接着市区的每一条街道，人们尽情在广场上唱歌、跳舞、娱乐、晒太阳、喝咖啡等，不用担心汽车的纷扰，因为。汽车几乎不可能进入广场，要么绕道而行要么停车让人，当地人可以自由自在地享受生活。

早在 1962 年，沿新步行街的广场上的停车位已经开始减少，同时，城市休闲娱乐活动开始蓬勃发展。30 年来，停车场逐渐从总计 18 个广场移了出来。在过去的 10 年里，大约 600 个停车位已从市中心清除，如今，城市中仅剩 3000 多个停车位，其中 2/3 的停车位设在街道两旁。通过改造得到了良好的户外休憩场地，培养了各种户外活动。特别在夏季，每天约有 1000～5000 人在咖啡座、河岸或者码头上休憩。短短 27 年中，城市街道和广场的夏季利用率就提高了 3.5 倍。

除此之外，哥本哈根市民的"低碳意识"还体现在生活的各个方面，渗透进市民的骨髓。哥本哈根注重对市民环保意识的教育，从小学就抓起，并体现在平时生活工作中的细小的方面。在哥本哈根从一年级开始便有环保课程，让孩子亲手制作环保产品，并提倡全民参与，达到节能减排的目的。例如，增设气候知识网络，鼓励市民参与气候问题的讨论；设立用电及取暖设施使用、交通方式选择、垃圾分类等方面的咨询机构，便于市民获取相关知识和信息；减少垃圾和实行垃圾分类计划；建立新的气候科学模拟中心以提高青少年的气候科学知识；鼓励和支持公司企业减少碳排放等。

哥本哈根人还会把电子钟更换成发条闹钟，使用传统牙刷代替电动牙刷；坚持户外锻炼，尽量少用跑步机；洗涤衣服让其自然晾干，少用洗衣机甩干；减少空调对室内温度的控制，冬天多穿衣服，夏天少穿西装；甚至酒店所用的卫生纸都用再生纸作成。在哥本哈根街头不时会看到这样的广告——"今天你是用手洗衣服的吗？"。充电器不用时拔下插头每年能节约 30 瑞典克朗，用多少热水就烧多少每年能节约 25 瑞典克朗，使用盏节能灯每年能省 60 瑞典克朗。一些车辆还印有这样的广告：一位年轻女子身着一件白色 T 恤衫，上面写着"I Love Waste"（我爱废弃物），这都体现了哥本哈根人对低碳生活的态度。

五、低碳城市经验总结

（一）充足的低碳城市发展资金保障

丹麦低碳城市发展离不开资金支持。丹麦通过创新低碳城市建设的财税和金融政策来提供资金保障。在财税政策方面，将行政手段和市场手段相结合，采用激励和强制相结合的政策手段。通过碳税与碳定价的刺激，或者其他替代的政策工具，如基于产出的补贴和配额制度，一方面激发竞争性的市场低碳投资；另一方面提高高碳行业的市场准入门槛，从而达到抑制高碳产业过快发展的目的。在基础设施的设计、施工和运营阶段，积极探索公私合营的有效模式。在金融政策方面，针对金融如何有效服务低碳行业和形成良好的金融交易机制这两个问题，鼓励绿色信贷、绿色债券、碳金融、绿色保险、绿色证券等金融业务的发展。积极引导政策性银行、商业银行以及非银行业金融机构参与低碳投融资活动。

（二）明确政策规划指引，提升低碳出行品质

在相关规划政策和行动计划的指引下，哥本哈根的自行车出行环境获得了全面提升，有效地鼓励了更多的居民选择自行车作为出行工具。哥本哈根市民的自行车拥有量超过城市总人口，有超过 1/3 的市民每天骑自行车上班或上学。世界自行车联盟曾将世界首个"自行车之城"的荣誉授予了哥本哈根，表彰其在发展低碳交通方面所作的杰出贡献和表率。

哥本哈根采用可持续交通解决方案，实行"短途城市"建设。使人们的出行自然选择是走路、骑单车或使用公交车等公共交通方式，而不是开车。为了促进可持续性发展，北港被设计为"5min 城市"，即从该区域的任何位置步行 5min 即可到达商店、机构、工作场所、文化设施和公共交通站点。并且在现状已开发的客流街区建设大容量公交系统，以便缓解交通拥堵的状况。

我国的城市发展却是以牺牲慢行交通空间为代价，通过"拓车道、增车位"等看似改善交通环境的措施，鼓励机动车辆的发展。随着城市边界的无序蔓延，道路空间不断被机动车蚕食挤占，自行车出行条件日益恶化，迫使骑行者不得不放弃原有的出行方式转而加入机动车的洪流。可见，只有通过制定并落实明确的规划策略、实施方法，才能实现城市自行车交通系统的复兴，吸引更多的市民采用绿色低碳的交通工具出行。

值得一提的是，哥本哈根的街道上遍布各种为满足生活需求而设计的具备特殊功能的自行车及配件，如车斗前置三轮自行车、拉链式防抖雨挡、"哥本哈根轮"（Copenhagen Wheel）。而中国作为自行车大国，自行车设计时除却对原有自行车进行外观、材料的优化外，没有实现功能性的跃升。自行车是与日常出行密切相关的交通工具，其功能性进化与生态型设计在提升生活品质的同时，也会吸引更多的市民选用自行车出行。

（三）提升全民环保意识，营造低碳社会氛围

丹麦的低碳出行复兴始于 20 世纪 90 年代中期。丹麦的整个社会对节能减排、环保低碳形成了共识。丹麦十分重视教育和宣传的作用。例如，各类学校都把低碳和气候问题写入教学大纲，编入相关教材。在萨姆索岛对儿童的教育中就有很多内容涉及风电和新能源的发展，从小就给儿童树立发展新能源的意识。在哥本哈根商学院每间教室的门口都有新能源赞助企业的名字。丹麦能源局还制作播放家庭节能节电的电视片，形象地向居民宣传节能节电。此外，还举办各种宣传低碳和气候问题的夏令营或学习班，帮助和激发青年学生低碳创新的热情和聪明才智。低碳生活宣传广告在丹麦十分普遍，在广场街头车站车辆上，甚至人们穿的服装上都印有宣传节能和低碳生活的广告和图案。每座城市都建有垃圾回收中心和垃圾处理厂，并利用电视台和网站不断地向市民宣传垃圾回收知识，组织学生到垃圾处理厂现场实习，了解各类垃圾循环利用和绿色处理技术，增强人们节能环保观念并使人们掌握实用技术。

因此丹麦公众普遍具有非常高的环境保护意识，而全民参与式的环保工作有助于维持并推进政府和社会所践行的绿色空间品牌化战略。丹麦人的环保意识体现在日常生活的细节上。丹麦家庭一般都会有两个垃圾桶，分别用于装无机垃圾与有机垃圾，从而在源头上对垃圾进行自觉分类，提高垃圾回收效率。其次，丹麦人的环保意识还体现在与政府和企

业的互动过程之中。政府制定激励政策,鼓励居民骑自行车出行。而丹麦公众则积极响应政府的绿色环保号召。丹麦首都哥本哈根更以"自行车城"闻名于世,包括政府高官、富豪在内超过 1/3 的哥本哈根市民选择骑车出行,而丹麦总理骑车出席外事活动的情况也并不鲜见。可见,为建设绿色城市空间,丹麦普通民众与政府官员一起参与全民环保行动。此外,在选择企业生产的日常用品时,产品本身的质量并不是丹麦民众选择的唯一标准,其中一个重要标准是环保指标。如果产品不符合环保要求,即使质量再好丹麦消费者也会选择拒绝购买。这种有丹麦特色的商业交易原则能够进一步迫使企业改进生产工艺,切实做到在生产流通领域真正实现节能环保。

第五章 "政技教"三位一体
——德国复合型低碳城市发展模式

德国作为世界制造业大国和欧盟经济实力最强的成员国，在应对气候变化的长期实践中，不断探索并形成了一套有效促进经济绿色低碳转型的战略。德国在城市低碳转型过程中开拓创新，借鉴经验，注重国家、地区低碳政策引导，对低碳技术创新加大投入，落实低碳宣传教育，成功地实现了"政技教"三位一体的复合型低碳城市转型，顶层设计的完善、技术研发的支持、教育理念的重视使得德国的低碳建设进入了快速发展时期。

一、低碳城市发展背景

德国作为世界上的经济强国，同时也是温室气体排放大国之一，其经济总量和温室气体排放总量都占到欧盟整体的 20% 左右，位居欧盟 28 国第一。1990 年以来，德国经济持续增长而温室气体排放稳定下降，二者出现了"脱钩"的趋势。与经济增长趋势不同，德国一次能源消费总量在 1979 年达到顶峰的 3.66 亿，2008 年下降到最低的 18.8%，反映出原民主德国地区在 20 世纪 80 年代末 90 年代初的经济衰退，尤其是工业部门生产大幅地下降。德国的温室气体排放自 1990 年以来稳步下降，2011 年比 1990 年下降了 26.7%。在各部门中，土地利用、土地利用变化和林业（LULUCF）部门从 1990 年是碳的吸收汇，到 2002 年变为碳的排放源，这是导致整个第一产业温室气体排放量增长的原因，尽管农业生产的温室气体排放是持续下降的。国际交通部门的排放量在 1990—2011 年间增长了 62%，其余的第二产业、第三产业和居民部门的排放量均有所下降。能源工业部门仍是最大的排放源，占到全部排放量的约 40%。在各类温室气体中，二氧化碳仍是占据主导地位的气体，其所占份额在 80% 以上。20 世纪 80 年代末 90 年代初的动荡也可以从二氧化碳排放总量中明显看出来。由于经济的下滑，原民主德国地区碳排放在 1990—1992 年间，连续三年陡降 15% 左右，1992 年原民主德国地区碳排放仅相当于 1989 年的 60%。

能源转向这一概念在德国可以追溯至 1980 年，生态研究所（ko-Insti-tut）出版了《能源转向——脱离石油和核能的经济增长》一书，当时主要是出于对环保的考虑和反对核能。这一概念在 2010 年德国的《能源方案：环保、可靠、经济的能源供应》中得到了官方确认和发展。然而德国能源结构调整的现实却比这一概念的提出更早，在 20 世纪六七十年代，德国就经历了大幅度的能源结构调整，以石油、天然气和核电替代煤炭，使煤炭在一次能源消费中的比例从 1965 年的 63.9％下降到了 1975 年的 40.1％。德国在脱钩之路上的重点可以概括为通过市场化改革等措施促进了经济转型和效率提高，长期渐进地调整能源结构降低了单位能耗的碳排放，尝试采用多种手段传递价格信号以引导低碳转型，普及绿色环保理念，使低碳政策获得广泛的民意和政党支持。同时德国近年来在可再生能源的利用方面进展迅猛，已经走在了世界的最前列。德国对于低碳发展的迫切需求与德国传统的强大城市规划开发调控工具正在快速结合，一方面推动了德国城市规划管理在新形势下的继续发展，另一方面正在逐步形成低碳导向的城市规划调控体系。

二、低碳城市政策体系

德国采取了一系列环境保护政策，是欧洲国家中低碳经济建设的法律框架最完善的国家之一。德国的低碳发展体现了合法性、法治性、责任性、参与性、有效性等"善治"特点，具体体现在战略规划、法律法规、政府责任、市场社会参与等方面。

（一）碳调控政策

德国作为全球主要工业国和欧盟成员国中经济、技术最发达且总量最大的国家，在应对气候变化的实践中不断探索，形成了有效促进经济绿色低碳转型的战略，该战略在应对经济危机的绿色复苏一揽子计划中得以成功延续、优化和加速推进。

德国联邦政府在 2002 年可持续发展世界首脑会议上首次提出德国国家可持续战略，规划出低碳发展的总体框架，并指明了政策方向，主要关注气候和能源、原材料的可持续管理等方面。设定的气候变化和能源目标与欧盟承诺一致，即到 2010 年，温室气体排放比 1990 年减少 21％，同时还为能源消耗和能源生产制定了两个宏伟的目标：到 2020 年，能源生产翻番，可再生能源发电比例不低于 30％。为向该战略提供支持，德国 2007 年通过了《综合能源与气候规划》，该计划的总体目标是在供应和需求两个方面推动有利于提高能效、扩大可再生能源使用和减少温室气体排放的创新技术。2010 年的《第 6 个能源研究计划》将能源和气候综合计划的战略扩展到 2050 年，确立了德国能源和气候政策的长期战略目标。

在 2010 年德国联邦政府决定，2050 年以前将温室气体排放量降低 80％～95％（与 1990 年相比）。基于这一长期目标，德国联邦政府以《巴黎协定》为背景，以在 21 世纪中期基本实现气候中和为指导原则，于 2016 年 11 月通过了"实现国民经济现代化的战略"——《气候行动计划 2050》。这一计划在 3 个层面为德国实现经济绿色低碳转型描绘了现代化战略框架：一是为各个行动领域提供指导方针和强有力的转型路径，这些领域包括能源供应、建筑和交通、工业和经济，以及农业和林业；二是为各个行动领域设定以 2030 年为导向的里程碑和具体指标，按照 2030 年阶段目标，温室气体排放总量至少应比 1990 年降低 55％；三是首次为各个行动领域提供以 2030 年为导向的战略措施。《气候行动计划 2050》将发展可再生能源与提高投资标准相结合，这将使德国在脱碳后仍然保持经济竞争力。

（二）科技创新政策

科技创新是节能减排与低碳的重要保证。德国作为发达国家，其低碳技术在世界也处于领先地位。1997年至今，德国联邦政府先后出台了5期能源研究计划，2005年开始实施的计划以能源效率和可再生能源为重点。通过德国《高技术战略》提供资金支持。2006年8月启动的德国《高科技战略》，特别注重提升气候和能源、交通、安全及通信领域的技术和活动，能源和环境技术在其中发挥了重要作用。2007年制定了《气候保护高技术战略》，联邦政府将在未来10年内增加10亿欧元研究经费用于气候保护、低碳技术研发，同时德国工业界也相应投入资金进行技术开发研究。

（三）市场培育政策

为应对新型冠状病毒疫情带来的巨大冲击，德国联邦政府于2020年3月实施了总额超过7500亿欧元的一揽子经济纾困方案，6月再次通过总额1300亿欧元的经济刺激计划，并将绿色复苏作为其重要内容。其中，总额500亿欧元的绿色复苏计划，是基于对气候变化和数字化两个挑战的考虑，旨在促进德国经济实现面向未来的结构转型，加强可持续性。该绿色复苏计划，本质上是对德国2050年气候目标导向下经济绿色低碳转型行动框架的延续。对量子计算、人工智能等领域的技术促进，其实质是通过气候友好型的高技术创新途径为德国实现2050年碳中和的战略目标提供强大动力。在能源消费端，德国主要加快交通运输领域的改革和促进建筑节能改造，如发挥机动车税费的污染减排调控功能，将每公里二氧化碳排放量纳入税基；通过新的环境"创新补贴"，加速推动气候和环境友好型电动车取代燃油车——"碳达峰、碳中和"专栏车；2020—2021年设立10亿欧元奖励计划，资助汽车制造商和设备供应商进行与转型相关的新技术、新工艺和新设备研发，同期为转型性创新及区域创新集群提供10亿欧元的研发资助；追加25亿欧元投资，加快推进充电基础设施扩建，并迅速实施充电基础设施总体规划。2020—2021年，德国将追加10亿欧元（升至25亿欧元）对建筑节能改造的资助。此外，德国联邦政府将增加对公共建筑和公共设施节能改造的资助，并将启动一个方案，用于推动社会机构加快应对气候变化行动的步伐。

（四）绿色金融政策

《气候保护方案2030》为实现2030年温室气体减排目标提供了具体计划方案。该方案旨在通过各种措施（包括碳定价、低碳投资、支持减排行为、具有法律约束力的标准和要求）实现具体的气候目标，涵盖能源、建筑、交通、工业、农业等多个领域。根据该方案，德国将从2021年起启动国家碳排放交易系统，针对交通和建筑领域实施二氧化碳排放定价。国家碳排放交易系统的交易收入用于补贴能源使用价格上升给居民带来的负担。与此同时，德国联邦政府将对建筑节能改造、淘汰燃油供暖系统等给予税收优惠或补贴，为电池生产、二氧化碳的储存与利用等领域的技术研发提供资助。

根据《联合国气候变化框架公约》《联合国气候变化框架公约京都议定书》《联合国气候变化框架公约缔约方会议第十三届会议报告》，以及"可持续发展对策网络"指导委员会在向联合国秘书长提交的报告，低碳发展目标和原则落实到城市空间中可以归纳为：土地高效集约利用、降低生产性排放、建筑节能、低碳交通、新能源供给、废物和废水处理、生态环境空间的保存维护和发展。表 5-1 是德国规范低碳发展的一系列法律体系。

德国低碳政策框架体系部分法规　　　　　　　　　　　　　表 5-1

政策	政策英文名	发布部门	领域	年份
《能源标识法》	Energy Labeling Act	德国联邦政府	科技创新政策	2002
《乘用车强制能效标识规定》	Mandatory Energy Efficiency Labeling Regulations for Passenger Cars	德国联邦政府	技术创新政策	2004
《德国高科技战略》	German High-tech Strategy	德国联邦政府	技术创新政策	2006
《"100％绿色能源地区"建设计划》	"100% Green Energy Area" Construction Plan	德国联邦政府	技术创新政策	2007
《耗能产品生态设计要求法》《实施欧盟耗能产品生态设计指令》》	Act on Eco-design Requirements for Energy-Consuming Products	德国联邦环境署	技术创新政策	2008
《循环经济与废物管理法》	Circular Economy and Waste Management Law	德国联邦环境署	绿色金融政策	1996
《生态税法》	Ecological Tax Law	德国联邦环境署	绿色金融政策	1999
《项目机制法》	Project Mechanism Act	德国联邦环境署	市场培育政策	2008
《机动车税制法令》《新机动车税制规定》	Motor Vehicle Taxation Act	德国联邦能源署	市场培育政策	2008
《含氟温室气体规制法》	Regulation of Fluorinated Greenhouse Gases	德国联邦环境署	市场培育政策	2012
《空间秩序法》	Spatial Planning Act	德国联邦政府	碳调控政策	1965
《环境规划方案》	Environmental Planning Scheme	德国联邦环境署	碳调控政策	1971
《废弃物处理法》	Waste Disposal Method	德国联邦环境署	碳调控政策	1972
《能源供应安全保障法》	Energy Supply Security Guarantee Act	德国联邦议院	碳调控政策	1974
《控制大气排放法》	Control of Atmospheric Emissions Act	德国联邦环境署	碳调控政策	1974
《控制水污染排放法》	Water Pollution Control Discharge Law	德国联邦环境署	碳调控政策	1976
《控制燃烧污染法》	Combustion Pollution Control Act	德国联邦环境署	碳调控政策	1983
《废弃物管理法》	Waste Management Law	德国联邦环境署	碳调控政策	1984
《联合国气候变化框架公约》	United Nations Framework Convention on Climate Change	联合国政府间谈判委员会	碳调控政策	1993
《联合国气候变化框架公约京都议定书》	1997	联合国政府间谈判委员会	碳调控政策	1997
《走向可持续发展的德国》	Towards a Sustainable Germany	德国联邦政府	碳调控政策	1997
《德国可持续发展委员会报告》	Report of the German Commission on Sustainable Development	德国可持续发展委员会	碳调控政策	1997

续表

政策	政策英文名	发布部门	领域	年份
《生物废弃物条例》	*Biological Waste Regulations*	德国联邦环境署	碳调控政策	1998
《气候保护国家方案》	*National Programme for Climate Protection*	德国联邦议院	碳调控政策	2000
《21世纪国家可持续发展总体框架》	*Overarching Framework for National Sustainable Development in the 21st Century*	联合国政府间谈判委员会	碳调控政策	2000
《可再生能源法》	*Renewable Energy Sources Act*	德国联邦议院	碳调控政策	2000
《建筑节能法令》（《建筑节能条例》）	*Building Energy Efficiency Ordinance*	德国联邦政府	碳调控政策	2001
《热电联产法》	*Combined Heat and Power Law*	德国联邦政府	碳调控政策	2002
《温室气体排放交易法》	*Greenhouse Gas Emissions Trading Act*	德国联邦政府	碳调控政策	2004
《国家可持续发展战略报告》	*National Sustainable Development Strategy Report*	德国联邦政府	碳调控政策	2004
《温室气体排放交易法》	*Greenhouse Gas Emissions Trading Act*	德国联邦环境保护局	碳调控政策	2004
《能源与气候保护综合方案》	*Integrated Energy and Climate Protection Programme*	德国联邦政府	碳调控政策	2007
《温室气体排放许可分配法（2007）》	*Greenhouse Gas Emission Permit Allocation Act（2007）*	德国联邦环境署	碳调控政策	2007
《可再生能源供暖法》	*Renewable Energy Heating Act*	德国联邦能源署	碳调控政策	2008
《德国适应气候变化战略》	*Germany's Climate Change Adaptation Strategy*	德国联邦环境署	碳调控政策	2008
《能源方案:环保、可靠、经济的能源供应》	*Energy plan：Environmentally Friendly·Reliable and Economical Energy Supply*	德国联邦能源署	碳调控政策	2010
《第6个能源研究计划》	*6th Energy Research Program*	德国联邦能源署	碳调控政策	2010
《能源转型计划》	*En-ergiewende*	德国联邦能源署	碳调控政策	2011
《适应行动计划》	*Adaptation Action Plan*	德国联邦环境署	碳调控政策	2011
《温室气体排放许可分配法（2012）》	*Greenhouse Gas Emission Permit Allocation Act（2012）*	德国联邦政府	碳调控政策	2012
《客车限排法令(欧盟指令草案)》	*Passenger Car Restriction Decree（Draft EU Directive）*	德国联邦环境署	碳调控政策	2012
《德国可持续发展战略（2016年）》	*German Strategy for Sustainable Development（2016）*	德国联邦议院	碳调控政策	2016
《2017年可再生能源法修正案》（EEG 2017）	*2017 Amendment of the Renewable Energy Sources Act（EEG 2017）*	德国联邦议院	碳调控政策	2017
《2021年联邦气候变化法案》	*Federal Climate Change Act 2021*	德国联邦议院	碳调控政策	2021
《德国发展和恢复计划》（DARP）	*German Development and Resilience Plan（DARP）*	德国联邦议院	碳调控政策	2021

三、低碳城市建设路径

（一）能源：绿色能源与节能减排

1. 能源节约与激励

德国具有真正意义上的环境法律始于二战以后，经济发展引发的环境污染催生了民众环保意识，政府通过法律形式来体现这种环保意识。从 20 世纪 70 年代开始，政府注重制定环境政策。1971 年德国公布了《环境规划方案》。自 1972 年德国第一部《废弃物处理法》出台后，1974 年的《控制大气排放法》、1976 年的《控制水污染排放法》、1983 年的《控制燃烧污染法》、1984 年的《废弃物管理法》相继出台，并且 1994 年环保责任被写入《环境基本法》。此后出于节能减排目的，德国出台了一系列促进循环经济发展和行业环境保护的法律和法规，包括 1994 年制定并于 1996 年施行的《循环经济与废物管理法》、1998 年《生物废弃物条例》、1999 年的《垃圾法》和《联邦水土保持与旧废弃物法令》。特别是在《循环经济与废物管理法》这一法律框架下，德国根据各个行业的不同情况，制定促进该行业发展循环经济的法规，比如《废旧汽车处理条例》《废弃木材处置条例》《废弃电池处理条例》等。它们强调尽量节省资源、能源，避免和减少废弃物在源头的产生，对废弃物进行最大限度的再利用，对无法再利用的进行最终环保处置。

此外，德国于 2002 年开始着手排放权交易的准备工作，联邦环保局设立了专门的排放交易部门，拟定相关法律，现已形成了比较完善的排放权交易的法律体系和管理制度。

2. 可再生能源与发展

为了开发本国能源和节能环保，德国推出了《能源和气候综合计划》《可再生能源法》《电力输送法》《可再生能源优先法》《生物能发展法规》《建筑节能法》以及国家能源效率行动计划（EEAP）、可再生能源市场化促进方案、家庭使用可再生能源补贴计划、10 万个太阳能屋顶计划等一系列法律法规和计划，并对绿色能源的生产到消费环节都提供相应的政府补贴和政策激励，在这些政策的支持下，德国的能源结构发生了明显改变。

2011 年，德国联邦政府推出"能源转型计划"（En-ergiewende），期望用太阳能、风能以及其他可再生能源取代煤炭、天然气等化石燃料，到 2022 年完全放弃核能；到 2050 年，可再生能源发电量占总发电量的 80%，并且提高对生物质能、地热能和海上风能开发的投资。为了实现这些政策法规所设定的目标，解决德国所面临的更为复杂的能源改革问题，德国联邦政府于 2007 年推出"100% 绿色能源地区"建设计划和相关的绿色能源补贴政策，旨在充分利用本地自然资源生产的清洁能源以实现本地区的供需平衡，实现能源独立，倡导一种人类与气候、社会、经济兼容的环境友好型的地区发展模式。

德国联邦政府还制定了相关政策，如《可再生能源市场化促进方案》《未来投资计划》《家庭使用可再生资源补助计划》《废弃物管理技术指南》《城市固体废弃物管理技术指南》等促进节能减排。此外，德国还制定了《可再生能源供暖法》，促进可再生能源用于供暖。2002 年实施《热电联产法》，并且根据 2007 年 11 月公布的欧盟指令，德国制定了关于二氧化碳捕获、运输和封存（CCS）的法律框架等，引导低碳发展和倡导低碳生活。各州地方政府都制定了不同的节能减排、低碳发展法规和相关促进措施，作为对联邦法规、措施的补充。到目前为止，全德国大约有8000余部联邦和各州的环境法律和法规，还有欧盟的400多个法规在德国也具有法律效力。德国已经形成的较为完善的循环经济法律体系是节能减排与低碳发展的保障。

3. 能源法律体系健全

德国在能源转型过程中，围绕煤炭的退出和可再生能源的产业扶持，不断修改和完善相关法律，形成了一套健全的法律体系，为减少温室气体排放和促进能源转型提供了重要保障。1991年，德国颁布了《德国电力供应法》，明确了风能、太阳能等行业的贷款、补贴等优惠财政政策，成为推动德国可再生能源发展的立法开端，促进了德国风能利用、太阳能电池等产业的发展。2000年，德国颁布了第一部《可再生能源法》（EEG），明确了以上网补贴电价（FIT，Feed-in-Tariff）为代表的可再生能源激励政策，激发了民众参与可再生能源投资的动力，成功地推动了非水电类可再生能源的发展。2020年7月，德国议会通过了《减少和终止煤炭发电法》，确定了最迟退煤期限为2038年。2020年9月，德国又公布了《可再生能源法修正案》（EEG 2020），提出到2030年，德国的可再生能源电力将占电力总消费的65%。2021年5月，德国通过了《2021年联邦气候变化法案》，规定将于2045年实现"碳中和"的净零排放目标。2022年7月7日，德国通过了《可再生能源法修正案》（EEG 2023），详细阐明了未来十余年的可再生能源发展规划，并要求从2035年开始电力供应基本实现净零排放。

（二）气候：气候适应理念下的城市更新

21世纪初，气候变化成为全球瞩目的世界性问题。气候变化的大背景推动了德国气候适应战略的提出与发展，并使得气候适应下的城市综合更新成为德国城市发展的主流取向。

1. 气候应对制度设计

刚进入21世纪，暴雨、高温等极端天气的频发让德国城市的基础设施和人居环境均受到不同程度破坏。面对严峻的气候问题和高涨的环保呼声，德国出台了国家级气候适应战略以缓解极端气候对社会生产生活的不利影响。不同于以往以"减排"为重心的被动策略，德国的气候适应战略侧重点之一，就是气候适应化设计，内容包括国土空间规划、气候政策工具制定（表5-2）。

德国气候适应战略的提出与发展 表5-2

发布时间	事件	气候适应战略相关内容
2007年10月	柏林环境论坛	德国气候适应战略初期研讨
2008年3月	联邦建设部长级会议	明确城市气候保护规划标准
2008年12月	气候适应战略出台	明确联邦各级政府部门将成为气候适应化建设核心主体之一
2009年6月	战略初期项目招标落实	完善制度建设与指导政策，推进战略的初期实践落实
2010年5月	空间规划部长级会议	提出在地方一级开展气候适应化住宅区综合开发
2010年6月	气候适应战略会议	总结试点区域中期经验，明确下一步行动重点

续表

发布时间	事件	气候适应战略相关内容
2011年12月	城市发展规划委员会会议	确立并推广"气候友好和节能城市再开发"战略
2013年12月	气候适应战略二阶段项目结束	深化项目运营,开发并推广优质措施,提升公众对气候适应理念的接受度
2014—2015年	推进以城市发展为核心的气候交叉项目	落实土地规划、生产发展、设施升级等方面的55个改造项目和12个研究计划
2016年4月	联邦交叉项目评估	明确气候适应措施的成功实行与政府改造计划质量以及各相关机构合作质量之间的关系
2017年10月	设立"适应气候变化的城市更新"项目	以"东西部城市更新计划"合并为契机,整合德国城市更新与气候适应两类项目
2018年5月	柏林-蒂尔加滕研讨会	试点城市就政策工具、成功案例、技术合作等领域展开深入讨论

在2008—2017年,自气候适应战略正式实行,德国便积极推动制度建设,倡导跨组织、跨部门的多方合作,同时通过完善立法、善用规划工具的方式支持气候适应导向下的城市建设。2009年前后,德国颁布了包括《德国适应气候变化手册》在内的政策工具,随后选取了8个气候改造试点地区,改造进程中的典型成功案例就包括后来颇具影响力的针对莱茵河上游洪水对策的项目。2014年,联邦政府主导了有地方政府参与交叉行动的多个研究计划和大量独立项目,并在精细指导的同时积极推广成功经验、探索政策更新方案。此外,联邦政府还有意识地将气候适应理念渗透到已有的城市更新规划中,丰富了气候适应化改造的载体。

2. 气候应对城市设计

2017年开始,德国拓宽了"气候适应"的内涵,将其与绿色城市建设有机融合并进一步强化政策实践。2017年,德国设立"适应气候变化的城市更新"项目,以人口稠密地区为试点整合城市更新与气候适应两类项目。同年颁布的《城市绿地白皮书》从政策方针上阐述了气候适应与绿色城市建设之间的深度联系及前者在后者中的落实方向。气候适应战略出台十余年以来,德国突出气候适应的绿色城市更新不断展开,出现了类似汉堡老旧建筑区改造等诸多成功案例。同时,得益于良好的现实效益,气候适应主导下的"绿色城市"项目持续获得资金支持。联邦政府2020年一项针对城市发展资金的调查显示,绿色城市项目,尤其是绿地与开放空间的改造项目,在城市发展项目中占比可观,气候适应主导下的绿色城市建设未来将贯穿于城市发展进程中,具体改造项目数量见图5-1。

城市更新计划	城市发展项目(个)	完成项目(个)	绿色城市建设项目(个)	绿色城市建设项目占比(%)	已有绿地与开放空间改造项目(个)	新建绿地与开放空间项目(个)	绿地与开放空间网络化项目(个)	水边绿地项目(个)	社区绿化项目(个)	一般绿化项目(个)
东部	1148	531	146	27.5	75	71	10	3	18	6
西部	687	468	197	42.09	111	83	41	23	25	10

图5-1 绿色城市建设项目在东西部城市更新计划中的数量与比例

德国的气候适应进程涉及城市设计、建筑更新、生态保护、人文保护等多个层面。在气候适应战略推进过程中，德国联邦政府最富有成效的举措集中于优化政策供给、突出区域管理以及强化绿色生态建设等方面（表5-3）。

德国气候适应战略发展沿革

表5-3

发布时间	事件	主要内容
2008年3月	第116届联邦建设部长级会议	在"建筑、住房和城市发展领域的气候保护"决议草案中，制定了城市气候保护规划的标准
2008年12月	《德国适应气候变化战略》正式出台	德国各部级政府部门将成为协调空间、区域和城市土地利用规划以及民用设施保护，推进城市气候适应化建设的关键角色
2009年6月	气候适应战略初期项目招标落实	通过完善制度建设与指导政策，预计在第一阶段8个试点区域中出台区域气候保护和气候适应战略，并推进初期实践的落实
2010年5月	空间规划部长级会议	提出在地方一级地区，防治重点在于居住区的热效应并进行气候适应化的住宅区综合开发
2010年6月	首届"气候适应战略会议"召开	对试点地区进行中期评估与经验总结，重点是沿海生态保护、预防性洪水保护、生物气候、城市气候和综合气候保护的行动领域
2011年3月	《适应行动计划》出台	具体化城市气候适应化建设措施，扩大气候适应化实践主体，成立跨部门工作组，并继续完善推广有效的改造工具与经验
2013年12月	气候适应战略第二阶段项目期结束	促进示范项目继续深化运行，在项目基础上测试已开发措施的使用并对其加以长期化推广；加强区域气候适应战略的各个具体方面的措施力度，并使政治层面和公众层面更加接受气候适应背景下的区域发展和空间规划活动
2014—2015年	以促进城市与区域发展为核心的气候适应交叉项目	落实了12个研究和资助计划以及55个改造项目，包括基础设施、产业发展、人类健康、土地规划等13个方面
2016年4月	联邦交叉项目评估	评估结果发现，政府改造规划的质量以及各个专业机构之间的良好合作是成功实施气候适应措施的决定性因素
2017年10月	"适应气候变化的城市更新项目"启动	以德国"东西部城市更新计划"合并为契机，整合全国气候适应项目与大型城市更新项目的相关内容。在空间上，重点放在具有历史或人口密集的城市重建区；在主体上，促进多部门的网络化合作
2018年5月～2020年6月	柏林-蒂尔加滕研讨会	2018年5月～2020年6月，在气候适应试点城市之间举行了四次研讨会，针对适应案例、政策工具、技术合作等六大领域展开深入探讨

德国气候适应战略的一项重要举措就是修订落实政策与政策实施指南，同时鼓励多主体参与，提升政策的覆盖性与执行性。德国各部门针对气候适应的五大循环政策环节（气候认知、危害识别、措施制定、计划落实及监测评估），围绕资金、人员、技术等各方面制定出工作指南、气候规划等政策工具，帮助工具使用者明确自身在各环节中的工作范畴与工作方法，同时将气候适应理念贯穿其中。

在正式政策之外，德国还针对未能取得上级支持的区域采用了支持区域自主发展理念的弹性管理方式，主动给予地方自主管理的空间。区域自主管理有利于各参与主体间的利益协调和网络化合作，不仅能促进联邦政府对地方的灵活控制，也有利于地方提高自身气候适应进程的针对性。区域管理虽然属于非正式行动程序，但受到联邦资金支持，恰到好处的区域自主管理权限给予了地方创新气候适应发展路径、消除发展障碍、提升反应速度的空间。

德国早期气候适应的重点是防治灾害，现已逐步向区域综合更新转变。绿色生态建设的具体模式为"绿色生态＋气候适应＋城市更新"，即以气候适应为领导，从已有的城市更新计划出发，广泛采用基于生态系统的适应模式。根据多年实践，气候适应下的绿色生态建设逐步发展为德国城市更新的主流，"绿色城市"也成为气候适应最有力的载体之一。气候适应引领下的城市绿色更新有利于项目与资金的有机整合，高效解决了气候适应在城市更新中的落实问题，也提升了城市发展与气候适应要求的契合程度。

(三) 交通：公共交通与慢行交通发展

德国联邦政府一直倡导可持续低碳的交通发展路径，鼓励集约化的土地开发模式，强调职住平衡，在城市中心设置无车区域，限制小汽车的过度使用，创新推广了如自行车租赁、汽车共享等交通模式，鼓励公交与慢行交通发展，实现了卓有成效的发展。

在德国，铁路、地铁、轻轨、公共汽车等接驳程度很高，组成了四通八达、覆盖面极广的交通网络，市内交通十分便捷通畅。1999 年 4 月，德国出台《生态税法》，此后多次在原有燃油税的基础上加征汽油、柴油生态税，而对于采用公共交通工具通勤的人群则给予定量的补贴。由于生态税导致汽油、柴油价格高涨，越来越多的德国人选择采用公交出行，公交出行比例不断提高。在 2004 年发布的《国家可持续发展战略报告》的"燃料战略"中提出汽车减排技术的四个发展方向，即优化传统发动机、合成生物燃料、开发混合动力技术和发展燃料电池，汽车节能减碳减排相关技术的研发与应用受到高度关注，汽车的碳排放强度持续下降。

德国联邦政府大力支持公共交通和慢行交通的发展。尽管德国近年来出现城市蔓延和郊区化发展趋势，但通过公交优先和对慢行交通设施的投入，使得低碳交通出行的整体模式比例高达 40％，其中自行车与步行的出行比例达到 32％。同时，德国联邦政府还大力推广公共交通和慢行交通的创新模式，大力推广和设置自行车租赁和汽车共享模式，衔接公共交通。除大力推广公共交通信息平台外，德国的公交集团大量使用清洁能源车辆替换已有车辆，促进了低碳交通的全面发展（图 5-2）。

德国联邦政府非常重视公共交通系统的整合开发和运营，并构建了通勤铁路、轨道交通、快速公交，以及一体化信息管理预订平台，为弱势群体和公交通勤者提供较好的补贴和折扣政策，并落实和推广了快速公交及公交专用路权和信号的实施项目（表 5-4）。

德国联邦政府明确要为每一个高速公路建设项目提供周边新建和改善型自行车道的建设经费。大部分城市要求综合规划自行车网络，并在重要的公交、铁路枢纽站点设置专门的自行车停放区域。德国联邦政府在机动车驾驶培训和基础教育的教材中，将自行车与行人的安全作为行驶安全的第一要务。所有城市区域道路均要求考虑步行道设置，并设置有清晰的过街指示，以及行人通行按钮，增加通过安全性。道路建设需要考虑老年人和残疾人通道，在居住区限制车辆速度，并对触犯安全行为限制的行为严格处罚，保障了慢行交通使用者的安全。

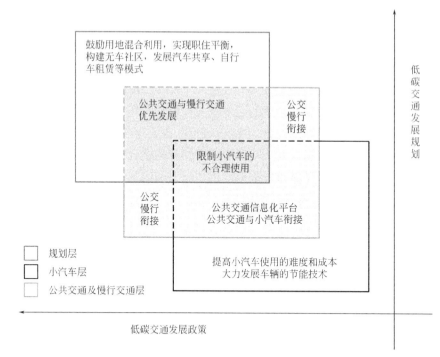

图 5-2　德国低碳交通发展举措汇总

德国的公共交通优先政策 表 5-4

政策	具体措施	德国具体措施标准
系统整合政策	区域整合	大都市区公交集团负责整体运营
	公交与轨道整合	城际、通勤、城市轨道与公交衔接
	公交与慢行整合	提供门到门和自行车租赁服务
	运营系统共享	协调各模式,制定统一运营时刻表
信息化率	预订制度信息化率	用户可上网查询,制订旅行计划
	站点信息化	轨道交通和公交站点实时信息覆盖
补贴折扣制度	月票制度	老人、学生、残疾人等都有折扣
	快速公交系统	全国推广月票制度,降低通勤费用
专属路权规划	公交专用道路	大部分城市设置有快速公交系统
	路权规划	大部分城市都有公交专用道路
	公交专用信号	大部分城市都有公交专用信号

　　德国联邦政府注重规划先行,倡导公共交通与慢行交通的优先发展,并对小汽车交通实行限制措施,在低碳交通发展上卓有成效。

(四) 规划:土地高效集约利用

　　2006 年修订后的德国《建设法典》提出了"内部开发"的概念,从而使城市建成区的改建程序得到了简化。所谓"内部开发的建造规划"是指"对土地进一步利用开发与增加开发强度的建造规划"。内部开发需要符合一定的前置条件，其优势在于审批许可程序简化，并以此来促进土地的进一步集约利用。布兰肯堡南部土地就是在"内部开发"概念下进行规划的。

根据联邦层面《建设利用法规》的规定，对于建设利用强度的调控主要通过基底面积率、建筑高度、楼层面积率、建筑体积率、楼层数来加以实现。基底面积率表示建筑基底面积与（建造窗口所在）地块面积的比值，是建筑密度的概念。楼层面积率表示建筑总建筑面积与（建造窗口所在）地块面积的比值，是容积率的概念。建筑体积率以 m^3/m^2 的形式表示（建造窗口所在）地块许可的空间立体面积，主要针对商业和工业建筑的建造强度控制。对楼层数可以控制其上限或范围，也可以将其控制在一个固定值，数值规定需要依据联邦和各州相关的建筑法规。《建设利用法规》规定了各具体利用类型的土地的建设利用强度的控制上限。

在政策层面，德国城市规划管理中的内部开发机制鼓励土地高效集约利用，向符合条件的在现有建成区的深度开发项目提供审批程序上的优待。这一政策对于城市布局的集约化具有较强的正向激励作用。在技术层面，建造窗口控制是实现尽可能低的建筑密度的基本工具，而联邦层面的《建设利用法规》规定了各项用地的兼容许可细则和建设利用强度的控制上限，这就为实现职住平衡、采用适当高的容积率提供了保障（表5-5）。

德国规划体系的主要层级与类型 表5-5

规划类型	管理层级	法定规划名称
空间秩序规划（Raumordnungs Planung）	联邦	依据《空间秩序法》等法律法规,联邦仅在特别经济区（AWZ）编制《联邦空间秩序规划》
	州	依据《空间秩序法》和各州的州空间秩序法等法律法规,各州负责编制各自的州空间秩序规划,其名称存在差异,如《州发展规划》等
	地区	依据《空间秩序法》和各州的州空间秩序法等法律法规,由地区行政机构(行政区)(仅石勒苏益格-荷尔斯泰因州由州负责,下萨克森州由县负责)编制地区空间秩序规划,其名称存在差异,如《地区规划》等
城市规划（Stadtplanung/Stadtebau）	市镇	依据《建设法典》和州建设规章等编制法定的建设指导规划（Bauleitplanung）,法定规划分为土地利用规划（Flachennutzungsplan）和建造规划（Bebauungsplan）两个层次
专项规划（Fachplanung/Sektorale Planung）	联邦、州(地区)、县、市镇	依据各类专项立法编制,针对城市发展与住房、农业与乡村、森林、景观与自然保护、环境、国防、历史遗迹、交通与通信、设施与公共事业等九大领域,如森林框架规划、废弃物管理规划等

在空间发展的基本概念下，德国在规划领域展开的实践可以分为空间性政策和空间性规划两大类。其中，空间秩序规划作为跨地方、指导性、综合性的规划工具，具有跨专项的特征。自1965年《空间秩序法》颁布以来，空间秩序规划即以横向协调包括城市规划、各类专项规划在内的规划、措施和政策为根本任务，并成为纵向传导欧盟、联邦、州（地区）层面政策意图的核心媒介。

除上述法定规划外，在联邦、州（地区）、县、市镇组织、市镇的各个管理层级中，还存在广泛的综合或专项的规划政策与措施，如联邦层面的《德国发展的理念与战略》、地方层面的杜塞尔多夫市的《城市发展理念2025＋》等。

(五)技术：科技保证降污减排

1. 技术研发制度支持

科技创新是节能减排与低碳的重要保证。没有技术支撑，节能减排及低碳项目就失去了发展的基础。

德国有一套强有力的研发支持政策，每年总研发预算超过 550 亿欧元，其中 2/3 来自工业。德国大约有 50 万名研发人员，130 多个优秀研究网络。根据欧洲统计局的数据，2007 年德国的研发系数（研发经费占国内生产总值的比重）为 2.54，大幅领先于欧盟平均水平（1.85）。大约 70% 的经费用于私营部门研究，16% 用于公共部门研究，14% 用于高等教育机构研究。公共研究经费中，环境和能源研发分别占 3.2% 和 3.5%。德国联邦政府将拿出大约 34 亿欧元资助 2011—2014 年的能源研究，比 2006—2009 年提高了 75%。

目前德国环保产业中的环保技术和设备输出的世界市场占有率高达 21%，居世界第一位。在德国节约能源、提高能效、减少二氧化碳及有害气体排放的同时，其环保产业与技术不仅对国民经济增长贡献巨大，而且为社会创造了大量就业机会，并在推动产业持续发展方面发挥了积极作用。

2. 技术研发领域协同

目前，德国确定有机光伏材料、能源存储技术、新型电动汽车和二氧化碳分离与存储技术 4 个重点研究方向来应对气候变化，发展低碳经济。德国在环保产业项目上进行持续研发，使其在水和污水处理技术、风力发电技术、包装回收技术、雨水再利用技术、垃圾焚烧新技术、煤炭气化技术等领域处于领先地位。德国还不断开发出新的矿物能源发电技术，在整体煤气化联合循环发电系统（IGCC，Integrated Gasification Combined Cycle）、煤炭气化技术等领域掌握了关键技术，使矿物能源发电效率不断提高，德国装备制造业在降低二氧化碳排放方面也拥有领先技术。作为 CCS 技术的最早探索国家之一，德国已开始示范应用 CCS 技术，正积极开展技术商业化研究。德国领先的废弃物处置、自动控制、建筑节能技术，以及在提前完成《京都议定书》规定的温室气体减排量等方面的成效与其拥有的节能减排及低碳技术的应用直接相关，它们离不开节能减排及低碳技术的强有力支持。图 5-3 为 CCS 技术示范应用。

图 5-3　世界最大的太阳能舟"星球太阳能号"

德国将在未来 10 年额外投入 10 亿欧元用于研发气候保护技术，德国工业界也将在该领域相应投入一倍的资金。在德国高科技战略框架下，德国联邦政府采取了一系列政策措施，通过了《环境技术总领计划》，加强和扩大德国在环境技术行业已经具备的优势，该计划在第一阶段将水、原材料和气候保护（包括可再生能源）列为特别有前景的领域。德国制定了《环境创新计划》，大力扶持运用尖端技术的试点项目，向旨在避免或降低环境污染的大规模工业项目提供资金，重点关注可再生能源和能效领域的环境保护综合措施和活动。

（六）碳交易：市场机制刺激排放与交易

1. 碳交易市场建设

为节能减排和实现低碳发展，德国联邦政府利用市场机制，通过价格变化引导企业降低能耗；通过排污总量控制和排放权交易理顺资源的价格形成机制；通过准入机制、交易机制和退出机制促成节能和低碳发展。

德国于 2002 年开始着手排放权交易的准备工作，同时，德国还根据欧洲气候变化计划（ECCP，European Climate Change Programme）和欧盟排放交易体系（EU ETS，EU Emissions Trading System）的相关要求，提高碳减排目标。在欧盟有关法规的框架内，德国还对市场上销售的家用电器进行能效分级，并要求商品必须贴上节能等级标签。具有环保节能标签的商品在市场上颇受认可，也促使生产商生产更节能环保的产品。商品包装上也印有统一的"绿点"标志，以便系统地回收包装废弃物，也使生产商在产品生产环节必须考虑其产品的最终处置方案及费用。实施强制光伏上网定价，对风能、生物质能、太阳能、沼气、垃圾填埋气发电实行财政补贴、税收优惠、上网政府定价、确保并网等政策，使光伏、可再生能源市场得到了快速发展（图 5-4）。

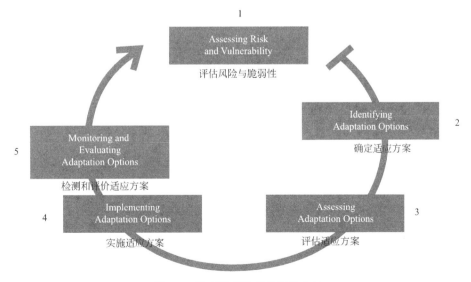

图 5-4 城市适应战略的科学方法

根据关于制定排放限额交易体系的欧洲法令，德国于 2004 年 7 月 15 日制定并通过了国家法律《温室气体排放交易法》，在联邦环境保护局下设立了德国排放交易处，负责排放权的确定、发放，进行排放交易登记、开户和管理、处罚等。负责执行《欧盟排放交易指令》《温室气体排放交易法》《排放分配条例》以及《基于项目机制的德国条例》。2009年德国有1656家企业参与排放交易，欧盟有11600家企业参与，参与最多的是能源企业。2009年欧盟的交易量为20.83亿t，而德国的交易量为4.52亿t，占欧盟交易量的21.7％。

2. 碳交易激励措施

德国出台了相关的财政补贴政策，对有利于低碳经济发展的生产者或经济行为给予补贴。为鼓励私人投资新能源产业，德国出台了一系列激励措施，给予可再生能源项目政府资金补贴。政府还向大的可再生能源项目提供优惠贷款，甚至将贷款额的30％作为补贴。2012—2014年间购买电动车的消费者可以获得政府提供的3000～5000欧元的补助。2002年4月生效的《热电联产法》规定了以"热电联产"技术生产出来的电能获得的补偿额度，例如2005年年底前更新的"热电联产"设备生产的电能，每千瓦可获1.65欧分的补贴。

德国积极落实欧盟排放交易体系的相关规定，将温室气体的排放总量限额分配给各个公司，公司可按需相互出售或购买额度。实施市场激励计划，通过提供投资补贴、低息贷款和返还性补贴扶持企业使用可再生能源的设施。

四、低碳城市最佳实践

（一）弗赖堡市迪滕巴赫新城区

迪滕巴赫新城区将成为一个具有引领性的示范城区。该城区规划方案的设计充分考虑了弗赖堡市在城市建设、生态、交通规划以及经济发展等多个领域的方针。规划已经明确，未来迪滕巴赫新城区的特征是绿色化、可持续、社会融合发展。迪滕巴赫新城区占地总面积为130hm²。弗赖堡市的目标是，该规划建设的独立新城区应能够容纳约6000套住宅，供1.5万名居民居住。该城区中心设有一系列公共机构以及近距离公共服务供给设施。西部则与莫顿霍夫（Munde-nhof）自然体验公园接壤，附近还有一个欧洲鸟类保护区（图5-5）。

1. 短途城市规划

"短途城市"的理念在于让居民能以较短的距离抵达日常生活所需的地点，而不需要长距离出行。鉴于迪滕巴赫新城区距离弗赖堡市市中心不远，且是一个拥有中小学、食品供应机构等公共机构的独立城区，因此有潜力减少机动车保有量，发展"短途城市"。规划明确了新城区中心位于整个规划区域的核心位置，可通过自行车与有轨电车便捷地与市中心相连。新城区中心的四周由各个独具特征的小区域包围。城区内密集的步行道与自行车道路网衔接良好且结构清晰，这样的基本结构设计是"短途城市"理念得以实现的重要前提。

2. 交通多元化

新城区的主要出行方式是步行，为此，规划设计了密集的步行道路网，贯穿各个住宅

图 5-5 迪滕巴赫新城区总体规划

区，居民可以由此通过短距离步行抵达城区的各个目的地。自行车也是新城区的重要交通工具。整个城区外围由较大规模的环状自行车道包围，城区内开辟南北及东西两条自行车道，直接与外围自行车道路网衔接。图 5-6 为多重功能的沃邦大道。

图 5-6 多重功能的沃邦大道

除步行与自行车出行以外，公共交通也是新城区规划中优先发展的交通方式。图 5-5中位于城区中心的有轨电车轨道网络是城区公共交通的主干，几乎覆盖整个新城区，并设有三个无障碍停靠站，分别紧挨着城区广场、校园区域以及驻车换乘停车场。有轨电车时刻表符合当地居民实际需求，可以让城区居民快速便捷地前往市中心。城区内部除有轨电车外，还会开辟公交车线路作为公共交通的补充。城区边缘区域则设有数条公交车线路，直接通往其他城区。

为推动电动交通工具的发展，分布在整个城区的交通站点处均设有充电装置等相应的基础设施，作为促进多元交通出行方式发展的基本条件。公交车也越来越多地更换为电动车，计划到 2030 年所有公交车均为电动公交车。因此，从中长期角度来看，新城区几乎不会产生来自公共交通领域的有害大气排放物，且交通噪声也会大幅降低。

3. 低温供热网

新城区热能供给的基础架构是所谓的"低温供热网"。该网将 0～20℃ 区间内的冷水供应至建筑物内的热泵，再通过热泵将来自热网的冷水加热至 65℃，用于建筑物供暖或制冷。"低温供热网"的使用可以使热泵非常有效地运行，并且可以避免供热网处的能量损耗。

"低温供热网"所需的热能则通过储冰装置获取。储冰装置是装满水的大型储水池，其一侧接收从废热中提取的热能，另一侧则把储存的热能通入"低温供热网"。储冰装置本身所需能量来自外部环境——太阳能与城市主要废水管道中的热能。该主要废水管道常年排放具有一定温度的废水，通过在废水管道内安装热交换器，这些热能可以得到利用，并被导入储冰装置内进行存储。而太阳能则是通过太阳能光伏与光热一体化组件（PVT）得以有效利用。

4. 光伏装置组件

新城区所需总电能通过屋顶以及外墙上的光伏组件获取。按照规划，城区内约 80% 的屋顶安装光伏组件，约 40% 的外墙朝向有利于获取太阳能的方向。城区东北部靠近国道处的噪声防护栏也全部铺设光伏组件。已达到城区所需热能完全由太阳能以及废水管道提供，确保气候中和的目的。新城区未来所需能源也可自行生产。

该方案有利于实现气候中和目标。新城区所需热能总计约 5.1 万 MWh，由来自废水的热能以及太阳能供给。新城区所需电能总计约 3.6 万 MWh，通过光伏组件从太阳能中获取。而储冰装置的使用可在夏季提供制冷所需的能源。

5. 生态补偿机制

规划中的迪滕巴赫新城区目前近 90% 为农业用地。该区域并不是自然或景观保护区，但是在自然与景观保护方面具有重要的价值。对自然的干预必须有相应的补偿机制，这是迪滕巴赫新城区规划中的生态保护原则。

根据市政府公布的数据，新城区将有 25hm² 土地用于建设住宅楼与商业楼，35hm² 土地用于建造花园与庭院，25hm² 土地用于铺建绿地与进行体育运动。中小学与幼儿园占地面积共 4hm²，而道路与广场则需要用地约 21hm²。规划已确定诸多生态保护措施：一是将与莫斯瓦尔德（Mooswald）鸟类保护区接壤的 20hm² 土地确定为非建设用地，作为生态补偿区域；二是新城区建设中将保留（至少部分保留）有价值的结构，以保持它们的生态功能；三是迪滕巴赫河两岸迄今为止均为农田，许多肥料与除草剂等流入其中，而在规划建设新城区后，该河流会有一个宽 60m 的河滩，以使河流的部分区域可以得到生态修复；四是对于新城区的绿地，将从自然保护的角度进行高品质的规划设计，保留受保护的生境以及树木与植物混合种植等均为其中的基本措施；五是为减少对周边保护区的影响，将在这些区域的边缘设置坚固的黑莓灌木丛，防止未经授权的人员进入。

6. 公共绿化空间

新区规划已经明确，"绿色基础设施"将成为迪滕巴赫新城区的标志。其核心理念在于，在城区内部开辟自然景观空间为居民提供充足的休闲项目，同时进一步拓展现有人流引导方案。

新城区公共绿化空间规划的基本架构是两条大型绿带，连接东南部相邻温加滕（Weingarten）城区的迪滕巴赫公园以及西北部莫斯瓦尔德鸟类保护区。这两条作为主要轴线的大型绿带沿着迪滕巴赫河与凯瑟巴赫河（Käserbach）分布，在规划设计时对现有林木资源进行了充分的调研并把其纳入其中。两条绿带向城区中心延伸，沿线设置各类独具特征的公园设施。

这些公共绿化空间及设施有利于促进城区与周边区域的空气交换，改善城市气候，防止洪涝灾害。并且，鉴于其地理位置，可为新城区的居民提供通往城区内部绿化区域的便捷通道，从而在很大程度上减缓对周边保护地的影响。此外，这些绿地也成为比较敏感的边缘区域和需要被保护的群落生境的屏障。规划片区内各具特色的公共空间为居民提供了高品质的休憩空间，为人们提供了日常生活相聚的场地，也增强了居民对社区的认同感。

（二）柏林

德国首都柏林被誉为欧洲最绿色环保的城市之一。柏林在生态空间建设、雨水回收利用、慢行系统导向、垃圾分类回收、可再生能源利用等绿色城市建设方面有着成功经验，被誉为欧洲绿色环保的城市之一，其在绿色发展上的理念、政策、措施值得学习借鉴。

1. 蓝绿交织的生态化

柏林市域面积 891.85km^2，其中森林面积约 1.6 万 hm^2，公共绿地超过 3300 处、近 1.3 万 hm^2，分别占城市总面积的 18% 和 14%。湖泊河流总面积 5370hm^2，约为总面积的 6%，加上 4% 的农业用地和分布在全市各个角落超过 2500 处、约 5500 公顷的墓地、小花园、建筑绿化等，蓝绿面积接近 50%。凯旋柱周边 2.4km^2 的蒂尔加滕公园，被称为柏林的绿肺。废置的滕珀尔霍夫机场，更是市中心面积超过蒂尔加滕公园的巨型绿地。城市的闲置角落、公屋建筑的平屋顶和垂直墙壁都被绿化，政府根据绿化面积按比例给予补贴或减税激励。很多社区周边的公共空间允许市民低价租用，变成蔬菜和花草混合种植的小菜园或小花园。

2. 推行雨水回收的"海绵城市"

柏林年降雨量 580mm，与北京接近。"无污染的直接用，轻污染的简单处理后用，有污染的强制处理后排放"的雨水回收利用理念，让柏林成为海绵城市建设的典范。政府实施"雨水费"制度，通过经济手段鼓励公共建筑和居民对雨水进行收集利用。如果建筑没有雨水利用设施，直接向下水道排放雨水，则必须按房屋的不渗水面积，缴纳约 1.84 欧元/m^2 的费用。房顶多余的雨水或斜坡屋顶的雨水通过固定在房檐处的灰色天沟和专用管道收集，经过简单过滤后储存于建筑物雨水收集罐或蓄水器中，用于洗衣、洗车、冲厕、绿化浇灌及消防等。鼓励平屋顶绿化和建设地上景观设施，吸水蓄水并减轻排水压力。城市人行道用石块或透水砖铺设，成为柏林独特的风景。道路上的雨水，由于含有大量金属、橡胶和燃油等污染物，经专用管道进入污水处理厂处理后排入河流。

3. 倡导慢行交通

柏林地铁地下 156km，地面 190km，城际铁路 300km，公交线路 5000km，联合构建了便捷快速的交通系统。大面积森林绿地为慢行交通系统提供了可能。为增进人和城市的融合，道路普遍不宽，红绿灯多数可手动感应触发。骑行系统是柏林道路不可或缺的部分，在道路中单独规划并印有自行车标识，连续不中断。在城区优化计划中，很多道路减少一条小汽车道，调整为自行车道，甚至有道路只保留一条汽车单行道，而拥有左右两条自行车道。小汽车礼让自行车和行人成为公共规则。尽管柏林人均拥有小汽车数量全德最低（350 辆/千人，德国是 800 辆/千人），但中心城区停车依然是大问题。为保证绿地和公共活动空间，停车场主要建在地下和商场顶楼。路边根据道路资源情况采用不同的停车方式，主干道有些车位设置在马路中间隔离带处。中心城区实行固定价格、固定街区的居民停车证制度，外来车辆停车不能超 2h，确保路侧停车资源的流动性使用。中心城区停车不便而且费用昂贵，部分区域只允许绿标环保汽车行驶，不断改善的慢行交通系统和公共交通系统，使柏林汽车的使用频率大大降低。

4. 推行垃圾循环利用

1904 年，德国开始实施城市垃圾分类收集。严格的分类和回收系统，使德国的垃圾回收利用率在欧洲名列前茅。德国人从上幼儿园开始学习垃圾分类，从小养成垃圾分类的好习惯。通过分类教育、自律教育、收费措施、法律保障、风气引导、时尚宣传等综合施策，3R 理念（垃圾减量 Reduce、物品再利用 Reuse、循环 Recircle）在柏林落地生根。德国垃圾分为 9 类，平时家庭每天产生的主要是有机垃圾（食物垃圾和动植物垃圾）、轻型包装垃圾（塑胶金属和捆扎材料）、纸类垃圾、玻璃类垃圾、未分类垃圾 5 类，还有诸如化学电池一类的特殊垃圾、家电家具等大件垃圾、旧衣物、建筑垃圾 4 类（这些多数要去固定地方回收或是联系上门回收）。从家庭到社区，垃圾桶都分颜色，灰棕色垃圾桶用于装有机垃圾，黄色或橘色垃圾桶装包装垃圾或塑料、金属和复合材料制成的其他物品，蓝色垃圾桶装纸类垃圾，绿色垃圾桶装玻璃类垃圾，黑色垃圾桶装其他生活垃圾。家庭按照产生的垃圾量从垃圾处理公司租订垃圾桶，并按规定时间倾倒。如果不分类会被警告，再次发生会被曝光和罚款。不同类型的垃圾送到不同处理厂进行优化处理。可重复利用的纸类、玻璃类、金属类、塑料类垃圾，被重新制造成不同等级质量的相应制品。未分类垃圾在焚烧厂焚烧后，用于生产再生性建筑材料。垃圾焚烧是热电联产，给居民供应暖气、热水并发电。

5. 发展可再生能源

德国民用电价平均超过 29 欧分，为全欧洲最贵。节能成为德国人的生活习惯，租卖房子都要标明能耗。德国电费高和能源转型有关。一方面是减少空气污染颗粒物排放的需要（德国规定 PM10 及以下颗粒物超过 $50\mu g$ 的时间每年不能超过 35 天），有计划地用天然气发电取代成本低却污染严重的褐煤发电。另一方面，德国决定于 2022 年前关闭全部 17 座核电厂，普及可再生能源，包括太阳能、风能、海洋能、水能、生物质能、地热能、生物燃料和氢能等。德国可再生能源占发电量比例，计划 2030 年达到 50% 以上，2050 年达到 80% 以上。德国制定了一套极具进取性的二氧化碳减排目标，以 1990 年的排放量为基准，至 2020 年降低 40%，2050 年降低 80%。从 1998 年电力改革开始，20 年间电价上涨了 71%，其中电力生产和传输的价格仅仅上涨 1%，税费上涨 295%。柏林纬度高，气候较寒冷。尤其是冬季，保温节能和供暖设施就成为城市建筑的标配。柏林建筑的墙壁普遍比较厚实，窗户不大，多采用双层中空玻璃，保温性能很好。柏林的供暖采用集中供暖和自供暖相结合，每一个散热器都安装一个调节阀，温度可自行调节。费用是像电费一样，按照热水的流量精细化收取，基本没有暖气太热开窗降温的情况。

五、低碳城市经验总结

德国东部地区政治和经济体制剧变，导致社会经济发展模式变革，带来排放趋势的显著变化，这使得德国1990年以来的低碳转型没有数字上展示的那么成就卓著，但是德国确实通过多方面的政策措施，实现了经济增长与碳排放脱钩，为在未来最终建立完善低碳经济的发展模式创造了好的开端。

(一) 构建能源法律体系，推进电力市场改革

20世纪70年代以来，德国采取了一系列环境保护政策，在低碳循环经济领域构建起一套严密完善的法律体系，原则明确、执行有力、修订及时，内容涉及国家、企业和个人等各个层次的经济行为和社会行为，大到企业间能源的循环利用，小到人们对日常生活垃圾的处理，有效控制了二氧化碳排放，低碳循环经济得以迅速发展，为低碳城市可持续发展奠定了坚实的经济基础。完善的低碳经济法律体系，为德国低碳事业的顺利推进提供了切实可行的观念引导和政策支持，同时也有助于法律强制性保障的有效性。

在法治保障方面，中国现有碳减排相关立法都涉及温室气体控制，但受限于自身的立法目的和立法时机，缺乏对碳达峰碳中和目标的统筹考虑，立法目的和内容无法有效衔接。现行的《电力法》也缺乏对新型电力系统的适应性。要统筹推进"双碳"法律法规与配套规章立改废，重点加快针对"双碳"目标的环境保护法体系和能源转型相关法律构建，为中国能源变革与转型、推进碳达峰碳中和提供坚强法治保障。

电力市场化是能源转型和发展可再生能源为主体的新型电力系统的重要前提。目前中国还存在市场"煤"和计划"电"现象，导致发电企业生产意愿不足，电力交易的省间壁垒依然存在，一定程度上阻碍了跨区电力优化配置。因此，要重点深化电力体制改革，推进电力市场建设，优化电力资源配置。要强化市场主体的责任意识、市场意识和契约精神，完善促进新能源消纳的市场机制，为发展可再生能源及相关配套服务、建设新能源为主体的新型电力系统提供强有力的市场机制支持。

(二) 重视低碳教育，实现全民低碳

德国联邦政府高度重视环境教育，形成了以学校教育、社会资源以及民间力量共同培养公民环境道德素养的教育特色。一方面，率先响应联合国"教育是环境发展过程的核心"理念，把环境教育置于优先战略地位，并将低碳环保理念渗透到学校教育、家庭教育以及社会教育的整个过程中；另一方面，加强环境教育实践与创新，充分利用教育资源开展环境教育项目，积极推进户外教学运动，确保环境教育工作的务实性。同时，德国通过联合各种社会资源和民间力量，培养公众追求人与自然和谐共生的价值观念，建设资源节

约型、环境友好型社会。总体来看，广大群众不断提高的节能减排参与意识和参与能力，在一定程度上推动了德国节能减排目标及任务的高效完成。

目前，虽然我国大部分居民已经具备基本的低碳意识，但是低碳新理念的践行、新技术的实施依然未达到良好效果，因此，理念弘扬与全民参与仍需持续推进。

（三）注重顶层设计，落实科学战略规划

作为世界工业大国的德国，其关于节能、环保、新能源等领域的战略目标的制定和创新技术的发展在全球具有很高的认同度。联邦政府围绕"经济性、安全性和环保性"能源发展宏观目标，明确了可再生能源在一次能源消费结构和可再生能源发电在电力结构中的比重目标，并构建了一套经济、透明和有效的能源政策机制，有效减少温室气体与污染物的排放。德国的气候行动战略框架以德国 2050 年温室气体净零排放为目标，以战略行动计划、具体措施、法律体系等 3 个部分的内容为核心，以气候内阁为重要制度保障贯穿战略框架设计和执行的整个过程，顶层设计具备较强的科学性、合理性及可操作性。借鉴德国经验，一方面，建议我国进一步细化明确中长期战略，基于时间、空间和行业等维度，树立明确的阶段性气候目标、区域气候目标、重点行业领域气候目标及确定相应的实施路线图和措施计划。另一方面，注重重大战略及政策执行过程中的适时法律化。适时将比较成熟的相关政策以法律的形式确定下来，借助法律的强制性，明确权责，加强约束，保障相关政策得以顺利有效实施。

（四）发展绿色金融，实现金融财政协同

绿色金融和绿色财政都具有绿色融资功能。绿色融资的多层次和多样性可以扩大政策的实施范围和作用对象，从而提高政策的实施效果。德国复兴信贷银行作为一家政策性银行，发挥了绿色金融和绿色财政互补性和协同性的作用。绿色金融政策和绿色财政政策的本质功能都是提高市场主体绿色发展的确定性，降低绿色发展的财务约束。两类政策并非孤立存在，而是应该紧密协同、共同发力。通过完善信贷法律法规，将与环境相关的信息和考察标准纳入审核机制，从而帮助银行更好地识别企业运行的环境风险，促使资金的使用对环境更加友好，助力产业发展绿色化，实现经济社会可持续发展。

第六章 低碳创新技术注重者
——美国低碳城市的革新与实践

美国作为碳排放大国及政治经济大国一直是世界关注的焦点。美国低碳建设道路始于布什政府期间，在奥巴马政府期间建设方向逐渐清晰，提出了应对气候变化的低碳发展路径，发展新能源技术，力图打造低碳技术的竞争优势。美国致力于二氧化碳捕获和封存技术的研发、可再生能源技术等的研究。同时，许多州政府对发展低碳经济的积极性普遍提高，美国的减碳政策有极大的自由度，国内各州可以根据自身产业、经济状况制定不同的目标，此举兼顾了节能减排与经济发展。美国低碳城市发展过程中创新的低碳技术可为各国节能技术的发展提供借鉴。

一、低碳城市发展背景

作为世界第一大经济体，美国经济的发展离不开能源系统的支持。然而，强劲的经济增长也给美国带来了高污染、高排放的环境问题。2019年，美国的碳排放量占全球碳排放的15%，累计碳排放（1990—2019年）世界排名第一。对美国来说，实行低碳政策，降低碳排放已经刻不容缓。但由于美国民主党与共和党两党的执政理念存在差异，两党的减碳政策在各阶段表现出截然不同的态度，使其减碳政策的发展过程一波三折，造成了整体减排效果不够理想的局面。同时，随着页岩气革命的发展，美国国内传统能源势力与新兴能源势力之间出现了许多利益纠纷，使得美国的低碳政策反复多变。

在早期，美国的减碳政策在整体上呈现出以污染治理、提高能源效率并调整能源结构为主线的特征，以环境税、财政补贴、排污权交易为主要方式推动政策执行，先后出台了《1960年空气污染控制法》《清洁空气法案》等多项法律法规，同时成立了美国环保局以推动美国的环境保护。在环境税体系方面，这一时期美国政府发布了《环境收入税法案》等政策法案，不断完善美国的环境税种，贯彻"污染者付费原则"；在排污权交易体系方面，1976年美国环保局提出补偿政策，为超量削减污染物排放的企业提供"排放削减信用"认证，推动"排放削减信用"在市场上进行交易，在此之后美国的排污权交易制度逐渐建立，展开了一系列的排污权交易。

1993年，克林顿政府上台执政，气候变化问题得到了政府的重视。美国开始积极应对国内的高排放问题，并广泛开展国际合作，提升国际领导力。在国内，1993年，克林顿政府要求经济、社会、生态之间保持协调发展，发布了《气候变化行动计划》，首次提出明确的减排目标；提出《国家能源综合战略》；发起"气候拯救者"等政企合作项目。国际上，加入《京都议定书》，与国际社会共同应对气候变化问题。小布什政府先后推出了《2005 能源安全法案》《2007 低碳经济法案》《2007 节能建筑法案》《2008 气候安全法》等政策法规，利用财政补贴推动新能源技术的开发，开展"气候领袖""能源之星"等项目推动各部门碳减排。奥巴马政府积极推动美国国内低碳经济发展，利用税收、财政补贴和碳交易等方式推动形成企业自愿减排模式。将实现"绿色经济复兴计划"作为从经济危机中恢复的首要任务，将清洁能源与减排技术的开发视为美国经济新的增长点。同时，奥巴马积极参加国际会议，如北美领导人峰会、美洲国家能源与气候合作伙伴关系计划等，推进新能源技术、碳捕集技术创新与应用，发展新能源汽车等绿色产业。2015 年，美国与中国签署了《中美元首气候变化联合声明》，与中国共同推动《巴黎协定》的签署。然而，特朗普政府为保护国内传统能源产业，在低碳建设上"开倒车"，如退出《巴黎协定》，废除多部环保法律等。由于长期以来美国坚持发展低碳经济，在特朗普政府时期美国碳排放虽然有所上升，但美国社会总体仍沿着低碳的路径发展。

拜登政府执政后，美国在低碳政策上又表现为积极的态度。重返《巴黎协定》，提出"3550"的目标——2035 年通过可再生能源实现无碳发电，到 2050 年实现碳中和。发布了《应对国内外气候危机的行政命令》《清洁未来法案》等。2021 年，随着《迈向 2050 年净零排放长期战略》的发布，美国的低碳建设进入了迈向零碳的阶段。

二、低碳城市政策体系

美国的减碳低碳政策分为联邦与地方两个层级，联邦法律和政策以大纲为主，规划了全国的行动方向；州层面的法律法规则因地制宜地规定了本地区内的减碳行动细则。经过多年的发展，美国的低碳政策体系形成了政府利用法律法规引导、市场自发调节的模式，政府通过税收、财政补贴与碳交易等手段将行政管理与市场机制结合，共同推进减碳政策的执行。内容上，美国的减碳政策以创新技术为主线，通过在技术上取得优势，逐步推动高新技术落地来调整能源结构，提高能源效率来减少碳排放。表 6-1 为美国低碳政策框架体系。

美国低碳政策框架体系   表 6-1

政策名称	英文名	层级	政策类别	发布时间
《联邦杀虫剂、杀菌剂和灭鼠剂法案》	*Federal Insecticide, Fungicide, and Rodenticide Act*	联邦	碳监管政策	1947
《气候变化行动》	*Taking Action on Climate change*	联邦	碳调控政策	1999
《能源政策法案》	*Energy Policy Act of 2005*	联邦	碳调控政策	2005
《美国气候变化行动》	*United States Climate Change Actions*	联邦	碳调控政策	2009
《总统气候行动计划》	*The President's Climate Action Plan*	联邦	碳调控政策	2013
《总统气候行动计划》	*Presidential Climate Action Plan*	联邦	碳调控政策	2016
《目标：零碳》	*Destination: Zero Carbon*	联邦	碳调控政策	2020

续表

政策名称	英文名	层级	政策类别	发布时间
《气候变化适应方案》	*Climate Adaptation Action Plan*	联邦	碳调控政策	2021
《清洁空气法案》	*Clean Air Act*	联邦	碳监管政策	1963
《能源独立和安全法案》	*Energy Independence and Security Act of 2007*	联邦	碳监管政策	2007
《美国清洁能源和安全法案》	*American Clean Energy and Security Act of 2009*	联邦	碳监管政策	2009
《美国适应通信》	*Adaptation Communication of the United States*	联邦	碳监管政策	2021
《迈向2050的净零排放长期气候战略》	*Pathways to Net-Zero Greenhouse Gas Emissions by 2050*	联邦	碳监管政策	2021
《美国国家自主贡献》	*The United States of America Nationally Determined Contribution*	联邦	碳监管政策	2021
《清洁竞争法案》	*Clean Competition Act*	联邦	碳监管政策	2022
《重建美好复苏计划》	*Rebuild a Better Recovery Plan*	联邦	碳监管政策	2022
《清洁能源融资计划》	*Clean Energy Financing Programs*	联邦	市场培育政策	2011
《评估清洁能源的多重效益》	*Assessing the Multiple Benefits of Clean Energy*	联邦	市场培育政策	2011
《低碳经济法案》	*Low Carbon Economy Act 2007*	联邦	绿色金融政策	2007
《清洁能源州以身作则指南》	*Clean Energy Lead by Example GUIDE*	联邦	技术创新政策	2009
《美国电动巴士》	*Electric Buses in America*	联邦	技术创新政策	2019
《加州全球变暖解决法案》	*California Global Warming Solutions Act of 2006(AB 32)*	加州	碳监管政策	2006
《限额与交易计划》	*Cap-and-trade Systems*	加州	绿色金融政策	2013
《基础设施投资和就业法律》	*Infrastructure Investment and Jobs Act*	亚利桑那州	绿色金融政策	2021
《推动犹他州的低碳未来燃料:氢的作用》	*Fueling a Low-carbon Future in Utah:the Role of Hydrogen*	犹他州	技术创新政策	2021
《发电机排放限值》	*Electricity Generator Emissions Limits（310 CMR 7.74）*	马萨诸塞州	技术创新政策	2021
《5126法案》	*Engrossed Second Substitute Senate Bill 5126*	华盛顿州	绿色金融政策	2021

（一）碳监管政策

1955年《空气污染控制法》是美国联邦层面治理空气污染的首部法律,这部法律标志着联邦政府在空气立法上角色的转变,空气立法不再只关乎州政府。但是这部法律中州政府仍然是主导力量,联邦政府通过为州政府提供资金和技术支援的方式治理污染。1963年,《清洁空气法案》出台,联邦政府正式地转变角色,管理力量也由此得到增强。以此为指导,美国公共卫生局开始实施一个研发监控和治理空气污染的联邦项目,并赋予政府直接干预"对任何人产生健康或福利方面威胁"的空气污染行为的权力。同时，该法案也支持各州在与个人或邻近州之间存在有关污染排放等问题时，向卫生、教育与福利部要求听证、开会或向联邦法庭提请诉讼。这部法案也为后来 1970 年和 1990 年《清洁空气法案》的修正案奠定了重要基础。但是，该法案仅仅包含了对固定污染源的规定，不涵盖汽车等移动污染源。为此，联邦政府在 1965 年颁布《机动车空气污染控制法案》（MVAP-CA），授权卫生、教育与福利部制定机动车排放标准。1967 年，为了进一步扩大联邦政府在空气污染治理方面的权限，《空气质量控制法》出台，在州际空气污染地区开展强制性行动，该法案同时也对污染排放名录编制、环境监测技术和污染治理技术的研发予以了大力支持。3 年后，《清洁空气法案（1970）》出台，设立了（美国）国家环境保护局（EPA，Environmental Protection Angency）这一联邦机构，履行对全国公共卫生环境的监管职责。该法案完善了《清洁空气法案（1963）》，规定了联邦和州政府都要针对固定和移动的污染排放源制定限制排放的规章。同时，法案建立了一系列国家空气质量标准原则，包括国家空气质量标准（NAAQS，National Ambient Air Quality Standards）、州实施计划（SIPs，State Implementation Plans）、新能源性能标准（NSPS，New Source Performance Standards）以及有害空气污染物国家排放标准（NESHAPs，National Emission Standards for Hazardous Air Pollutants）。该法案也使政府在空气治理方面的权限得到了很大程度的扩展，它实现了美国在空气污染治理方面的转变与突破。首先，它标志着美国空气治理由"国家倡议——州执行"转为了强制各州实行全国统一的污染标准的转变；其次，联邦政府的权限得到了很大的扩展，环境保护局（EPA）制定了保护公众健康的严格的"首要国家空气质量标准"和保护公共福利的"次要国家空气质量标准"。

1977 年，美国联邦以修正案的形式对原有的《清洁空气法案（1977）》进行补充，在其原有的基础上更多地关注了严重恶化的预防方案（PSD，Prevention of Signification Deterioration）。此外，修正案在污染源控制方面实行了"新源控制原则"，即对空气污染企业的设置进行前置审批。该法案还更进一步地细化了污染防治的工业技术，在此基础上环境保护局制定了最佳可用控制技术（BACT，Best Available Control Technology）来减少固定污染的排放，之后又相继出台了适度可用控制技术（RACT，Reasonably Available Control Technology）、最低可实现排放率（LAER，Lowest Achievable Emission Rate）等。

1990 年，美国又通过修正案对《清洁空气法案（1970）》进行补充，出台了《清洁空气法案（1990）》。该法案开始运用市场机制来进行污染排放的控制与治理，如由环境保护局进行污染排放额度的分配，并允许各企业之间进行额度交易等。该法案的实施标志着美国的空气污染治理模式从原有的"命令—控制"转向了"成本—收益分析"模式。

交通管理方面，联邦政府在 1975 年通过并实施了《能源政策与节约法》，建立了针对小轿车和轻型卡车的公司平均燃油经济性标准，对达不到该标准的汽车生产商或车主进行罚款或征收高油耗税。此后，由于美国共和党与民主党在减碳政策上的意见相左，美国的低碳行动停滞不前。2007 年，为了从根本上改变美国的能源使用方式，《能源独立和安全法案》规定了轿车与轻型卡车的最高平均油耗，制定了建筑物的电气能源效率标准。2021 年，拜登政府颁布《美国适应通信》（Adaptation Communication of the United States），要求提高美国的气候适应力；发布《迈向 2050 的净零排放长期气候战略》，提出在 2050 年实现碳中和的发展目标，要求电力系统完全脱碳化，工业、交通等所有部门电气化，提高能效、节约能源。

　　州层面，根据《清洁空气法案》等一系列法律的要求，州政府应遵守联邦规定的"国家空气质量标准"，并在其辖区内独立履行空气质量监管职责。州政府在执行上享有一定自由，可以对每一种污染物制订具体的管理计划，也可以在辖区范围内设立"空气质量控制区"等。2006 年，加州通过《加州全球变暖解决方案》，提出 2020 年的温室气体排放要恢复到 1990 年的水平。在交通管理方面，加州州长于 2007 年签署《S-01-07》执行指令，制定了加州低碳燃料标准（LCFS，Low Carbon Fuel Standard）。2018 年，加州州长通过《B-55-18》行政命令明确加州于 2045 年实现碳中和。

（二）碳调控政策

　　联邦层面，1999 年发布《气候变化行动》，要求加快国内生物基产业发展。2005 年，《能源政策法案》出台，允许轻型混合动力汽车进行税收抵免；要求建立石油战略储备并提高燃油车的能源效率。2013 年，时任总统奥巴马发布《总统气候行动计划》，向环保署签发了总统备忘录，要求美国环保局短期内完成新建以及现存发电厂碳排放标准的制定，并建立起四年一次的能源评估制度。2020 年，联邦政府发布《目标：零碳》，要求 2030 年实现公共交通碳中和，2035 年禁售燃油车。

（三）市场培育政策

　　2011 年，联邦政府公布《清洁能源融资计划》和《评估清洁能源的多重效益》，加大对氢能源等新能源研发的投资，对电动车辆进行补贴，加大对电动车相关基础设施建设的投资。2022 年，《减少通货膨胀法案》通过推动清洁能源技术发展来推动实现适应气候变化的未来，具体包括电动汽车和充电基础设施、超高效热泵、绿氢和快速增长的可再生能源等领域，计划到 2030 年降低能源成本、提高清洁生产并减少约 40% 的碳排放。该法案新增3690 亿美元的税收调整和支出，成为美国历史上规模最大、最雄心勃勃的清洁能源投资。表6-1 为美国低碳政策框架体系。

三、低碳城市建设路径

（一）规划：联邦制定框架，地方规定细则

　　美国的规划分为联邦和地方两个层级。联邦层级的法案对全国具有约束力，但对细节的把控不够；地方层级的法律法规多以州为单位，因地制宜地规定了减碳细节，在本地区范围内具有约束力。

1. 联邦低碳规划

　　联邦层级上，根据美国环保局（EPA）每年发布的《温室气体排放与碳汇目录》，美国在 2007 年达到了二氧化碳的排放峰值，即美国于 2007 年"碳达峰"。之后，由于小布什政府采取的积极低碳政策，美国的碳排放量逐年下降。2021 年 11 月 1 日，美国发布《迈向 2050 的净零排放长期气候战略》，公布了美国实现 2050 碳中和终极目标的时间节点

与技术路径。

在《迈向 2050 的净零排放长期气候战略》中，美国阐述了 3 个关键的时间节点。第一个时间节点是 2030 年。美国承诺的国家自主贡献目标年，要比 2005 年的排放下降大约 50%～52%。第二个时间节点是 2035 年，美国实现 100% 清洁电力目标。第三个时间节点是 2050 年，美国实现净零排放目标。这份战略报告认为，美国实现 2050 净零排放目标是完全可能的，而且存在多种路径。但所有路径都必须经过以下五大关键转型：

（1）电力完全脱碳。电力为美国经济的所有领域提供多种服务。近年来，太阳能和风电成本的快速下降、联邦和地方的支持政策，以及消费需求增长共同推动了清洁电力加速实施。美国要在 2035 年完成这一转型，实现 100% 清洁电力。

（2）终端电气化与清洁能源替代。汽车、建筑和工业过程都可以有效地实现电气化。在一些实现电气化具有挑战的领域，例如航空、船运和一些工业过程，可优先使用非碳的氢能源和可持续生物燃料。

（3）节能与提高能效。节能促使各行业向使用清洁能源的转变更快、更廉价和更容易。需要通过更高效的设备、新老建筑的综合节能、可持续制造过程等实现。

（4）减少甲烷和其他非二氧化碳温室气体排放。非二氧化碳温室气体，包括甲烷、氢氟碳化物、氧化亚氮等导致气候温升的气体。美国承诺迅速采取综合措施减少国内甲烷排放，并发起全球甲烷决心计划（Global Methane Pledge）：到 2030 年，美国与参与国一起将全球甲烷排放减少至少 30%，从而使 2050 年前温度升高减少 0.2℃。美国还将优先鼓励研发深度减排的创新技术。

（5）规模化移除二氧化碳。即便 2050 年实现净零排放，仍然会存在一些包括来自于农业的非二氧化碳温室气体排放，因此需要通过严格评估与核证的过程和技术从大气中移除二氧化碳，以实现净零排放。这就要求实施大规模土壤碳汇和工程除碳策略。

2. 地方低碳规划

地方层级上，各个州在联邦政府 2050 实现碳中和的目标下制定了适合自身的方案。例如加州于 2006 年通过的《AB 32》（Assembly Bill 32），即《加州全球变暖解决法案》，要求加州将 2020 年的碳排放量降低至 1990 年的水平。由于各个州之间的经济水平、产业态势等因素有较大的差异，因此各个州之间的规定有着较大的不同，但所有州仍然遵循联邦法案所规定的目标。

（二）能源：能源技术引领能源革命，构建多元的能源体系

1. 传统化石能源

美国的能源体系经历了石油—页岩气—新能源多个阶段。在以石油为主要能源时，美国的能源较为依赖进口。随着页岩气革命的进行，美国逐渐摆脱了对进口石油的依赖，国家的能源安全有了保证。但石油、页岩气都属于化石能源，他们的燃烧伴随着二氧化碳、硫化物的排放。随着历届政府对环境保护要求的提出，以及《清洁空气法案》的出台与不断修正，美国不断加大在洁净可再生能源方面的投入，逐步应用可再生能源替代传统能源。

美国在能源政策上的思路是，推动技术进步，待新技术落地后，以行政手段淘汰落后的高污染能源；推行"污染者自付"原则，以税收手段调节企业的排放。2009 年，美国国会通过《2009 年美国清洁能源和安全法案》，该法案对美国能源应用作了较为详细的规定（表 6-2）。

《2009 年美国清洁能源和安全法案》规定摘要　　　表 6-2

序号	主题	说明
1	清洁能源	规定可再生能源比例
		加大对清洁能源的投入
		促进电网现代化
2	能源利用效率	提高能源利用效率
3	温室气体减排	规定主要排放源的碳排放上限
		实行碳排放抵免制度
		碳捕获与封存技术
4	政府补贴	消费者补贴
		高耗能工业补贴
		其他补贴

该法案的出台明确了美国清洁能源从技术研发到生产销售的一系列规范要求，为鼓励企业开发利用清洁能源，对各个环节都规定了具体的财政补贴和政策激励措施，形成了比较完备的政策体系。在这一体系中，对支持清洁能源发展的各项投资，法案有明确的规划，对政府相关部门对法案执行的监管责任也进行了界定，集中体现了政府部门在促进清洁能源发展中的主导作用。同时，该法案明确了洁净能源的地位和作用，重视智能电网的开发利用。为了平衡传统能源集团与新兴能源集团的利益，该法案提出了重视煤炭等传统化石能源的洁净化利用，通过碳捕获与封存技术，让高碳排放的传统能源清洁化。

美国各经济部门的发展大多依靠电力，图 6-1 是美国在 1990—2013 年期间各部门的用电量。电由于其不产生任何实质性的污染的特性，被认为是最清洁的能源，然而，电作为二次能源，其产生的过程中伴随着一次能源——页岩气、石油、天然气的消耗，这些化石燃料的消耗会产生大量的碳排放与污染。因此，电力系统的减碳是各个系统减碳的当务之急。因此，美国环保局（EPA）基于《清洁空气法案》（CCA）提出了"清洁电力计划（CCP）"。该计划要求对可能会显著导致"危害公众健康或福利的空气污染"的污染物进行分类，同时要求各个州为现有的发电厂设立现有污染源实施标准（ESPS）。在这一要求下，亚利桑那州、新墨西哥州关闭了数座燃煤电厂，主动向低碳转型。

2. 可再生新能源

美国在氢能源这一领域上一直处于国际领先的地位。在"能源之星"和"高效运输伙伴"等项目中，氢能源均被看作是具有极大潜力的发展对象。《清洁空气法案》与《美国清洁能源和安全法案》都提出美国将鼓励企业对氢能源的大规模应用研究进行投资，并提出由政府提供补贴以资助企业。

2020—2021 年这一年间，美国对氢能源的投资翻了一番。美国能源部发布了《氢气喷射》，提出了十年内一公斤氢气一美元的目标。犹他州是美国氢气大规模应用的积极推进者。在《推动犹他州的低碳未来燃料：氢的作用》中，犹他州指出利用其能源生产州具

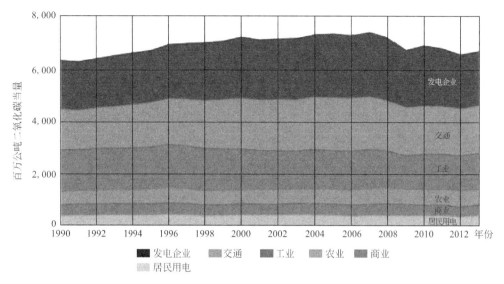

图 6-1　美国各经济部门的温室气体排放量（1990—2012）

有的完备基础设施和专业人才的优势，以境内发达的物流业作为天然的用户群，将氢能源作为该州低碳发展的优势项目。

（三）交通：推进新能源技术进步，淘汰高能耗交通工具

在交通上，美国政府的工作重心在于推进新能源汽车的技术进步，辅以税收、补贴等手段引导社会选择新能源汽车，通过发布行政命令规定燃油车淘汰年限，达到交通低碳化的目的。

技术上，美国国家标准与科技研究院（NIST）与美国能源部、交通部一起开发了面向未来的智能化汽车技术与标准。这些标准涵盖了无人驾驶、物联网、智能电网等新技术。这些技术的最终目标是，通过技术辅助，减少汽车行驶里程，从而降低碳排放。

州层面，马萨诸塞州发布了《马萨诸塞州全球变暖解决法案》，该法案要求在城市中建立完备的电动车充电站等基础设施，并发布了一系列的消费者激励计划，通过税收减免、政府补贴等方式引导消费者选购新能源汽车。同时，州政府倡导"健康的交通模式"，即使用自行车、步行与公共交通，尽量减少私家车的行驶，并提出了开发追踪进程的度量方式和数据指标。加州作为沿海的大州，港口的污染排放不容小觑。因此，加州在《AB 32》中提出了港口船舶电气化，即船舶在加州靠港时必须关闭船上的发动机，使用加州港口提供的清洁电力。

（四）金融："交易与限额"下的跨州合作

1. 绿色金融制度建设

美国是一个完全实施市场经济的国家，市场在低碳改革中有着举足轻重的作用。自低碳经济的概念从英国诞生后，美国就将其引入国内，在国内市场实行碳交易以及碳限额。

美国的碳交易市场呈现出显著的区域性优势，即地方政府在碳交易政策的制定及行动方面发挥了积极的作用，形成了"自下而上"的局面。目前，有超过 35 个州已经单独或者结成地区联盟通过或正在通过温室气体排放的法案，比较著名的有地区温室气体倡议（RGGI，Regional Greenhouse Gas Initiative）和西部气候倡议（WCI）。

虽然各地区的限排法律不同，但运行机制几乎都是基于限额与交易机制，即政府为减排量规定一个上限（Cap），然后，根据这一排放量划定相对应的排放许可权（Allowances），排放许可权可以通过市场交易机制（Trading）去协调各参与者的减排完成量。

2. 绿色金融促进措施

碳定价是一种基于市场的机制，通过金融激励来减少温室气体（GHG，Green House Gas）排放。目前，加州和十一个东北州组成了地区温室气体倡议（RGGI），实行积极的碳定价政策来减少碳排放。RGGI 是美国第一个限制电力部门二氧化碳排放的强制性限额与交易计划，也是美国第一个强制性的、以市场交易为基础去减少温室气体排放的法案。为了防止出现市场失灵的情况，RGGI 对传统的市场运行规则进行了许多改进和创新，尤其是引入了两个"安全阈值"。第一个安全阈值用来解决初次分配导致的碳价过高的问题。例如，在某个履约期的前 14 个月中，如果市场价格的滚动平均值持续 12 个月超过安全阈值，则延长该履约期。该规定将使市场有足够的时间来吸收初始分配造成的价格失效风险，逐渐将价格调整到最优。第二个安全阈值仍是解决供求关系严重失衡带来的风险。如果连续两次出现第一个安全阈值发生作用的情况，则说明碳配额供应严重不足。这时候将允许碳减排量的来源范围从美国本土扩展到北美或其他国际交易市场，并将其使用上限提高到 5%，在某些更严重的情况下可以提高到 20%。

除了 RGGI 规定的减排目标以外，马萨诸塞州还实施了法规，为其电力部门设立了额外的限额与交易计划，该计划与 RGGI 并行，但将扩展到 2050 年。华盛顿州也进行了新的限额与投资立法，且相关法规将于 2023 年开始生效。目前，美国已有多个跨州平台在"限额与交易"机制下进行减排行动（表 6-3）。

美国主要区域性减排系统及其在限额与交易机制下的减排措施　　　　表 6-3 ◄

成立时间	系统	限额与交易机制下的减排措施
2003	芝加哥气候交易所（CXX，Chicago Climate Exchange）	根据成员的排放基线和 CCX 减排时间表来确定其减排额的分配，加入 CCX 的会员必须作出减排承诺，该承诺出于自愿，但具有法律约束力。如果会员减排量超过本身的减排额，它可以将自己超出的量在 CCX 交易或存进账户，如果没有达到自己承诺的减排额，就需要在市场上购买碳金融工具合约（CFI，Carbon Financial Instrument）
2006	加利福尼亚州全球变暖解决法案（CGWSA）	制定了综合性的减排实施计划（Scoping Plan），包括一系列具体实施行动，如直接管制、灵活遵约机制、激励措施、自愿行动等，涉及清洁能源、清洁汽车、提高能效等领域。同时，设置了各产业的定期减排报告制度，以确保实现 2020 年减排目标
2007	西部气候倡议（WCI）	确立一个明确的、强制性的温室气体排放上限，然后通过市场机制确定最符合成本效益的方法来达到这一目标。州政府规定一个或几个行业碳排放的绝对总额，可交易的排放额或排放许可限定在该总额内，这些排放额可以通过拍卖或无偿的方式重新进行分配

成立时间	系统	限额与交易机制下的减排措施
2007	中西部地区温室气体排放协定(MGGRA)	基于市场的跨行业限额与交易机制以实现减排目标;为减排实体建立追踪、管理和安排排放权的制度;建立低碳原料标准、激励和资金等机制作为实现减排目标的补充措施

四、低碳城市最佳实践

(一) 波特兰

波特兰是美国俄勒冈州最大的城市,2000 年被评为创新规划之都,2003 年被评为生态屋顶建设先锋城市,2005 年分别被评为美国十大宜居城市之一和全美第二宜居城市,2006 年被评为全美步行环境最好的城市之一。波特兰在生态城市建设方面有很多创新的做法值得借鉴。

在城市规划方面,波特兰大都会区在美国最早利用城市增长边界作为城市和郊区土地的分界线,控制城市的无限扩张。城市增长边界具有法律效力,在控制城市无序蔓延的同时提高城市土地利用效率和保护边界外的自然资源。波特兰大都会区的地理信息系统(GIS,Geographic Information System)规划支持系统是美国最先进和最复杂的规划信息系统,早在 1980 年波特兰就开始使用 GIS 模拟城市交通,并结合城市发展模型来预测未来交通发展。GIS 规划系统不仅为大都会区的城市管理提供信息服务,也在城市的长期规划中为决策者和规划师们提供未来土地利用、人口、住宅和就业等变化的预测。

在土地利用政策方面,波特兰遵循精明增长原则,强调高密度混合的用地开发模式,提倡公交导向的用地开发。在 20 世纪 50 年代就通过建设市区有轨电车成功带动了老城区的繁荣,使市民对私家车的依赖降低了 35%。1988 年,波特兰成为第一个将联邦政府拨款用于 TOD 建设的城市。波特兰的交通系统以紧密接驳的公交系统和慢行系统著称。公交系统以轻轨和公交车为主,辅以示范性的街车和缆车系统。轻轨系统连接区域主要节点,如市中心、机场、居住和就业中心等。公交系统采用智能化管理方式,实时显示车辆运行时间,并使用智能手机进行公交计费。

在可再生能源利用和节能方面,波特兰主要利用风能和太阳能发电,并主要通过发展绿色建筑来提高能源的使用效率。波特兰绿色建筑的市场价格比传统建筑多了 3%~5%,有许多非营利性机构无偿为绿色建筑提供技术支持、材料顾问和政策咨询。通过发展电动车及其相关产业,如电能储存等实现交通节能。

在废弃物利用方面,波特兰提出在 2015 年将废物利用率提高到 75%的目标,其固体垃圾至少分成四类回收——纸、玻璃、植物、厨余垃圾。厨余垃圾全部使用食物研磨机进行粉碎处理,排入排水系统。

1. 绿色基础设施建设

绿色基础设施建设(Green Infrastructure)是指可以通过植物和土壤收集并管理雨水的设施,不仅包括绿色街道,生态屋顶和雨水花园等,还涵盖了城市溪流、森林。

　　在自然环境中，雨水可以自然渗入土壤。但在城市经硬化的路面上，雨水无法渗向地下。由此产生的雨水径流将污垢，石油和其他污染物带到河流和溪流中，还可能导致侵蚀路面和洪水灾害。波特兰使用绿色街道、生态屋顶、树木和其他绿色基础设施来管理雨水，保护水质并改善流域健康。

　　波特兰 2500 英里的下水道管道中有 1/3 以上已有 80 多年的历史，重新翻修管道需要耗费大量的资金及时间。绿色基础设施可以保护老化的下水道系统，并通过防止雨水进入下水道，使其更有效地运行，同时节约能源、改善野生动物栖息地。

　　2. 绿色街道计划

　　绿色街道是指使用植被设施在其源头管理雨水径流的街道，它是一种可持续的雨水战略，通过使用自然系统方法来管理雨水，减少流量，改善水质和增强流域健康，从而满足法规遵从性和资源保护目标：（1）减少进入波特兰河流和溪流的受污染雨水；（2）提高行人和自行车的安全性；（3）将雨水通过下水道系统引流，减少地下室洪水、下水道备用和联合下水道溢流（CSO）到威拉米特河；（4）减少不透水表面，使雨水可以渗透到地下水和地表水中；（5）增加城市绿地；（6）改善空气质量，降低空气温度；（7）降低对城市下水道收集系统的需求和建造昂贵管道系统的成本；（8）满足联邦和州法规的要求，以保护公众健康，恢复和保护流域健康；（9）为行业专业人士增加就业机会。

　　绿色街道计划不仅适用于修建新的绿色街道，也适用于现有的对道路宽度、纵坡坡度、土壤排水性能、植被等有相应的限制街道。除街道设施的营造外，波特兰还在社区推广"绿色街道"管理小组计划。这项计划鼓励企业或个人协助进行街道绿化，美化社区，环境服务局负责监测基础设施性能并改进设计，通过社区和政府的配合来降低维护成本。目前，波特兰已成立 867 个绿色街道管理小组，而更多的小组也在继续组建中。同时，城市设计、多式联运、流域健康、公园、开放空间和基础设施系统都通过综合规划、设计和预算得到加强。

　　3. "Grey to Green" 计划

　　Grey to Green 是一项为期五年的环境服务计划，与城市各管理部门和社区合作伙伴合作，旨在促进波特兰的绿色基础设施建设。Grey to Green 倡议和环境服务部门对绿色基础设施项目和计划的持续投资有助于实施波特兰流域管理计划（目标是保护自然资源，恢复关键生态系统，并实施将城市地区与自然环境相结合的雨水解决方案）以保护现有的下水道和雨水基础设施，并实现其他城市目标。

　　在"Grey to Green"项目实施的五年内，波特兰新增庭院树木以及行道树 32200 多棵。这些树木成熟后，每年将会捕获超过 1800 万加仑的雨水。同时波特兰环境服务局委托志愿者，对绿化程度较低的社区进行调研，结合居民的意见绘制可用的种植空间。除此之外，波特兰还对未开发的自然区域设置了保护，用以保护天然雨水并净化水源，同时努力恢复原生植被，控制入侵植物，努力修复当地生态。

　　Grey to Green 项目不仅是基础设施的建设，还非常注重建成项目的宣传与雨洪管理理念的推广，通过策划游憩活动、组织公共讲座、展览宣传以及与学校合作等方式提高"Grey to Green"的社会影响力。针对已经建成的案例，波特兰环境服务局策划了雨洪管理自行车游线和徒步游线，连接起绿色街道、生态屋顶的典型案例有 30 余项，设置了配套的科普标示系统，形成完善的游憩路径。在各个项目的推进过程中，也随处可见志愿者的身影。通过社会推广活动，Grey to Green 的实践得以从公共设施拓展到私有场地，逐步提升雨洪管理绿色基础设施网络在波特兰的覆盖密度。

Grey to Green 项目也是波特兰雨洪管理体系中非常重要的一环，通过对基础设施的兴建与改造，建立起完善的雨洪管理系统，对改善水质，保护径流起到了关键作用。在 Grey to Green 项目的开展过程中，社区推广与宣传起到了重要作用，志愿者的参与使项目省了大量的资金，而雨洪管理理念的推广也使得项目能在一些私人庭院中顺利开展。市民自发参与绿色基础设施的保养维护，使得街道设施受到了良好的保护，管理部门也能将更多的精力放在监测雨洪管理效果上。

4. 建筑单体与生态屋顶

生态屋顶是拍在建筑的屋面等构筑物表面进行绿化，营造出的特殊生态空间。自 2008 年以来，波特兰共建成 191 个生态屋顶，面积约 11 英亩，相当于 8 个足球场的大小。数百加仑的雨水会在到达地面前被生态屋顶吸收，再通过落水管流入种植池或植草沟。目前，波特兰仍有 300 多个生态屋顶在设计建造当中，生态屋顶也将与光伏面板进行配对，或设计为鸟类栖息地，以最大限度地发挥其效益。

5. 完整社区

波特兰政府提出的"完整社区"概念，在于步行或骑行范围内，有能满足各个年龄阶层需求的公共设施。社区的规划与建设从教育、技能培育、食物、住宅、交通、自然环境、公共空间、艺术、文化创新、生活质量、平等、公民民主参与等方面进行（图 6-2）。

图 6-2　完整社区示意图

当地的社区有很清晰的垃圾分类指示，比如纸张、玻璃、塑料、金属等材质的物品都要投递在特定的回收处。还有提供大件物品（家具、电子产品等）回收和置换的组织，以及进行工具的租赁（包括厨房小家电）的组织。这样一来，人们便不用特地花钱购买偶尔才需使用的工具，而是可以临时租用。不仅如此，租赁组织的志愿者们还非常热心地组织关于工具的使用方法、旧材料再利用的各种分享与探讨。工具资源和旧物资源都得到了充分利用，邻里关系也更充满凝聚力。

为降低碳排放量并使市民出行更便利而创建的公交系统 TriMet，由市区的轻轨电车"Street car"、衔接市区和郊区的城际轻轨列车 MAX Light Rail 以及广泛分布的公交巴士线路组成。公共交通网覆盖了波特兰市区和城郊的大部分区域，并从凌晨运营至午夜。几年前，波特兰市政府更是为市区的轻轨电车"Street car"升级，将原来的 4 英里轨道扩充至 17 英里，建成两条环线及一条南北线，穿梭于市区的主要街区和地标之间，且与 MAX 列车和巴士线路互相连接，使波特兰成为全美拥有强大交通枢纽的城市之一，也进一步促进了市区房产和商业的发展。

波特兰是美国少有的单车友好城市，政府推出了一项名为"Biketown PDX"的共享自行车计划。据不完全统计，约 8% 的波特兰人经常骑车上下班，波特兰四座大桥每天的自行车流量超过 16000 次。市政府的自行车协调官罗杰·盖勒（Roger Geller）说自行车在这里的推广之所以能取得成功，是因为他们修建了相关设施。比如遍布城市的长达 500km 的自行车道、方便的存车处、MAX 列车上专门悬挂自行车的装置等。租赁自行车也非常方便。旅游中心还为游客提供免费的骑行地图。

（二）纽约

纽约是美国最大的城市，也是世界重要的经济中心之一。据预计，2030 年纽约的市区人口将突破 900 万。人口的增长为纽约城市发展带来了新的动力，但另一方面，大量人口和经济活动重新向纽约集聚也加剧了城市的环境压力，导致了纽约碳排放量不断增长。2005 年是纽约碳排放的历史最高水平，排放量为 5830 万 t。纽约的碳排放问题已然影响到了其在全球城市体系中的领导地位。

为保持纽约在全球的领先地位，营造良好的生活环境，推动纽约的可持续发展，2006 年底，纽约市长布隆伯格宣布了名为"规划纽约"（PlaNYC）的行动。该行动旨在减少温室气体排放、改善城市基础设施和环境状况，并关注气候变化减缓和适应以及绿色增长等多方面问题，是纽约迈向低碳发展与可持续未来的核心战略计划。同年，纽约还成立了长期可持续发展市长办公室（Mayor's Office of Long Term Sustainability），负责"规划纽约"计划的更新和发展。2007 年"规划纽约"行动提出了具体目标，要求整个城市 2030 年的温室气体排放量与 2005 年相比减少 30%，并发布了首份气候战略规划——《建设更绿色、更美好的纽约》。该规划以低碳建筑、可持续交通为战略核心，提出了提高城市建筑能效与大力发展公共交通是纽约低碳战略的基本宗旨，并详细阐述了纽约为推动建筑和交通减排所制定的战略目标和政策措施（图 6-3）。

1. 绿色建筑

纽约市政府依托发布绿色建筑计划与完善绿色建筑法规，推动了城市内私人建筑与公共建筑的节能减排，并逐步建立起了城市建筑节能服务体系。2009 年 12 月纽约市议

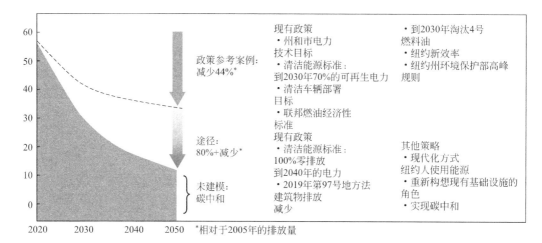

图 6-3　纽约市减碳示意图

会通过了绿色建筑计划，旨在强化对大型建筑的能效管理，控制城市大型建筑的碳排放。

为加快完善纽约绿色建筑法规，纽约市政府组建了城市绿色小组。城市绿色小组由纽约绿色法规工作团队组成（包括设计界和建筑界的 200 名专家），为纽约市的绿色建设提供专业意见。2007—2011 年纽约市低碳建筑建设主要进程见表 6-4。

2007—2011 年纽约市低碳建筑建设主要进程 表 6-4

政策	具体措施	主要进程	目标实现
确保关键性的地区的政策实施	采取一系列强制性、挑战和激励措施，减少城市最大能源消费者的能源需求	发布了更绿色、更美好的建筑计划,包含四项针对已建大型建筑的能源政策,该计划将提高能源消费的透明度,通过节能措施改善能效;推动美国公用事业委员会提出额外的能效资助计划;把"市长挑战"扩大到更多的大学、医院和剧院	通过了本地法律、建筑法规和能源法规
加强纽约能源和建筑法规	加强纽约法规和建筑法规的修订,支持城市能效战略和其他环境目标的实现	纽约绿色建筑委员会召开了城市绿色法规工作会议,超过 200 位建筑专家对绿色建筑法提出了建议;最终报告显示,与会专家提出了 111 项建议,政府正与相关机构、产业咨询委员会评估相关建议	实现了第一轮法规修订（2008年、2010年）
减少城市争锋的能源消费	承诺利用城市年度能源账单的 10%,为城市运营过程中的节能投资提供资金	能源储备委员会发布了减少城市能源消费,减少二氧化碳排放的规划措施。2007 年来已投入 2.8 亿美元,开展了超过 80 项的整修工程,每年节省了 280 万美元的能源成本	每年投入 8 千万美元用于改善城市建筑能效

2. 绿色交通

纽约市政府依托新技术，大力发展公共交通，提倡"零碳"出行方式，同时积极支持政府与私人车队改造动力能源，鼓励使用混合动力车和纯电动车。根据纽约市的规划，交通管理局（MTA，Metropolitan Transportation Authority）陆续部署了 500 辆纯电动巴士，2040 年所有运营的巴士都将使用清洁电力作为动力。

3. 智能电网

美国高度重视智能电网在低碳领域的作用。纽约的绿色交通行动建立在其发达的智能电网基础上。强大的智能电网为充电设施的大规模部署提供了有力的支撑，根据 2050 年碳中和的目标规划，纽约逐步淘汰了燃煤发电等高污染、高排放的电力来源，转而使用风电、核电和光电等清洁电力。截至 2021 年底，纽约市依托智能电网部署了 10000 个零碳排放汽车（ZEV）充电站，以此引导市民选用新能源汽车。

五、低碳城市经验总结

经过多年的发展，美国形成了政府利用政策法案引导、市场自发调节的总体减排模式，通过税收、财政补贴、碳交易等手段推动行政管制与市场机制相结合，共同推进减碳政策的执行。在这个模式下，美国形成了发展新能源、调整能源结构、创新负排放技术的碳减排路线，取得一定碳减排效果的同时获得了技术优势。然而共和党与民主党之间的执政理念差异导致美国部分减碳政策延续性较差，而减碳法案对美国碳减排起到了重要作用。从美国减碳政策的制定与实施过程中可以总结出以下经验。

（一）利用财政手段与市场机制推进企业层面的碳减排，推行"自下而上"的自愿减排模式

美国政府重视通过政企合作的模式来创新减碳技术，利用政府政策引导市场发展，提高市场积极性，获取技术优势从而维护美国的国际竞争优势。在政策执行过程中，美国政府采取了税收、补贴、金融等手段影响企业生产经营的成本，通过市场价格机制促使企业自愿开展创新活动以发展碳减排技术。

（二）注重技术创新，构建完整低碳技术体系，加快新技术的落地与应用

美国减碳政策在内容上以创新清洁能源技术为主线，分行业梳理低碳技术，重点在电力行业和工业领域，充分利用电气化、氢能源、生物质能源等配合 CCUS 技术逐步实现电力行业以及钢铁、水泥等工业领域的脱碳。在能源供应方面，深入研究推动天然气以及多种可再生能源的发展与应用，满足新能源需求。对基本成熟的技术推进商业化应用。对目前正在作示范的、成熟度尚未达到商业运用程度的技术，进一步推广，争取早日商业化。

（三）注重法律体系建设，加强长期规划

纵观各时期内美国减碳政策的变化，克林顿、奥巴马、拜登等民主党总统的减碳政策较为积极，而小布什和特朗普等共和党总统的态度则较为消极。党派执政理念之争导致美国减碳政策出现了明显的"钟摆效应"，这导致美国政策的连续性较差，无法产生更长期的效果。因此美国各项具有延续性的法案在实际上对长期碳减排工作的推动作用更强，例如《清洁空气法案》等法案推出后，即使政府换届使总统行政命令出现了反复，也令美国相关的碳减排工作得以持续推进，并取得一定的减排效果。

（四）因地制宜，探索低碳发展路径

美国低碳政策体系分为联邦和州两个层级。因此，美国的碳减排工作既有全国统一的目标规划（如2050年实现碳中和），也有适合地方的细分法律。各个州可以结合自身经济、区位等条件，发挥自身长处，也可以在联邦框架下与其他州合作，实现良性发展。

第七章 以人为本，科学规划
——新加坡"花园城市"的低碳转型

自 1968 年新加坡政府提出"花园城市"的建设目标以来，新加坡积极美化城市环境，推动生态文明协调发展。在"花园城市"的基础上，新加坡政府谋求将新加坡进一步打造成为低碳园林城市，新加坡开始了低碳转型的发展道路。本章主要介绍新加坡低碳城市建设的历程，通过对其低碳城市发展背景、低碳城市政策体系与低碳城市建设路径进行总结归纳，并以裕廊优秀城市实践为具体案例总结其低碳城市的建设经验，为我国未来低碳城市发展提供借鉴。

一、低碳城市发展背景

新加坡是一个面积仅有 728.6km² 的岛国，截至 2021 年 8 月，总人口达到 568.6 万。新加坡的资源与土地都十分稀缺，能源供应基本依赖进口，因此无法采用资源消耗型的经济发展模式。另外，随着经济社会的发展和人口的不断增长，有限的资源与持续发展之间的矛盾成了摆在新加坡面前的严重问题。特别是随着全球变暖趋势日益明显，作为平均海拔仅 15m 的岛国，新加坡对于节能减排、可持续发展的需求无疑是巨大的，在城市建设方面，集中体现在对于绿色建筑的高度重视和执着追求。

新加坡自 1965 年建立新加坡共和国以来便秉持低碳理念，将可持续发展纳入国家中长期发展规划。政府层面对城市的总体规划高度重视并确定了城市可持续发展目标和路径，实施产业转型升级计划、绿色发展蓝图和"智慧国家"计划。经过 50 多年的不断发展，新加坡不断提升本国的核心竞争力，促进城市经济、社会和环境的协调发展。2009年，新加坡推出《永续新加坡发展蓝图》。该蓝图提出了新加坡可持续发展的目标，以力求发展且将对资源和环境影响最小化为指导思想，既要保证未来经济和人口发展，又要不以牺牲环境为代价。2014 年，新加坡出台《2015 年永续新加坡发展蓝图》，它是 2009 年《永续新加坡发展蓝图》的延续。在该蓝图中，政府提出宜居而可爱的家、充满活力和可持续发展的城市、活跃而亲切的社区三大主题。接着在 2021 年又发布了《2030 年新加坡绿色发展蓝图》，为城市绿化、可持续生活和绿色经济各方面制定明确目标，希望推动公共领域、企业和个人在未来 10 年朝永续发展的目标迈进。

二、低碳城市政策体系

新加坡自其建国以来的治理历程，与低碳城市发展理念相吻合，新加坡堪称全球低碳生态城市发展的典范。在资源匮乏的背景下，新加坡用不到60年的时间成为知名的花园城市，并在低碳、绿色发展方面走在世界前列。如今，新加坡已成为全球第四大可持续发展市，在141个国家中被评为在碳排放领域表现最佳的20个国家之一。新加坡能够取得如此成就，很大程度上得益于政府部门发布的一系列有关低碳的政策与发展规划。表7-1为新加坡低碳政策框架体系的部分法规。

新加坡低碳政策框架体系部分法规 表 7-1

政策名称	政策英文名	发布部门	政策类别	发布时间
《建筑控制法》	*Building Control Act 1989*	建设局	碳调控政策	1989
《环境保护和管理(车辆排放)法规》	*Environmental Protection and Management (Vehicular Emissions) Regulations*	—	碳调控政策	1999
《电力法》	*Electricity Act 2001*	新加坡能源市场管理局	碳调控政策	2001
《建筑控制(环境可持续性)条例》	*Building Control (Environmental Sustainability) Regulations 2008*	建设局	碳调控政策	2008
《2012年节能(符合燃油经济性和车辆排放要求的机动车)令》	*Energy Conservation (Motor Vehicles Subject to Fuel Economy And Vehicular Emissions Requirements) Order 2012*	交通部	碳调控政策	2012
《气候行动计划2020》	*Singapore's Climate Action Plan 2020*	—	碳调控政策	2016
《资源可持续性法案》	*Resource Sustainability Act 2019*	国家环境署	碳调控政策	2019
《绘制新加坡低碳和气候适应型未来》	*Charting Singapore's Low- carbon And Climate Resilient Future*	气候变化委员会(IMCCC)	碳调控政策	2020
《新加坡绿色规划2030》	*Singapore Green Plan 2030*	教育部、国家发展部、永续发展与环境部、贸工部和交通部	碳调控政策	2021
《陆路交通总体规划》	*Land Transport Master Plan 2040*	新加坡陆路交通管理局	碳调控政策	2022
《碳定价法案2018》	*Carbon Pricing Act 2018*	国家环境署	绿色金融政策	2018
《绿色金融行动计划》	*Green Finance Action Plan*	新加坡金融管理局	绿色金融政策	2019
《实施环境风险管理手册》	*Handbook on Implementing Environment Risk Management*	新加坡金融管理局	绿色金融政策	2021
《金融机构气候相关披露文件》	*Financial Institutions Climate-related Disclosure Document*	新加坡金融管理局	绿色金融政策	2021
《培育绿色金融解决方案白皮书》	*Fostering Green Finance Solutions White Paper*	新加坡金融管理局	绿色金融政策	2021

政策名称	政策英文名	发布部门	政策类别	发布时间
《ABS 环境风险问卷指南》	*Guide to the ABS Environment Risk Questionnaire*	新加坡金融管理局	绿色金融政策	2022
《电网输电定价》	*Power Grid Transmission Pricing*	新加坡能源市场管理局	市场培育政策	2002
《电力自给政策》	*Policy on Self-supply of Electricity*	新加坡能源市场管理局	市场培育政策	2008
《2013 年节能（交通设施运营商能源管理实践）条例》	*Energy Conservation（Energy Management Practices for Transport Facility Operators）Regulations 2013*	交通部	市场培育政策	2013
《2013 年节能（交通设施运营商）令》	*Energy Conservation（Transport Facility Operators）Order 2013*	交通部	市场培育政策	2013
《2013 年节能（可注册公司）令》	*Energy Conservation（Registrable Corporations）Order 2013*	环境和水资源部与国家环境局	市场培育政策	2013
《2013 年节能（能源管理实践）条例》	*Energy Conservation（Energy Management Practices）Regulations 2013*	环境和水资源部	碳监管政策	2013

（一）绿色建筑政策

为了更好地提升建筑的能效标准，新加坡政府出台了多项举措，比如在 2006 年制定的绿色建筑发展计划中将设定建筑最低能效标准作为一项重要战略计划，同时在 2008 年修订了《建筑控制法》（*Building Control Act*）并增加"建筑能耗"的相关要求。此外，为了适应新形势的发展和需要，新加坡当局不断更新评价标准、完善评价体系、提升绿色建筑的性能要求。截至 2017 年，新加坡的新建住宅建筑与新建非住宅建筑评价标准已经更新了 4 次，并且每次更新都服从于该阶段的绿色建筑发展计划的主题。比如，新加坡在 2006 年推出第一个绿色建筑发展计划，该计划主要关注新建建筑，出台了不同类别的新建建筑评价标准。在 2009 年推出第二个绿色建筑发展计划，该计划尤其关注既有建筑，在既有建筑的更新方面制定了很多政策，出台了 3 个版本的既有建筑绿色建筑评价标准。

新加坡政府十分重视激励性政策在促进绿色建筑发展过程中产生的重要作用。为了弥补开发商在投入绿色建筑开发过程中产生的增量成本，鼓励开发商积极开发绿色建筑，新加坡建设局在 2006 年最初颁布绿色建筑发展计划时，就推出了一个 2000 万新币的新建建筑绿色认证激励计划（GMIS-NB，Green Mark Incentive Scheme for New Buildings）。若新建建筑通过绿色认证并取得新加坡绿色建筑认证级标识，开发商就可以得到政府的奖励。该政策是新加坡第一个积极响应绿色建筑发展计划的措施，意在鼓励发展新建绿色建筑，体现了激励性政策工具对政策目标的支持作用。

（二）碳调控政策

为实现《巴黎协定》中新加坡的 2030 年气候承诺，新加坡在各行业推行相关政策以降低碳排放。在碳调控政策方面，新加坡政府 2016 年发布的《气候行动计划 2020》从环境角度出发为应对气候变化计划建立起应对气候、资源以及经济的弹性，实现适应气候的未来愿景实施了一套全面的跨所有部门的减少碳排放的战略措施。2020 年气候变化委员会（IMCCC）发布《绘制新加坡低碳和气候适应型未来》，在工业、经济、社会三大领域作出改变，为迈向低碳未来规划了重要的下一步；2021 年教育部联合国家发展部、永续发展与环境部、贸工部和交通部多部门共同颁布了《新加坡绿色规划 2030》，在城市绿化、可持续生活和绿色经济等方面制定明确目标，希望推动公共领域、企业和个人在未来 10 年朝永续发展的目标迈进。

（三）绿色金融政策

2019 年新加坡金融管理局发布《绿色金融行动计划》，该计划详细说明了新加坡的绿色金融愿景与发展战略；接着在 2021 年又接连发布了一系列文件，《实施环境风险管理手册》旨在帮助金融机构评估、监测、缓解和披露环境风险，《金融机构气候相关披露文件》通过四个关键举措帮助加快绿色金融的发展，《培育绿色金融解决方案白皮书》旨在解决发展和加速可持续融资的方式的问题。这三个文件都是新加坡绿色金融愿景战略的组成部分，从不同角度出发增强金融部门对环境风险的抵御能力。

（四）市场培育政策

《2013 年节能（交通设施运营商能源管理实践）条例》对有关交通设施经营者登记、交通设施运营商的能源管理实践进行了说明，并提到了能源使用定期报告以及能效提升计划；《2013 年节能（交通设施运营商）令》对机场服务经营者、陆路运输经营者、港口经营者作为运输设施经营者进行了声明。这两个法案是对交通设施运营领域的市场主体进行规范。《2013 年节能（可注册公司）令》对能源商品进行了定义，确定了公司注册发团的资格。

（五）碳监管政策

《2013 年节能（能源管理实践）条例》提及了注册公司的能源管理系统（能源审查、标准制定、绩效评估），能源效率机会评估（评估的方法、过程、评估报告要求），加强了对注册公司的能源管理监管。

三、低碳城市建设路径

（一）交通：推进清洁能源使用，构建新型交通网络

为实现碳达峰和碳中和的愿景目标，新加坡在交通领域作出重大了转型，并提出"实现私家车零增长""90％的高峰时段出行由'走骑搭'模式完成""2040 年所有车辆使用清洁能源"的具体目标。

1. 车辆能源结构升级

2001 年，新加坡出台了绿色汽车退税计划，以鼓励绿色汽车的发展。2012 年，新加坡又出台了新的汽车碳排放计划，取代绿色汽车退税计划，为低排量新购汽车、出租车和低碳排放进口二手车提供相应折扣，而对于高排放车辆实行高额附加费。此外，新加坡还实施先进的交通组织管理，通过影响驾车者的驾驶习惯，使其改变出行的时间，重新选择路线、交通工具，乃至放弃出行。此外，新加坡积极推行零碳交通，大力提倡居民使用自行车，同时积极建设自行车停车设施。截至 2017 年，新加坡交通排放量约占新加坡全国排放量的 15.2%，其中私家车在陆地交通排放量中所占比例最大。2022 年更新的《环境保护和管理（车辆排放）》对车辆尾气及噪声排放限定了严格标准，并制定了相应的处罚措施。另外通过车辆配额制度和道路定价，一些措施取得成效，限制了车辆的购买和使用，以及私家车和摩托车的增加。

除此之外，新加坡政府积极推进新能源汽车产业发展。计划在 2040 年前逐步淘汰燃油车，计划从 2030 年起，要求所有新注册的汽车必须是清洁能源车型。为了支持电动汽车的发展，新加坡不断完善有关基础设施部署，新加坡陆路交通局（LTA）将重点关注四个领域——车辆税和激励措施、法规和标准、电动汽车充电器部署和行业合作伙伴关系，计划把电动汽车充电点的目标增加一倍以上，并推出了退税和附加费制度，鼓励购车者购买低排放汽车，最终实现让所有车辆都使用更清洁的能源。

2. 公共交通网络建设

新加坡一方面严格限制私人汽车的购买和使用，同时又大力发展公共交通。新加坡政府很早就意识到，需要大力发展公共交通。目前，新加坡已建成以地铁和轻轨为主动脉，公交车和出租车为毛细血管的公共交通网络。据统计，公共交通流量占新加坡居民市内出行交通流量的 60% 以上，高峰期更是在 70% 以上。

在交通网络方面，增加公共交通联运份额是新加坡减少排放的关键战略。新加坡陆路交通管理局发布了《Land Transport Master Plan 2040》，到 2040 年，新加坡计划建立走-骑-搭（WCR，Walk-Cycle-Ride）交通计划，包括主动流动性以及公共和共享的交通方式，作为首选的旅行方式。所有使用 WCR 交通方式前往最近的社区中心的时间将不超过 20min，而在 WCR 交通模式的高峰期，如家庭和工作场所之间的通勤时间，将在 45min 内完成。为此，新加坡政府不断扩大和改善交通基础设施，加快构建便捷、通达、快捷的交通网络，并鼓励更多的人采用 WCR 交通模式，使得公共交通成为首选的交通方式，促使居民出行从私人交通转向公共交通，进一步减少车辆碳排放。

为提高铁路可靠性并建设更方便的通勤基础设施，新加坡正在扩大铁路系统，以支持不断发展的社区并提高交通的连通性以支持一个少车的国家。其目标是到 2030 年将铁路网络扩大到约 360km。这意味着在 10min 内将 10 个家庭中的 8 个连接到火车站，以使通勤更加方便和简单。

3. 科学规划交通体系

由于土地资源紧缺，人口密度高，新加坡政府特别注重将公共交通枢纽与建筑开发综合规划，并着力借此整合各类公共交通方式，建设起了大量堪称全球典范的综合性公共交通枢纽。其具体做法是：在地铁站点周边大量进行高密度、高强度的住宅和商业混合开发；通过枢纽站对交通实施有效组织；交通设施体现多种功能的整合，为乘客提供多功能的服务。科学合理的城市交通规划设计,既方便了居民日常生活,同时又降低了出行需求。

(二)能源:推动能源合理布局,提高效率降低排放

新加坡的土地面积有限,城市密度高,土地相对平坦,风速低,地热资源匮乏。因此,利用水力、风能、地热或核能等替代能源发电十分重要。由于新加坡占地面积小,因此其具有密集的城市景观,其中不仅要容纳住房和商业枢纽,还要在城市范围内容纳发电厂、水库、航空和海港以及工业用地等。不同用途的土地间的用地权限竞争极大地限制了新加坡的发展。由于新加坡电能主要来自于其他形式能量的转换,而电能自身也可以转换成其他形式的能量,因此新加坡政府正在努力建设完善的电网。

新加坡对可持续能源未来的愿景不仅建立在过去和现有努力的基础上,而且还考虑了未来的可能性,使电网显著脱碳。在其提交的长期低排放发展战略文件《描绘新加坡低碳和适应气候的未来》中指出:将利用"天然气""太阳能""区域电网"和"新兴低碳替代方案"4个供应开关(图7-1),以及提高能源效率,加快本国的发展能源转换。

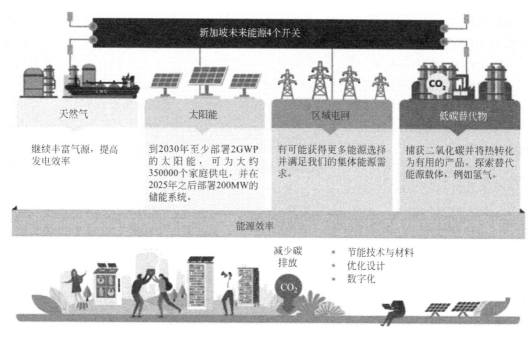

图 7-1　新加坡未来能源的 4 个开关

1. 天然气

由于从传统的化石燃料发电转向开发和扩大替代能源选择需要时间,天然气在不久的将来将继续成为新加坡的主要燃料。

(1)探索燃烧减排方法,确保能源稳定供应

新加坡继续探索减少发电用天然气燃烧排放的方法,并确保能源供应在未来保持弹性。

(2)提供能源专项拨款,促进相关技术升级

新加坡将继续鼓励发电公司升级其系统和技术,以提高发电效率。政府发起了能源效

率拨款呼吁，以鼓励发电公司投资于节能设备或技术，以减少其碳排放。随着现有的燃气轮机的退役，新加坡也将鼓励部署更先进和高效的燃气轮机。

（3）拟建液化天然气基础设计，减少邻国能源依赖

新加坡建造了一个液化天然气（LNG，Liquefied Natural Gas）终端，并于2013年开始运营，使天然气来源多样化，提高了能源安全，为了确保天然气供应更有弹性，液化天然气终端除了提供管道天然气（PNG，Pipeline Natural Gas）供应外，还可以在全球范围内获取天然气。政府还发布了一份声明，以确定潜在的技术、商业模式和在需要时部署海上液化天然气终端的地点。

2. 太阳能

太阳能仍然是新加坡最可行的可再生能源选择。近年来，太阳能发电的装机容量呈指数级增长。政府正在采取积极措施，以支持更多地使用太阳能。首先，新加坡政府的努力包括完善监管框架和简化法规的遵守门槛，使太阳能公司更容易向电网出售多余的太阳能电力；其次，推行太阳能诺瓦方案（The Solar Nova Programme），方案还包括在公共部门建筑和空间中部署太阳能设备的需求，从而促进新加坡太阳能增长，并提升太阳能产业发展的能力；此外，政府正积极投资研发和测试新型太阳能设备，以提高太阳能光伏和相关技术的效率和降低成本。到2030年，新加坡政府的目标是部署至少2000MW的太阳能。

3. 区域电网

新加坡正在进行探索，利用区域电网获取具有成本竞争力的能源，并满足对气候保护的义务，同时确保能源供应的持续性。努力实现新的双边力量与邻近系统的贸易安排，以及区域安排，如老挝—泰国—马来西亚—新加坡电力集成项目。东盟电网的长期愿景——东盟成员国的自由交易电网——将加强区域能源连接、贸易与合作。东盟内部更强的电网互联也将有助于该地区实现2025年将可再生能源的能源结构占比提高到23%的目标，并且新加坡可从该地区获得绿色电力。

4. 低碳可替代物

新加坡正在研究采用几种有前途的低碳技术，包括CCUS和低碳氢。这些技术可以使电力部门以及其他部门显著地脱碳。

（三）建筑：制定"绿色建筑"标准，注重"以人为本"

作为一个高度城市化的国家，建筑碳排放是新加坡总碳排放的主要来源之一，2017年建筑行业排放量占总排放量的14.6%。因此，绿化建筑是减少新加坡整体长期排放的一个组成部分。

1. 绿色建筑建设制度

为了减少建筑碳排放，新加坡建筑及建设管理局（BCA）于2005年1月推出绿色标志计划，旨在推动新加坡建筑业向更环保的方向发展，并提高开发商、设计师和建筑商的环境意识。随着法律文件的不断推出完善，基准测试方案的覆盖范围从项目的概念化和设计，一直扩展到它的建设甚至运营（表7-2）。

现有的建筑物监管要求 表7-2

类型	规范	生效时间
立法文件	《建筑控制法》(第29章)(参见第ⅢB部分——现有建筑的环境可持续性措施)	2012年12月1日
	《2013年建筑控制(现有建筑的环境可持续性措施)条例》	2014年1月2日
	《2016年建筑控制(现有建筑物的环境可持续性措施)(修订)条例》	2017年1月2日
	《现有建筑环境可持续性措施规范(1.1版)》	2017年1月2日
	《既有建筑环境可持续性措施规范(第二版)》	2019年4月1日
	《既有建筑环境可持续性措施规范(第三版)》	2022年6月1日
设计阶段提交的信息	设计及竣工评分预约及授权表	2014年1月2日
	冷水机组效率计算(水+空气)工作表	
	设计分数申请表	
	设计分数申报表	
竣工阶段提交的信息	竣工分数申请表	2014年1月2日
	竣工分数申报表	

另外，新加坡政府高度关注与产业界和学术界的密切合作，一方面建立了绿色建筑创新集群（GBIC，Green Building Investment Conference）项目，以资助建筑环境部门和研究界之间的环境可持续建筑的合作研究，另一方面启动了共同开发的超低指数能源建筑项目，并建立超低指数能源建筑智能中心（图7-2）。建筑方案鼓励在建筑环境部门部署具有成本效益、节能和可再生能源的解决方案。这也将鼓励开发更多的零能源建筑，产生与建筑能耗同样多的电力，或者开发产生剩余电力的正能源建筑，剩余电力可以注入电网。

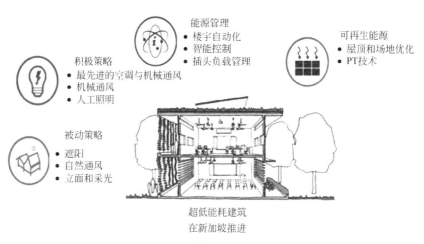

图7-2 超低能耗建筑的特点

《气候行动计划2020》中提到在建筑部门内，数据中心是大量能源消费的源头，新加坡信息通信发展局（IDA，Infocomm Development Authority of Singapore）正采取措施以鼓励能源效率在设计、运行以及数据中心的管理。这个包括绿色数据中心标准（新加坡标准564），数据中心的绿色标志能源投资补贴方案和绿色建筑数字认证平台。这套方案在数据中心项目研究、开发以及运维方面有很高的影响力。

2. 绿色建筑激励机制

自20世纪90年代以来，世界各国都发展了各种不同类型的绿色建筑评估系统，新加坡紧随世界潮流，于2005年1月起开始推行绿色建筑标志认证计划。根据评分高低将建筑分为认证级（合格）、金奖、金＋奖、白金奖四个等级，其中认证级为最低要求。达到金奖以上等级政府给予一定的物质奖励。为此，政府每年提供2000万新元作为奖励资金。对达到金奖等级的建筑每平方米给予3新元奖励，金＋奖等级的每平方米给予5新元奖励，白金奖等级的每平方米奖励6新元。业主于设计阶段即可提出绿色建筑标志认证申请，建设局根据其设计图纸即可作出认证，以鼓励和引导业主按照绿色建筑的要求进行设计、施工以及用能管理。业主借认证标志提升其建筑品位，并将其作为营销的策略。绿色建筑标志认证每三年复查一次，凡不合格的将予以撤销。

新加坡在绿色建筑建设方面，已经过了试点与示范阶段。通过两年多来的试点，共有62个建筑通过绿色建筑标志认证，根据BCA的计划，在未来10～15年内，要达到现有建筑，包括新建建筑和既有建筑的能耗降低25％的目标。这标志着新加坡的绿色建筑建设已全面启动，并逐步进入强制性认证新阶段。

为推动绿色建筑建设全面展开，新加坡政府与所有利益相关者合作，包括开发商、建筑业主、建筑环境专业人士和公众，共同创建新加坡2020年绿色建筑总体规划（SG-BMP2020，Singapore Green Building Master Plan 2020）。除了传统的行业利益相关者，如行业协会和商会，BCA还将吸收其他团体，包括租户、购房者、青年和活动人士，参与SGBMP2020的发展。SGBMP2020下的关键举措之一是审查建筑的最低能源性能标准。政府计划在未来几年提高新建筑和现有建筑的最低能源性能标准。提高建筑的能源性能将降低排放，也会使建筑业主在建筑生命周期中节约成本。

3. "以人为本"的建筑理念

新加坡在绿色建筑领域取得了世界瞩目的成就，它的成功很大一部分得益于在绿色建筑实践中处处体现"以人为本"，努力营造理想的人居环境，获得了民众的认可以及广泛参与。

为了实现共享，新加坡大部分建筑不设围墙，对外开放。对一些公共建筑更是采取了一种多功能复合、社区友好的共享建筑模式。新加坡将立体绿化作为绿色建筑的重要评价指标。2009年，政府又提出"打造绿色都市和空中绿化"计划，对一些重要区域的建筑作出立体绿化的强制性要求。新加坡当代绿色建筑的实践在传承传统建筑生态智慧的基础上，用现代建筑的语汇结合现实的功能需求进行转译，呈现出鲜明的地域特色。

在新加坡最新推行的绿色建筑总体规划（SGBMP，Singapore Green Building Master Plan）中新增了"健康与智能建筑"指标，表明智能化成为新加坡未来绿色建筑发展的重要目标之一。新加坡绿色建筑采用先进的智能技术，一方面进行能源管控，另一方面实现建筑的个性化和人性化管理，以提高公众对智能服务的获得感。例如在新加坡榜鹅北岸社区，居民们可以通过移动应用设备随时随地控制家中大部分的电器。同时，新加坡建筑师利用现代预制装配技术，提供灵活的室内空间，由居民自己规划生活区域，或让居民自主选择部分的建筑构件，例如立面上的种植箱、遮阳设施等。

（四）工业：依靠技术进步，实现能源提效

工业部门是新加坡经济增长的一个关键引擎，其工业不仅服务于本国市场，更是为了满足全球市场的需求。2017年，工业行业排放量约占排放总量的60%，且工业行业中最主要的排放来自炼油和石化部门的化石燃料的燃烧。提高能源效率仍将是减少工业行业排放的关键战略（图7-3）。

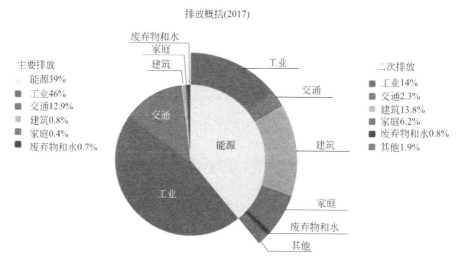

图7-3 新加坡2017年碳排放概况 总排放量：~52MtCO$_2$e

为推行能源提效战略，新加坡将研究技术的进步如何帮助推动工业过程中的长期脱碳。由于没有能源成本补贴，而且实行全经济范围的碳排放税，所以企业被鼓励明智地使用能源，并采用节能技术。政府通过赠款和其他政策工具促进节能技术的采用，以帮助企业克服高前期资本投资和其他非市场障碍，以获得更长期的能源和降低碳排放。例如，政府设立了能源效率基金（E2F），能源资源效率赠款可支付设备、材料和消耗品、技术软件和专业服务的费用。为了进一步提高工业设施的活力，2019年，对这两项计划的资金支持的上限从30%提高到50%。准确监测能源消耗情况，有助于企业发现提高能源效率的机会。2019年10月，政府在E2F计划下启动了一项新的拨款，以鼓励企业采用能源管理信息系统。这些系统可以帮助企业使用实时数据更准确地监测和分析他们的能源使用情况，以确定性能差距和改进的机会（图7-4）。

2013年新加坡颁布了能源保护法（ECA），作为新加坡第一部针对企业的工业能源立法框架，它引导企业改进能源使用效率与管理。ECA的实施要求企业在新兴产业的发展以及能源密集型企业的扩张时，将能源使用效率评估加入技术与经济可行性分析中。2021年起，受ECA监管的企业需要形成一个结构化的能源管理系，并且被要求进行定期评估，以确保其在工业设施上提升能源使用效率的成效。

（五）金融：建立适应环境风险的金融体系，助力绿色金融发展

金融是开启全球可持续发展未来的关键，也是促进向绿色、低碳经济过渡的一股重要

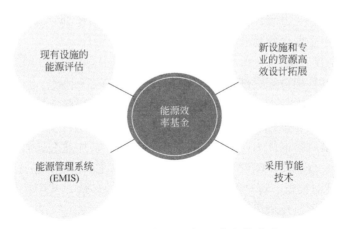

图 7-4　能源效率基金对工业部门的激励

力量。新加坡支持金融部门为绿色经济调动全球资本，并将其用于在绿色企业、技术和基础设施方面的新投资，从而在减少排放的同时创造就业和增长机会，新加坡致力于成为亚洲和全球的绿色金融中心。

新加坡金融管理局（MAS）为本国金融发展提供了主要推动力。2019 年 11 月，新加坡金融管理局启动了绿色金融行动计划（Green Finance Action Plan），该计划详细说明了新加坡的绿色金融愿景与发展战略，并提出了绿色金融发展的 4 个主要支柱：增强抵御环境风险的能力建设、发展绿色金融资金调动能力、有效利用绿色金融科技、增强绿色金融框架建设。在该计划出台后，新加坡金融管理局又在 4 个方面推动绿色金融发展，其中包括通过可持续债券资助等举措为绿色项目调动资金，通过为金融机构提供分类法等绿色金融框架的方式加速绿色金融发展，提供能力建设，促进金融科技融入绿色金融发展等（图 7-5）。

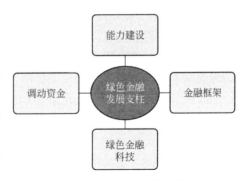

图 7-5　新加坡绿色金融发展支柱

1. 调动资金

新加坡政府近年通过 3 项主要举措为绿色项目调动所需资金。早在 2017 年，为了刺激绿色债券市场发展，新加坡金融管理局就发布了有效期至 2023 年 5 月 31 日的可持续债券资助计划。可持续债券的发行人可以使用债券资助款来支付外部审查的早期费用，赠款最多可达到 10 万美元。自此资助计划实施以来，新加坡已发行了价值 80 多亿美元的绿色、社会及可持续债券，支持了一系列有影响的项目，如可再生能源项目、提高建筑能效项目。此外，在 2019 年，新加坡金融管理局还宣布设立总额 20 亿美元的绿色投资计划（GIP），旨在投资绿色公共市场。这些资金交由资产管理公司管理，他们致力于推动新加坡及其以外的区域绿色发展，协助新加坡金融管理局实施绿色市场发展及环境风险管理等其他绿色金融举措。该计划帮助推进环境可持续项目，降低新加坡及区域气候变化风险。

新加坡还出台了绿色及可持续性挂钩贷款津贴计划（GSLS），该计划自 2021 年 1 月 1 日起生效，是世界范围内此类计划的首次尝试。该计划帮助为寻求绿色贷款的各种体量和不同行业的企业支付第三方绿色贷款认证费用；它还鼓励银行确立与绿色、可持续挂钩的贷款框架，使得中小企业更容易获得绿色融资。

2. 绿色金融制度框架

在绿色金融制度框架方面，新加坡制定了《环境风险管理准则》《绿色分类法》《环境风险管理手册》《金融机构气候相关披露文件》等各类绿色金融文件，通过这些举措贯彻落实绿色行动计划、完善绿色金融制度框架。新加坡绿色金融行动计划的一个关键目标是加强金融业抵御环境风险的能力。为此，2020 年 12 月，新加坡金融管理局发布了《银行风险环境管理指引》（ENRM Guidelines，Guidelines on Environmental Risk Management for Banks），一套针对银行、资产管理公司及保险公司的环境，其中指明了金融管理局在治理和战略、风险管理及环境风险信息披露 3 个关键领域的期望。自 2021 年第二季度起，新加坡金融管理局将推动金融机构实施环境风险管理准则，并计划在 2022 年 6 月前完成准则的实施。

此外，作为绿色金融行动计划所概述的绿色金融战略的一部分，新加坡金融管理局召集了一个绿色金融行业工作组（GFIT），它是由金融机构、企业、非政府组织和金融行业协会代表所组成的行业主导小组，主要任务是通过制定《绿色分类法》、加强金融机构环境风险管理实践、改进环境相关风险披露、促进绿色金融解决方案实施等 4 项关键举措加速新加坡绿色金融发展。2021 年 1 月，该工作组为设立在新加坡的金融机构提出了《绿色分类法》，以鉴别哪些是绿色或向绿色转型的活动。与其他分类法相比，新加坡本次提出的分类法的最大特点是将向绿色转型的活动也囊括在内。该分类法参考了国际优秀实践，并将其加以改进，使之更适应亚洲环境。金融行业工作组将在下一阶段的工作中根据所获得的相关反馈为各类活动制定原则标准及量化阈值。

除绿色分类法外，特别工作组还同时发布了环境风险管理手册，以作为金融管理局《银行环境风险管理指引》（ENRM Guidelines）的补充。该管理手册适用于各类规模的金融机构，旨在促进环境风险管理准则 ENRM Guidelines 在治理和战略、风险管理实践及环境风险信息披露 3 个关键领域的实施与运作。手册涵盖了管理准则中提到的各个主题，并为行业协会将展开的深层能力建设奠定了基础。该手册还提供了具体应用环境风险管理准则（ENRM）的指南，以及环境风险管理的一些优秀实践，并给出了最佳信息披露实践的案例。

2021 年 5 月，为了加快绿色金融发展，金融行业工作组发布了《金融机构气候相关披露文件》（FCDD，Financial Institutions Climate-Related Disclosure Document）。该文件采纳了金融稳定理事会气候相关财务信息披露工作组（TCFD）的建议，强调了一些优秀的环境信息披露实践，以帮助金融机构加大气候披露的力度。该文件分为 3 个部分，各部分分别服务于银行业、保险公司和资产管理部门，同时根据各个部门的不同情况提出了不同的解决方法。对每个部门，该文件都依照气候相关财务信息披露工作组（TCFD）的框架给出了治理、战略、风险管理、指标和目标 4 个大方面的建议以及 11 条信息披露方法建议，同时每一项信息披露建议都分为 3 个报告成熟度等级，为金融行业气候披露提供了有效途径。

除了该气候相关披露指导文件外，工作组还发布了帮助银行评估绿色贸易的指导框架，在这一框架下，汇丰银行和大华银行已开展了可再生能源、回收再利用、农业及农业活动等方面的 4 项试点绿色金融贸易交易，以支持企业绿化其供应链。另一项绿色金融文件是关于房地产、基础设施、基金管理和转型部门的绿色金融规模升级的白皮书，该文件为这些行业的绿色金融发展提供了指导建议，并规划了发展绿色金融的方向，如建立绿色证券化平台以扩大区域可持续基础设施投资、扩大转型债券和贷款在航运及油气和汽车部门的使用等。在下一阶段的工作中，工作组将与各个行业协会、金融机构及企业合作，优化及实施文件中所提出的各项建议。此外，2020 年 10 月，新加坡管理大学（SMU）设立了新加坡绿色金融中心（SGFC），该机构受到新加坡金融管理局的支持。

四、低碳城市最佳实践

裕廊地区位于新加坡的西部。在过去，它曾经是一个红树林沼泽，像新加坡的许多地方一样，被橡胶种植园所覆盖。新加坡政府从一开始就将裕廊定位为全面发展的综合型工业区，从 20 世纪 60 年代开始，这一地区的工业化保证了许多工人的工作与生活。多年来，这个地区已经演变成一个有吸引力的居住、工作和玩耍的地方。但是作为新加坡西部的工业区，裕廊在工业化发展过程中也遇到了土地资源缺乏、工业污染等问题，为了从传统工业区蜕变成为先进制造业的工业区，裕廊不断在低碳建设上发力。

1. 前瞻规划

当地政府投入了大量资金建成完善的环保基础设施。从一开始就做好土地规划，找好发展工业的合理地址；同时确保有足够的土地来进行环保基础设施建设，如排水设施、垃圾收集和处理设施等，要把环保措施作在前面，规划好工业区与住宅区之间的缓冲区。根据地理环境的不同，靠近市区的东北部规划为新兴工业和无污染工业区，重点发展电子、电气及技术密集型产业；沿海的西南部规划为港口和重工业区；中部地区为轻工业和一般工业区；沿裕廊河两岸则规划住宅区和各种生活设施。此外，开始规划时就有计划地保留了 10％土地用于公园和风景区建设，现已建成十多个公园，包括世界著名的飞禽公园、中国式公园、森林公园等（图 7-6）。裕廊岛因此成为风光别致的工业区兼旅游区，被称为"花园工业镇"。裕廊岛在详细审核工业用地申请时，要求工厂只能建在工业用地内，推行无污染科技，尽量减少使用化学药品及产生废料等。

2. 低碳交通

在裕廊东的裕廊湖区，为了实现"步行＋自行车"绿色出行方式占 90％市场份额的目标，将规划一个综合的公共交通网络，预留更多空间给行人和自行车。到 2035 年，该地区将有 4 条地铁线路服务，居民、就业人士和游客可以更快速便捷地到达岛上其他地区，并直达中央商务区（CBD，Central Business District）、樟宜机场和裕廊创新区。

关于裕廊创新区地铁，到 2035 年西部将有 6 条地铁线，将更多居民连接到工作、商业和休闲区。规划的裕廊东综合交通枢纽站也将方便出行者在各交通方式间转换，提升地区出行能力。

绿色出行方式方面，新的出行方式将使西部通勤更容易，如 11km 长空中走廊——联系裕廊西附近和登加镇（图 7-7），过境优先走廊——沿着裕廊运河，联系登加镇与裕廊湖区两个"减少用车"区，将现有 J-Walk 网络扩展至更多开发项目。

图 7-6　新加坡裕廊湖公园

图 7-7　空中走廊

3. 绿色建筑

"盛裕园区"是盛裕控股集团的新全球总部，它已发展成为亚洲大型的城市和基础设施咨询公司之一。它位于新的裕廊创新区，这是新加坡的下一代区，以促进企业、学习和生活创新的未来。到 2021 年完成后，将为世界呈现一个 $68915m^2$ 的智能、可持续和面向未来的工作场所。

位于裕廊湖区的商务城——"鹏瑞利商务城"（Perennial Business City）推出新加坡首个可持续能源即服务（EaaS，Energy-as-a-Service）概念，将成为首个采用可再生能源运作的可持续超低能源大厦。

商务城将利用太阳能发电，最大限度地利用新加坡稀缺的可再生资源，并减少商务园的净碳足迹。商务城的屋顶将安装 1800 多块太阳能电池板，每年可产生约 1200MWh 的电力，相当于可为约 300 个四房式组屋供电。这些太阳能板每年减少约 500t 的碳排放。鹏瑞利商务城总共有超过 100 万平方英尺（约 9.3m²）净可租用楼面，当它在 2022 年开始营运时，大厦总能耗预期将减少 40%。

4. 利益捆绑

鉴于规模扩张和几十年来的逐步发展，裕廊面临的挑战在于如何组织和协调能够在短期和长期内产生切实影响的场所营造工作。该地区的不同利益相关者也有许多不同的利益和优先事项。适合裕廊的合作伙伴关系和模式将随着时间的推移而发展。2019 年，市区重建局（URA）发起了一个由多个合作伙伴组成的非正式网络，其中包括公共、私营和人民部门，已开始尝试发展潜在的合作伙伴关系和平台，以激励利益相关者找到协同作用和优先的事项，专注于塑造裕廊。在可持续发展方面拥有共同利益的利益相关者，如国家公园委员会、食物景观集体（Foodscape Collective）、大胆工作（Bold At Work）和国家图书馆委员会，也定期发起关于可持续生活的社区对话。

五、低碳城市经验总结

新加坡建国至今几十年，如今已被誉为"花园城市"，新加坡目前的建设发展有力地证明了它在低碳践行方面走在正确路径上，新加坡经验可以概括为以下几点。

（一）科学布局管理，发展公共交通

城市规划布局决定着居民日常活动的交通需求，要真正实现低碳交通，首先应该从源头入手，将交通规划与城市布局结合起来，强调交通规划与城市布局的协调发展。应充分借鉴新加坡成功经验，逐步建立起紧凑化、多中心的空间结构，进行公共交通和土地利用的联合开发，对公共交通站点或枢纽周围的土地进行高强度的开发，减少潜在交通需求。同时还应尽量避免单一、巨型化的功能区，建设功能复合的公共服务设施和商业设施。同时我国城市交通管理部门应该逐步树立"货运物流化、交通智能化、系统信息化"的理念，建立实时、高效的智能交通系统，不断提高交通运输的组织管理及服务水平，确保交通资源集约利用，减少能源消耗和温室气体排放，进而实现低碳交通的发展目标。

公共交通具有低碳、节能优势，优先发展城市公共交通是降低能源消耗、减少占地、方便居民出行的重要途径。要实现低碳交通目标，就必须大力发展公共交通，构筑完善的公共交通网络，大幅度提高公交分担率。一是要进行优先投资，确保优先行驶；二是要进一步提高公共交通服务水平，提高公交线网密度、公交运行准点率和运营效率，合理布局公交线路网，缩短候车时间等；三是加大并完善全国轨道交通使用率，用舒适的方式吸引居民低碳出行。

（二）围绕"以人为本"，发展绿色建筑

新加坡绿色建筑的"以人为本"实践强调关注人的身心健康。"蓝绿"生态元素提升空间品质、提供多样的室外活动空间，有益于人"身"的健康；而便利的生活、友好的社

会交往、良好的视觉体验，则关注人"心"的健康。新加坡绿色建筑的"以人为本"实践还特别强调作为使用主体——"人"的感知度和参与度。其设计策略包括了独特新颖且美观的建筑造型，满足人对于美的追求；人性化与个性化的设计使绿色建筑更能读懂人心；多渠道鼓励全民共同构建美好家园，这些都有利于绿色建筑在民众中、在市场中推广，从而良性与永续地发展，值得中国学习与借鉴。

（三）培养低碳意识，实现全民低碳

进入 21 世纪以来，新加坡的生态环境建设开始从环境权威主义向环境民主转变，在各项政策的制定与实施过程中都十分强调公众参与，以应对生态环境建设的艰巨性与持久性。新加坡作为一个国家，将通过政府机构、个人、企业和社区的集体努力，采取低碳行动。在可持续发展事业上的共同努力，旨在确保新加坡为当代和子孙后代创建一个充满活力和宜居的城市。然而，没有一个国家能够单独应对这一严峻的挑战。每个国家都必须成为一个更大的全球愿景的一部分，以使世界重回实现《巴黎协定》的长期气温目标的轨道。

第八章　创新全社会共建机制
——日本循环型社会的建设历程

自能源危机时期开始，日本逐步推进城市绿色低碳建设，迄今为止，在多个重点领域已经取得显著成效，并逐渐形成了一套成熟的实施举措，其全社会共建机制的经验对于我国绿色低碳城市的发展具有重要的参考意义。本章主要介绍日本低碳循环型城市建设的经验，通过对其低碳城市发展背景、低碳城市政策体系与低碳城市建设路径进行总结归纳，分析其出台碳调控、技术创新、绿色金融政策背景下，采取建设循环型社会、发展公共交通、发展创新可再生能源、推广零碳建造、使用低碳技术等措施的可行性，并以东京市与富山市两个优秀城市为具体案例总结得出其低碳城市的发展经验。

一、低碳城市发展背景

近半个世纪以来，人类碳排放造成的温室效应已经对人类的生产生活环境造成了影响，地球生态环境也遭到破坏，使得极端气候事件频发。同时发达国家和主要发展中国家面临日益严峻的资源环境约束，尤其是化石燃料制约这一普遍性问题，争夺能源资源的国际、地区争端日益增多，各国在为摆脱能源限制，实现自身社会、经济的可持续发展寻找新的出路。在这样的时代背景下，"低碳"理念应运而生。英国在 2003 年发布的政府白皮书《我们能源的未来：创建低碳经济》中，首次提出了"低碳经济"概念。引起了世界各国的广泛关注。

日本国内的自然资源极为匮乏，而日本又是世界发达的经济体之一，生产和生活对资源极为依赖，发展低碳经济和开发新型能源是日本的一条重要出路。日本是一个岛国，气候变化对于它的影响会远远大于其他国家。全球气候变暖可能会给日本国土、农业、渔业、环境和国民健康等领域带来很大的负面影响。为了克服地球变暖、资源匮乏导致的危机，实现建设可持续社会的发展目标，日本迫切需要推进低碳社会的建设。在这样的环境背景下，日本在积极响应和行动，努力去实现绿色低碳和可持续社会的目标。

在发达国家中，日本是较早致力于低碳经济发展的国家。早在 2003 年，日本就制定了促进创建循环型社会的基本计划，形成了一套较为完整的法律法规框架体系，为建设循环型低碳社会提供了法律保障。2007 年 6 月，日本内阁会议制定的《21 世纪环境立国战略》指出，为了克服地球变暖等环境危机，实现建设可持续社会的目标，需要综合推进低碳社会、循环型社会和与自然和谐共生的社会建设。2008 年 5 月，日本环境省全球环境研究基金项目组发布了《面向低碳社会的 12 大行动》，其中对住宅、工业、交通、能源转换等领域提出了预期减排目标，并给予了相应的技术和制度支持。同年 6 月，当时的日本首相福田康夫以日本政府的名义提出了新的防止全球气候变暖的政策，即著名的"福田蓝图"，这是日本低碳战略形成的正式标志。

为应对全球变暖的加剧，日本在全国推行低碳城市建设，各大城市纷纷加入建设低碳社会的行列。福田首相在第 169 届国会上发表施政报告（2008 年 1 月 18 日）时提出"环境模范城市"的概念，以高目标挑战开拓性举措，实现低碳社会，包括大幅减少温室气体排放。最终共计 13 个城市被选为"环境模范城市"，并各自制定了相关行动计划。此外，东京是日本低碳城市建设的成功典范之一，在大力开发与研究低碳能源、低碳科技，低碳交通、低碳建筑，以及提倡低碳工商业与低碳家庭生活方面等取得了很大的成效，是目前世界上重要的低碳城市先行者之一。

二、低碳城市政策体系

在 20 世纪 90 年代，日本就开始积极推进国家气候变化政策。1997 年，在京都举行的《联合国气候变化框架公约》第三次缔约方会议（COP3）上通过了《京都议定书》。作为日本应对全球变暖的第一步，1998 年 10 月，日本颁布了《全球变暖对策推进法》，这是世界上第一部旨在防止全球变暖的法律，日本向世界表明了积极应对全球变暖的立场。随后多年来，日本陆续发布了碳调控政策、技术创新政策等低碳相关的政策法规，逐渐形成低碳政策体系。在此期间，日本制定了年度低碳目标以及最终目标——实现 2060 碳中和的目标。并且在 2021 年 5 月，日本国会参议院正式通过修订后的《全球变暖对策推进法》，以立法的形式明确了日本政府提出的到 2050 年实现碳中和的目标。相关低碳政策见表 8-1。

日本低碳政策框架体系部分法规 表 8-1

政策名称	政策英文名	发布部门	政策类别	发布时间
《废物处理和清洁法(废物清除法)》	*Waste Treatment and Cleaning Methods*	环境省	碳调控政策	1970 年
《促进资源的有效利用法》	*Methods to Promote the Efficient Use of Resources*	环境省	碳调控政策	1991 年
《第一期环境基本计划》	*Phase I Environmental Basic Plan*	环境省	碳调控政策	1994 年
《特定家用设备再商品化法(家用电器回收法)》	*Household Appliances Recycling Method*	环境省	碳调控政策	1998 年
《全球变暖对策推进法》	*Global Warming Countermeasures to Advance*	全球变暖对策推进本部	碳调控政策	1998 年
《促进循环型社会的形成基本法(循环基本法)》	*To Promote the Formation of a Circular Society*	环境省	碳调控政策	2000 年
《容器和包装回收法》	*Container and Packaging Recycling Method*	环境省	碳调控政策	2000 年

续表

政策名称	政策英文名	发布部门	政策类别	发布时间
《建筑工程材料回收法》	Construction Engineering Materials Recovery Method	环境省	碳调控政策	2000 年
《促进国家采购环境物品等法(绿色采购法)》	Laws on the Promotion of State Procurement of Environmental Goods	环境省	碳调控政策	2000 年
《促进食品循环资源的再生利用法》	To Promote the Recycling of Food Recycling Resources	环境省	碳调控政策	2000 年
《全球变暖对策推进纲要》	Outline of Countermeasures against Global Warming	全球变暖对策推进本部	碳调控政策	2002 年
《汽车回收法》	Automobile Recovery Method	环境省	碳调控政策	2002 年
《环境教育法》	Environmental Education Act	环境省	碳调控政策	2003 年
《低碳社会建设行动计划》	Low-carbon Society Construction Action Plan	首相办公室	碳调控政策、绿色金融政策	2008 年
《低碳城市建设指导方针》	Guidelines for Low-carbon City Construction	国土交通省	碳调控政策	2011 年
《小型家电再生利用法》	Small Household Appliance Recycling Method	环境省	碳调控政策	2012 年
《促进城市低碳化法》	Promote Urban Low-carbon Law	国土交通省	碳调控政策	2012 年
《低碳城市发展实践手册》	Low Carbon City Development Practice Manual	国土交通省	碳调控政策	2013 年
《提高建筑物能耗性能法》	Building Energy Efficiency Act	国土交通省	碳调控政策	2016 年
《第六期能源基本计划》	Sixth Strategic Energy Plan	国土交通省	碳调控政策	2021 年
《城市建设和能源的充分利用》	Urban Construction and Full Utilization of Energy	国土交通省	碳调控政策	2021 年
《促进塑料资源循环法》	Promote Recycling of Plastic Resources	环境省	碳调控政策	2021 年
《全球变暖对策推进法》	Global Warming Countermeasures to Advance	环境省	碳调控政策	2022 年
《2050 年碳中和绿色发展战略》	Carbon Neutral and Green Development Strategy by 2050	内阁府及各部门	碳调控政策、技术创新政策	2020 年
《环境与能源技术创新计划》	Environmental and Energy Technology Innovation Program	内阁府	技术创新政策	2015 年
《能源与环境创新战略2050》(NESTI2050)	Energy and Environment Innovation Strategy 2050	内阁府	技术创新政策	2016 年
《环境白皮书》(2022)	Environmental White Paper	环境省	碳调控政策、技术创新政策、绿色金融政策	2022 年

（一）碳调控政策

关于碳调控类政策，日本出台了各行各业以及生活各方面的政策和法律。在生产生活方面，日本政府陆续出台法律，建成了基本完善的低碳社会法律体系。1970 年日本发布了《废弃物处理和清洁法》，目的是控制废物的排放，妥善处理、储存、收集、运输、再生、处置废物，清洁生活环境，保护生活环境和改善公共卫生。1991 年出台《促进资源的有效利用法》是为保证资源的有效利用，促进废物的再生，保护环境，采取必要措施来抑制废旧商品和副产品的产生，促进再生资源和再生部件的利用，从而促进国民经济的健康发展。进入 21 世纪，日本越来越重视环境保护，控制碳排放。日本于 2000 年发布多个法律来促进能源的可再生利用，例如《容器和包装回收法》旨在通过促进对容器和包装废物的排放控制、分类收集和再商业化，减少一般废物，并利用再生资源；《建筑工程材料回收法》对于使用特定建筑材料的建筑物的拆除或新建工程等超过一定规模的建筑工程，要求承包商进行分类拆除和回收等；《促进食品循环资源的再生利用法》要求食品相关经营者控制食品废弃物等的产生，以及要求对食品流通资源进行再生利用。除此之外，日本也同样注重汽车、电器等的碳排放。2002 年出台《汽车回收法》，规定了汽车所有者、相关运营商、汽车制造商和进口商在废旧汽车回收方面的作用；2012 年出台《小型家电再生利用法》，提出应采取措施促进废旧小型电子设备的回收，确保废物的适当处理和资源的有效利用，从而有助于保护生活环境和国民经济的健康发展。家电再回收利用业成为日本的一个新兴产业，提供了大量就业岗位同时创造了巨大经济价值。近年来，日本政府出台了《促进塑料资源循环法》，该法律旨在通过采取措施，明确社会各主体对塑料资源回收的责任，如市政当局对塑料废料进行再商品化，并建立促进经营者自愿回收资源的制度，从而有助于保护生活环境和保证国民经济的健康发展。由此可见，日本的碳排放政策经过不断发展完善，在内容上以发展绿色产业，多领域采取措施的方法为主线达到减碳的目的。

在能源、交通和住宅以及城市总体规划等方面，日本也出台了许多政策来控制碳排放。在城市建设规划领域，2008 年日本发布了《低碳社会建设行动计划》，普及现有先进低碳技术，如节能型家电和建筑、新一代汽车引进、提高零排放电力比例、推进核能发展等；2011 年《低碳城市建设指导方针》从交通与城市结构、能源（民生家庭、民生工作）、绿化这三个切入口开始，针对低碳城市建设相关措施的实施方法进行了论述。从此以后，日本开始重视低碳城市的建设。2012 年《促进城市低碳化法（生态城市法）》出台，为了促进城市低碳化，该法明确政府和社会主体的责任。在建设集约化城市、促进公共交通便利化、实施货物联合运输、污水处理、促进低碳建筑普及等方面提出了详细的措施。2013 年日本国土交通省《低碳城市发展实践手册》基于日本的人口、环境和经济等基本背景，在城市结构、交通、能源、绿色等 4 个领域提出了详细的措施，旨在促进地区集约化，增加公共交通便利性，塑造城市绿色环境，提高能源利用率等，各个领域的措施紧密联系，共同合作，协同推进低碳城市建设。在建筑领域，2016 年日本出台的《提高建筑物能耗性能法》制定了提高建筑物能耗性能的基本政策，采取措施确保一定规模以上的建筑物符合建筑能耗性能标准，并由注册建筑能耗性能评价机构来判定建筑物是否符合标准，明确国家和地方的责任，使政策有效实施。在能源领域，日本经济产业省发布的

《2050 年碳中和绿色发展战略》针对 14 个重要领域发布了具体规划，为能源、交通运输、制造、家庭办公等产业制定了具体的减少碳排放措施。《第六期能源基本计划》制定了到 2030 年的短期能源目标计划：鼓励需求侧能源转型；以 "S+3E"（即 Safety，Energy Security、Economic Efficiency、Environment）为大前提，提高可再生能源使用占比；促进核能的稳定利用；降低火力发电占比；扩大氢氨气的使用等。同时确定了 2050 年实现碳中和长期目标：促进电力行业使用清洁电力实现脱碳；非电力行业逐步实现电气化，电气化不可行的则通过氢气、氨气、合成燃料等实现脱碳。随后，2021 年的《城市建设和能源的充分利用》提出建设 "紧凑城市+网络"，生活服务功能和居住集约化，构建与城市建设相接的公共交通网络。同时，提高能源效率，实现能源供需平衡，保障受灾害时能源稳定提供。

（二）技术创新政策

日本也极其注重低碳技术的研究与开发，2008 年日本与低碳相关的专利有 4400 件，数量远超美国与欧洲。2008 年的《低碳社会建设行动计划》，提出要创新低碳技术，落实创新技术开发路线图。政府计划通过技术创新实现 2030 年前能源利用效率比 2007 年提升 30%，投资近 300 亿美元用于超燃烧系统技术、超时空能源利用技术、节能型信息生活空间技术、低碳型交通技术、节能半导体元器件技术等五大领域的创新战略实施；通过税收减免、财政资金扶持等配套政策分担企业创新成本，鼓励企业积极进行低碳领域的技术创新。2015 年日本综合科学技术会议提出《环境与能源技术创新计划》，计划中提到要制定创新技术路线图；促进环境、能源和技术研发投资；开展新的研发事业；切实开展技术在国际上的推广与合作。内阁府于 2016 年发布《能源与环境创新战略 2050》（NESTI2050），提出了日本将要重点推进的五大技术创新领域，包括能源系统集成领域、节能领域、储能领域、创能领域以及碳固定与利用领域。2017 年 12 月，日本公布了 "基本氢能战略"，意在创造 "氢能社会"，该战略的主要目的是实现氢能与其他燃料的成本平价，建设加氢站，替代燃油汽车、天然气及煤炭发电等，发展家庭热电联供燃料电池系统。21 世纪以来，日本研发的低碳相关专利的数量依然在激增。

（三）绿色金融政策

2008 年《低碳社会建设行动计划》明确指出要推进税制绿色化，普及碳足迹制度。日本最新一期的《环境白皮书》（2022）提到要构建绿色经济体系，利用金融职能推动向减少环境影响的项目提供投资和贷款，同时推动环境相关业务的投资和融资；实现税收制度绿色化，如环保汽车减税等；使用碳定价等市场机制的经济方法，从而增强行业竞争力、加强创新和投资；建立可持续经济社会的环境-社会-治理（ESG）金融。

可以看到日本更加注重碳调控方面的政策，同时兼顾技术创新和绿色金融政策。日本在循环型社会方面的法律结构体系已经基本完善，生产生活方面的环保和低碳都有法律保障。在交通和能源方面，相关政策也是逐年完善，朝着绿色交通、绿色能源方向前进。同时也努力发展绿色金融，构建绿色经济体系。

三、低碳城市建设路径

（一）循环型社会：构建绿色低碳法律体系

20 世纪以来，日本面临着严峻的环境问题和全球变暖问题，居民和企业的生产生活过程中产生的污染和二氧化碳就是造成问题的原因之一，为了建设低碳社会，日本陆续出台了生产生活相关的法律和政策，来完善低碳政策体系，引导整个社会的生产生活走向绿色低碳。

2000 年，日本制定《促进循环型社会的形成基本法》，明确了以推进从生产到流通、消费、废弃过程的物质高效利用和回收处理为目的的基本框架。为日本各级公私部门提供了有关废弃物处理和资源循环利用的指导性原则，要求利益相关者遵循 3R 原则——抑制产生（Reduce）、重复使用（Reuse）和回收再利用（Recycle）的优先顺序对废弃物品进行处置（图 8-1）。随后，日本政府以此为基础，颁布和修订了多部法律，涉及公民和企业的各个方面的日常生产生活如图 8-2 所示，形成了循环型社会法律体系框架。法律包括《废弃物处理和清洁法》《促进资源的有效利用法》《容器和包装回收法》《建筑工程材料回收法》《绿色采购法》《促进食品循环资源的再生利用法》《家用电器回收法》《汽车回收法》和《小型家电再生利用法》等，具体内容见表 8-2。

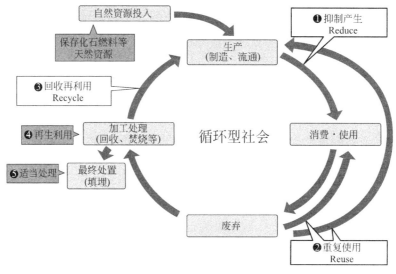

图 8-1　3R 示意图

循环型社会法律体系表　　　　　　　　　　　　　　　　　　　　　　表 8-2

法律	简介
《废弃物处理和清洁法》	为了控制废物的排放，妥善处理、储存、收集、运输、再生、处置废物，清洁生活环境，保护生活环境和改善公共卫生
《促进资源的有效利用法》	由于资源的大量使用，废旧物品等和副产品大量产生，为保证资源的有效利用，促进废物的再生，保护环境，将采取必要措施，抑制废旧商品和副产品的产生，促进再生资源和再生部件的利用，从而促进国民经济的健康发展

续表

法律	简介
《容器和包装回收法》	旨在通过促进容器和包装废物的排放控制、分类收集和再商业化,减少一般废物,并利用再生资源。对于容器和包装废物,消费者负责分类排放,市政当局负责分类收集,经营者负责分类收集的废物的再商品化(回收)
《建筑工程材料回收法》	要求在建筑工程中分离和回收废物中的特定建筑材料(混凝土、沥青、混凝土和木材)的法律。对于使用特定建筑材料的建筑物的拆除或新建工程等超过一定规模的建筑工程,要求承包商进行分类拆除和回收等
《绿色采购法》	绿色购买是指在购买产品或服务时,考虑环境,仔细考虑需求,选择对环境影响最小的产品。绿色采购不仅使消费者自己的活动(如消费者生活)更环保,而且通过鼓励供应商开发对环境影响较小的产品,有可能改变整个社会的经济活动。 该法要求国家机构购买绿色产品,并要求地方政府、企业和公众努力购买绿色产品。预计社会各界将从各自的角度推进绿色采购
《促进食品循环资源的再生利用法》	要求食品相关经营者(食品生产者、加工者、销售者、餐饮业者等)控制食品废弃物(食品废弃物,食品生产、加工、烹调过程中的次生物品不能食用的物品)等的产生,以及要求对食品流通资源(食品废弃物等有用物品)进行再生利用(回收)的法律
《家用电器回收法》	从普通家庭和办公室使用的家用电器[空调、电视(阴极射线管、液晶/等离子)、冰箱、冰柜、洗衣机和干衣机]中回收有用部件和材料,减少浪费,并促进资源的有效利用
《汽车回收法》	规定汽车所有者、相关运营商、汽车制造商和进口商在废旧汽车回收方面的作用的法律。车主支付回收费,并将废旧汽车交给经销商,作为相关供应商,氟利昂回收商、拆解商和破碎机供应商有义务将氟利昂、气袋和碎纸机粉尘交给汽车制造商和进口商。汽车制造商和进口商进行这些交易和回收
《小型家电再生利用法》	鉴于存在废旧小型电子设备中使用的金属和其他有用物品的相当一部分未经回收而废弃的情况,应采取措施促进废旧小型电子设备的回收,确保废物的适当处理和资源的有效利用,从而有助于保护生活环境和国民经济的健康发展

图 8-2 循环型社会法律体系框架

除了上述的低碳社会法律体系之外，日本也出台了其他有关循环型社会建立的法律法规。2003年，日本面临严重的环境问题以及环境教育体系不成熟的问题，于是日本出台《环境教育法》，旨在教育公民、企业、社会等与政府一起进行环境保护教育与活动，为当前和未来人们的健康和文化生活作出贡献。该法明确了各个社会主体的责任：公民、私人组织等应努力促进环境保护，提高环境保护积极性，进行环境教育并与他人合作开展环境保护活动；国家起到带领和统筹的作用，鼓励各个社会主体进行环境教育活动并加强相关合作，根据基本原则制定环境保护和环境教育方面的相关措施；地方政府根据国家政府情况适当分担职责，制定并实施与本地区自然社会条件相适应的措施。

2021年，日本出台《促进塑料资源循环法》，该法规定了企业、消费者、国家和地方政府各自承担的责任。企业应当对塑料制品废弃物和塑料副产品进行分类排放，努力进行回收利用等工作。消费者应当尽力分类丢弃的塑料废弃物。政府应争取相关的资金补助；收集、组织和利用有关促进塑料资源循环的信息，促进相关研究和开发；通过教育宣传活动，引起社会公民的重视；采取其他必要措施。地方政府应按照国家政策，采取相关措施，对本地区塑料制品废弃物进行分类收集和分类回收。

（二）交通：公共交通便利化，油用汽车电气化

日本在低碳交通方面实行的政策主要可以概括为提高公共交通的利用率、电动车逐渐取代油用车以及向集约型城市结构转变这三个方面，最终目标是实现碳中和。

一是完善公共交通，提高公共交通便利性，最终提高公共交通利用率。2012年的《促进城市低碳化法》提到，实施通用车票，省去每次换乘买票的时间来提高公共交通的便利性，同时给予一定的折扣。提高铁路交通、轨道交通和道路运输的便利性，如新建轨道路线、巴士路线和车站，改良新设、设定方便使用者的运费政策等。实施货物运输联合化，提高城市内物流效率。2013年的《低碳城市发展实践手册》中指出要引入社区公交，提高公共交通运行频率，维修和增加公交站点，从而方便居民出行，提高居民公共交通使用率。此外，还应建设环状道路等干线道路网络，促进十字路口立体化，推进高速公路交通系统建设，形成立体交通网络系统。

二是发展新一代汽车产业，推进汽车电动化。2020年发布的《2050年碳中和绿色发展战略》中表明了要扩大电动车有关基础设施的部署，目标是最晚在2030年之前实现和汽油车一样的便利性。强化蓄电池、燃料电池、电动机等电动相关技术，以及供应链、价值链，致力于大规模投资支持相关技术开发、小型汽车商用车等的电动化、中小企业等的供应商和汽车经销商维修经营者、服务站等汽车相关产业的电动化应对。普及混合动力车、插电式混合动力车、电动汽车、燃料电池汽车、清洁柴油乘用车等新一代汽车，进一步提高其在汽车销售中的占比（图8-3）。日本最终的目标是在2035达到100％使用电动汽车，助力实现脱碳社会。

三是促进城市向集约型结构转变。集约型城市结构是指将城市圈内的中心市区以及主要交通节点周边地区定位为城市功能集中的地点（集约地点），通过公共交通网络将集约地点和城市圈内的其他区域有机连接起来，使得这个城市圈内的大多数人能够生活方便并确保该城市圈整体的可持续发展。集约型的小型市区能够保证人们可以在一个相对较小的范围内方便地生活，这样能够缩短人们的移动距离，减轻交通压力。另外，移动距离的缩

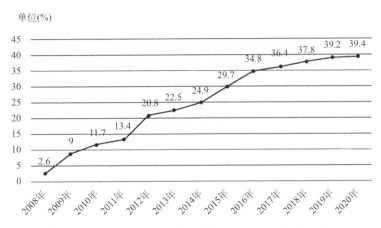

单位(%)

图 8-3　2008—2020 年日本新一代汽车在新车销量中的占比

短也促使人们在外出时不使用汽车而转向徒步或者利用自行车。同时，随着交通需求密度的增高，公共交通工具的利用率也会提高，从而能够带动服务水平的提高，实现从利用汽车到利用公共交通的转换。《低碳城市建设指导方针》中也给出了一些具体的措施，例如，集约重点地区的公共设施及服务设施等的布局及引导居住；完善交通基础设施，推动发展智能交通系统（ITS）；推广公共交通的使用等。

日本的富山市就是向集约型城市转变的典型案例。富山市以"紧凑城市建设"为目标，着力推进公共交通的活性化，配合公共交通网络的建设，综合采取在公共交通轴上增加居住人口的措施，推进低碳城市的建设。

（三）能源：发展创新可再生能源，改善能源结构

日本作为岛国，自然资源匮乏，能源对外依赖度高，能源供给对于日本来说是一个巨大的挑战，此外，加上全球变暖的问题，日本面临着能源的转型。为此日本也推出了许多的政策来改善能源结构，增加可再生能源的使用比例，促进在能源方面的技术创新与突破。

1. 能源技术开发

2008 年的《低碳社会建设行动计划》中提到要进行技术创新和开发以及现有的先进技术的普及。例如太阳能发电，加强太阳能电池技术的技术开发、支持电力企业的太阳能建设计划、与地方公共团体的合作、促进太阳能制造商和住宅制造商的合作、加强与国际间的技术交流，最终降低太阳能发电系统的价格，提高利用率。此外，还增加对风力、水力、地热等可再生能源发电的资金支持和技术创新。在家庭方面，要尽量使用节能家电，达到节能的效果，减少二氧化碳排放。

2013 年日本国土交通省发布了《低碳城市发展实践手册》，其中提到了针对能源方面的一些措施。一是要利用未能利用的能源（清扫厂废热、下水道设施的未利用能源、河流海水温差能、地下水温差能、工厂废热、来自地铁地下城的排热、冰雪冷热等）。二是加强太阳能、地热和生物质能等可再生能源的利用。三是提高能源利用率。四是降低能源负荷。

2020 年 1 月本经济产业省发布了《2050 碳中和绿色发展战略》。为了落实到 2050 年实现碳中和，构建"零碳社会"的战略目标，该战略对 14 个产业提出了具体的发展目标和重点发展任务（图 8-4）。

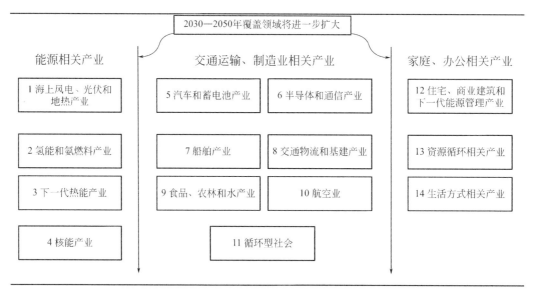

图 8-4 日本绿色成长战略的 14 条路径

其中与能源相关的有海上风电、光伏和地热产业，氢能和氨燃料产业，下一代热能产业和核能产业 4 个方面（图 8-5）。

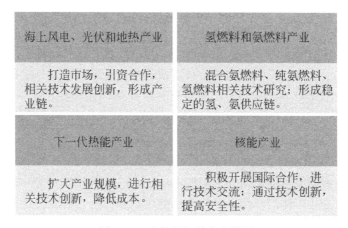

图 8-5 4 个能源相关产业简图

（1）海上风电、光伏和地热产业

推进风电产业人才培养，完善产业监管制度；强化国际合作，推进新型浮动式海上风电技术研发，参与国际标准的制定工作；打造完善的具备全球竞争力的本土产业链，减少对外国零部件的进口依赖。

（2）氢燃料和氨燃料产业

氨燃料产业方面，开展混合氨燃料、纯氨燃料的发电技术实证研究；围绕混合氨燃料发电技术，在东南亚市场进行市场开发，建造氨燃料大型存储罐和输运港口。氢能产业方面，发展氢燃料电池动力汽车、船舶和飞机；开展燃氢轮机发电技术示范；推进氢还原炼铁工艺技术开发；研发废弃塑料制备氢气技术；开展新型高性能低成本燃料电池技术研发；开展长距离远洋氢气运输示范，参与氢气输运技术国际标准制定；推进可再生能源制氢技术的规模化应用；开发电解制氢用的大型电解槽；进行高温热解制氢技术研发和示范。

（3）下一代热能产业

实现提供热能的气体的脱碳化，利用合成甲烷代替天然气，并将产生的二氧化碳回收，回收的二氧化碳与氢气合成甲烷，形成二氧化碳循环；进行氢气的直接利用；推进煤炭、石油向天然气的转换和天然气利用机器的高效化。另外，在未来新一代热能还将通过技术创新来进一步降低成本从而扩大商用部署，最终做到大规模化、低成本化。

（4）核能产业

积极参与小型模块化反应堆（SMR，Small Modular Reactors）国际合作，如参与技术开发、项目示范、标准制定等，融入国际 SMR 产业链；开展利用高温气冷堆（HTGR）进行热解制氢的技术研究和示范；继续积极参与国际热核聚变反应堆计划（ITER），学习先进的技术和经验，同时利用国内的 JT-60SA 聚变设施开展自主聚变研究，为最终的聚变能商用奠定基础。此外，还推进核能相关技术的进一步创新，进一步提高核能的安全性、可靠性和效率，降低放射性废弃物的有害度、实现减容化，通过有效利用资源来提高资源循环性。

2. 能源目标与计划

迄今为止，日本已经陆续更新了六期能源基本计划，在 2021 年最新的《第六期能源基本计划》中，确定了到 2030 年温室气体排放量较 2013 年减少 46％并努力争取减排 50％，到 2050 年实现碳中和目标的能源政策实施路径。明确以"S+3E"为基本原则，即以安全性（Safety）为前提，同时实现能源稳定供给（Energy Security）、提高经济效率（Economic Efficiency）和环境适应性（Environment），稳步推进日本的能源开发利用。

（1）2030 年近期计划

一是需求侧。将进一步提高能源效率，在工业领域评估产品基准能耗指标，督促经营者提高能效，进行技术开发和创新。建立新的能源系统，鼓励需求侧能源转型。推进电池等分布式能源的有效利用；完善微电网等基础设施建设，以促进能源高效利用；提高本地生产、本地消费活力以扩大内需。

二是可再生能源。确保可再生能源设施选址最优化，同时促进当地经济共同发展，扩大太阳能光伏和风能发电规模；通过技术创新，利用海域中的潮汐能、风能等可再生能源发电。加强安全规范管理，稳步落实太阳能光伏技术标准，加强对可再生能源发电设施的日常巡检。降低发电成本，有效整合市场规模，通过投标制度、中长期目标价格，在政府调控下，促进可再生能源供应商按照一定的市场价格合理售电，并整合可再生能源市场，实现经济效益最大化。促进可再生能源科技创新。

三是核能。在保持公众对核电信任、确保核电安全的前提下，促进核电稳定发展。与当地社区建立信任关系，并为当地产业的多元化发展提供支持。促进核相关技术研发。

四是火力发电。为维持电力供应稳定性，在电力结构中将保留液化天然气、煤炭和石油发电。在推广新一代高效火力发电的同时，将逐步淘汰低效火力发电。到 2021 年底，结束对国际火力发电项目的直接支持，转而通过出口融资、投资以及金融和贸易等方式间接支持国际火力发电技术。

五是电力系统改革。在电力供应能力下降导致能源安全面临挑战的背景下，需提供具有长期可预测性、具有经济效益的投资新方法，使得电力系统脱碳与电力稳定供应相适应。针对可再生能源占比的不断扩大，努力提高电力系统灵活性，促进电力系统稳步脱碳，通过降低成本实现储能电池和电解槽的广泛应用，在电力商业法案中明确储能电池在电网中的定位。在灾害面前，确保能源跨区域传输通畅，并强化网络安全，确保电力系统安全运营。

六是氢能和氨能。构建长期稳定的国外廉价氢能供应链，利用国内资源建立氢气生产基地，以提供高性价比的氢、氨燃料。到 2030 年实现制氢成本从目前的 100 日元/Nm^3（约合 5.515 元/Nm^3）降至 30 日元/Nm^3（约合 1.655 元/Nm^3），到 2050 年降至 20 日元/Nm^3 或者更低，从长远来看是将成本降低到与化石燃料相同的水平；日本目标是将目前估计约为 200 万 t/年的氢气供应量增加到 2030 年的 300 万 t/年，到 2050 年达到 2000 万 t/年左右。另外在燃料氨方面，预计到 2030 年每年 300 万 t 燃料氨（以氢气计约 50 万 t），2050 年的规模将达到每年 3000 万 t 左右（以氢气计约 500 万 t）。

七是稳定的资源和燃料供应。即确保在碳中和转型中所需资源和燃料的稳定供应。日本将开展"综合资源外交"，以确保石油、天然气和金属矿产资源等的稳定供应，并为未来脱碳燃料及其技术的发展提供支撑。同时将进一步提高独立开发石油和天然气的能力，目标是在 2030 年将煤炭的自主开发率（2019 年为 55.7％）保持在 60％。在矿产资源方面，支持金融界对稀有金属的投资，确保海外供应链安全稳定；促进金属回收利用，通过公司间协作和设备引进提高冶炼厂生产效率，努力构建不依赖于其他国家的稳定供应链。此外将促进国内海洋能源和矿产资源的开发，例如海底多金属硫化物和富含稀土的钒泥等自然资源。增强燃料供应系统的复原力，以应对紧急情况。

（2）2050 年远景计划

面向 2050 年实现碳中和的政策是，在电力行业，通过使用清洁电力将稳步实现脱碳，包括通过氢、氨发电和基于碳捕集、利用和封存（CCUS）技术创新火力发电模式，实现传统化石燃料发电的清洁脱碳。在工业、商业、家庭和交通领域，除了通过彻底节约能源来提高能源消耗效率之外，还要在可以采用脱碳电力电气化的领域逐步推进电气化，在电气化困难的热需求和制造工艺领域，采取氢气、合成甲烷、合成燃料等的使用和创新技术进行脱碳。此外在能源多消耗部门，如果不实现氢还原炼铁、二氧化碳回收型水泥、人工光合成等的创新，并从根本上转变制造流程，就无法实现日本整体的碳中和。

（四）建筑：推广 LCCM、ZEH 和 ZEB 等节能住宅，发展节能建筑材料

随着社会经济环境的变化，建筑物的能源消耗显著增加，日本也为此出台了相关政策法律来提高建筑物的能源效率，从而促进国民经济的健康发展和人民生活的稳定。日本在《第六期能源基本计划》中设定了"确保 2030 财年后新建住房的节能性能达到净零能耗房屋（ZEH，Net Zero Energy House）标准水平"和"到 2030 年在 60％的新独立住宅中安装太阳能发电设施"的政策目标。ZEH 是指在大幅提高外皮隔热性能等的同时，通过导入高效的设备系统，在维持室内环境质量的同时实现大幅节能的基础上，通过导入可再生能源，实现全年的一次能源（图 8-6）。

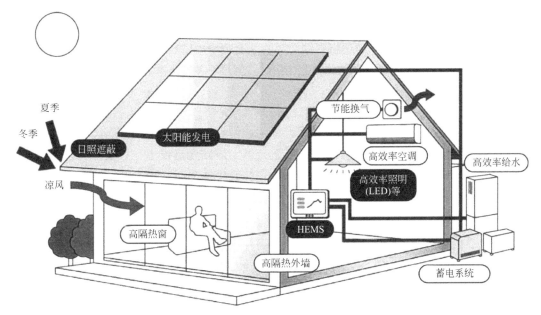

图 8-6　净零能耗房屋原理图

《2050 年碳中和绿色发展战略》提出了关于下一代住宅、商业建筑和太阳能产业的目标：2050 年实现住宅和商业建筑的净零排放。一方面，推广 LCCM（生命周期碳负）住宅建筑物、ZEH（净零能耗房屋）和 ZEB（净零能耗建筑物）等先进住宅建筑物，以及有助于碳储存的木结构建筑物，还要推进住宅建筑物的长寿命化。对节能性能高的住宅建筑物建设和节能改造进行政策支持，加大宣传，提高消费者对此的认知度。另一方面，推进先进的节能建筑材料和设备的开发和使用。

2016 年日本国土交通省发布《提高建筑物能耗性能法》，旨在提高建筑物的能源消耗性能，后续几年日本根据实际情况陆续对部分法律进行修改更新。法律规定了国家、地方政府、业主和经营者等的责任和义务。规定符合除住宅以外达到一定规模及以上的建筑物的能源消耗性能标准的建筑物的义务，以及建立能源消耗性能改进计划认证制度。规定了注册建筑物能源消耗性能判断机构的规则。

（五）低碳技术：节能、储能、创能全方位技术创新

面对全球变暖的趋势，以及 2050 碳中和的目标和低碳相关技术开发不完全的问题，日本非常注重低碳新技术研究。

1. 低碳创新技术领域

2016 年，内阁府综合科学技术与创新委员会（CSTI）制定了《能源与环境创新战略 2050》（NESTI 2050）。战略提出了日本将要重点推进的五大技术创新领域，包括能源系统集成、节能领域、储能领域、创能领域以及碳固定与利用。

（1）能源系统集成

该战略主要内容为开发系统集成技术及其核心技术，在当前开发、示范和实用中的智能电网等技术的基础上，最大限度地利用物联网、人工智能（AI）、大数据分析技术、信息与通信技术（ICT）等，通过集成和控制整个系统，使能源消耗效率最大化，最大限度地减少二氧化碳排放。此外，除了综合管理多个能源管理系统（EMS，Energy Management System）设备和资产外，还将建立能够在更广泛的能源和系统中进行供需预测和供需平衡优化，以及能源存储等最佳选择的技术。最终将这些技术开发整合成为整个系统，给交通和家庭生活带来便利。

（2）节能领域

一是开发节能技术。缩小将创能技术产生的能源利用于社会各个方面过程中的能源损失。二是创新生产流程。优化生产流程的工艺技术，研发先进技术，如膜分离技术，创新催化利用生产工艺技术，实现大幅节能以及二氧化碳排放削减和提高经济性。三是运用超轻质超耐热结构材料。通过运用新的结构材料和接合技术等，将汽车的重量减少 50% 以上，实现运输设备的根本性轻量化；开发可稳定适用于 1800℃ 以上，效率可达到 60% 以上的燃气轮机的耐热材料。

（3）储能领域

今后有望扩大引进的太阳能发电、风力发电，在低电力需求期发电量将超过电力需求，这会产生剩余电力。因此，有必要进行高效储能技术的研究开发，发展将电力大规模且高效地储存在蓄电池或氢等能源载体中，并可以运输利用的技术。

如新一代蓄电池技术，开发出用不到现在 1/10 的成本实现 7 倍以上的能量密度，对于一般大小重量的轿车，一次充电就可以行驶 700km 以上的蓄电池；研发低成本、安全性高的固定型蓄电池，促进扩大可再生能源的引进；在开发时，考虑到高频率的快速充放电会给电池带来负担的情况，同时也考虑到应用场景，针对车载电池考虑解决在空间与重量方面的制约的开发技术。

如氢等能载体的制备、运输、储存和利用。由于氢等能源载体的大规模供应链的构筑和发电等的正式引进，氢能的利用大幅扩大，因此，可以提高能源供应系统的灵活性，确保能源的安全性，大幅减少二氧化碳排放。

（4）创能领域

开发加速扩大可再生能源利用的技术，或者可以提高创新效率、降低成本的技术。如新一代太阳能发电技术，实现现在普及的太阳能发电的 2 倍以上的转换效率；通过降低制造、安装成本，大幅提高发电效率等，实现与基础电源同等的发电成本（7 日元/kWh 以下）。如新一代地热发电技术，大力研发高温岩体发电、超临界地热发电、耐极限环保传感器等地热发电新技术，努力克服地热开发难度大、难以监测等问题，充分利用日本大量的地热资源。

（5）碳固定与利用

二氧化碳循环利用技术，开发先进高效的二氧化碳分离、回收、循环利用技术〔如碳捕集、利用与封存（CCUS）（图 8-7），生物固碳和人工光合作用等〕，有效利用资源，实现气候变化的缓和和碳的循环利用。

① 二氧化碳创新分离回收技术

在化学吸收法中，技术团队将开发一种新型高性能化学吸收液，它具有较低的分离、回收能量，并降低了吸收液中二氧化碳的回收温度。当在炼铁等过程中从含有高浓度二氧

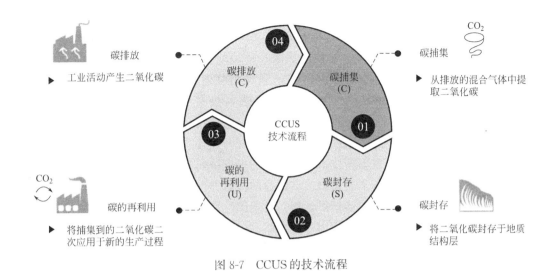

图 8-7　CCUS 的技术流程

化碳的高压气体中分离出二氧化碳时，处理气体的高压能量被有效地用于二氧化碳分离、回收和压缩过程，从而使实现二氧化碳分离、回收过程的能量，开发可显著减少二氧化碳的高压再生化学吸收液。另外，在固体吸收法中，以化学吸收法积累的研究为基础，通过将化学吸收液担载在多孔质支撑体上，在具有与化学吸收液同等的二氧化碳吸收特性的同时，大幅度降低再生工序中显热和蒸发潜热消耗的能量。

存在的技术难题是化学吸收法目前的回收温度约为 120℃，但需要在 100℃ 以下的回收温度下能够长时间稳定回收的吸收液。固体吸收方法需要一种在低温下具有高释放性能的新型固体吸收剂。

② 二氧化碳有效利用技术

日本将利用其国际领先的催化剂技术，发展人工光合作用等技术，以分离和回收的二氧化碳为原料生产化学原料。此外，日本将推动研发，将固定二氧化碳的生物质转化为碳氢燃料、化学原料和其他有价值的资源，以及在与现有技术相比二氧化碳减少方面取得创新突破。研究和开发有望显著提高效率的创新 CCUS 技术。

存在的技术难题是发展与现有化学品同等的制造成本水平的大规模生产技术和高效生产技术。另外，从大幅度提高二氧化碳削减量的角度出发，需要发展不仅能够合成烯烃等传统的基础化学品，而且能够高效地合成可供大量使用的有价值的新资源的创新技术。

2. 低碳创新技术研发

2008 年 5 月，日本在科学技术总理事会上提出《环境能源技术创新计划》，旨在实现国际社会低碳、实现能源安全、环境与经济平衡以及对发展中国家作出贡献。该计划于 2013 年进行修订，进一步明确目标。确定了在中短期和中期发展过程中应采用的创新技术，确定 37 项技术作为 "创新技术" 〔高效率煤炭火力发电、天然气发电，风力发电，太阳能利用（太阳能发电），太阳能利用（太阳能热利用），海洋能源利用（波浪力、潮汐、海流），地热发电，生物质能利用，原子能发电，利用二氧化碳回收与封存（CCS），人工光合作用，新一代汽车（phv、hv、ev、清洁柴油等），新一代汽车（燃料电池汽车），飞机、船舶、铁路（低油耗飞机、低噪声），飞机、船舶、铁路（高效率船舶），飞机、船舶、铁路（高效铁路车辆）、高速公路交通系统，创新设备（信息设备、照明和显示）、创新设备（点子电力学）、创新设备（远程办公），革新性的结构材料，能源管理系统，节能住宅大厦，高效率能源产业，高效率利用热泵，环境协调型制铁工艺革新，制造工艺创新，氢气的制造、运输、储存（制造氢气），氢气的制造、运输、储存（运输、储存氢气），燃料电池，高性能电力储存、热能存储、绝热等技术，超导输电，植被固定，其他（甲烷等）温室气体减排技术，气候变暖适应技术，地球观测和气候变化预测]。为这 37 项技术制定了技术路线图，同时还制定了向国内外展开、普及所需的措施，促进技术发展的措施。促进研发投资，发现创新技术种子——通过促进研发税收制度的使用，改善私人投资环境。此外，政府还进行了高风险、高效益的技术开发。采取国际推广和传播创新技术的必要措施。实施促进双边抵消信贷计划：日本国际协力事业团等与相关部委合作，促进项目开发进展。促进国际标准的使用：支持新兴国家节能措施和可再生能源引进的制度建设，以及人力资源开发等实施制度。实行公共资金的战略利用：利用公共资金促进海外转移，如高效火力发电、核能发电和低碳城市建设。

四、低碳城市最佳实践

（一）东京市

东京市是日本首都，是日本政治、经济、文化、交通等众多领域的枢纽中心。它位于日本关东平原中部，是面向东京湾的国际大都市。东京市也是能源消费大城市，消费的能源大部分是化石燃料。为履行大都市的责任和义务，实现"零排放东京"，东京市一直在建设低碳城市的路上。

随着日本"低碳社会"发展战略的确立，东京政府切实开展地方性的低碳建设创新与实践。2001 年设立东京环境省。2002 年，制定了《东京环境基本计划》。2006 年东京都政府出台了"十年后的东京"计划，提出了具体的减排目标，即 2020 年东京的碳排放量在 2000 年的基础上减少 25%，拉开了建设低碳社会的序幕。2007 年 6 月发表《东京气候变化战略——低碳东京十年计划的基本政策》，制定了未来十年的基本政策，其中最主要的五个方针分别是：大力推进企业二氧化碳减排；正式削减家庭二氧化碳；将城市建设中的二氧化碳减排规范化；加快汽车交通二氧化碳减排；构筑支持各部门工作的东京都独立的机构。2008 年 3 月，东京都政府发布了《东京都环境基本计划》，这是对 2002 年计划的重新修订。并提出了到 2020 年，东京温室气体排放量比 2000 年减少 25%，东京能源消费中可再生能源的比例提高到 20%左右等目标。在 2016 年再次制定新的《东京环境基本计划》。该计划鼓励政府、企业和公民一起推进低碳城市建设。并提出了促进可再生能源的使用，提高住宅节能性能，提倡绿色交通，促进废物循环利用等相关举措（图 8-8）。

2019 年 5 月，东京都政府在 U20＋东京迈尔峰会上宣布，履行世界大城市的责任，将平均气温的上升控制在 1.5℃，并在 2050 年实现"零排放东京"，为国际零二氧化碳排放作出贡献。由此东京政府制定了"零排放东京"战略，该战略总结了实现这一展望的愿景、具体举措和路线图。此外，还制定了气候、塑料和零排放汽车等重点方面的详细计划——

《东京气候变化适应政策》《塑料减排计划》和《ZEV（零排放车辆）推广计划》。

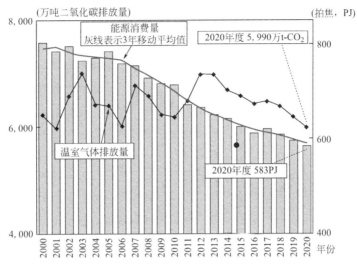

图 8-8 2000—2020 年东京能源消费量及温室气体排放量的变化

为实现 2050 年二氧化碳零排放的目标，加速助力减排行动，2021 年 3 月，东京都政府制定了《东京零排放战略：2020 更新报告》，在 2019 年的基础上设立了新的目标——东京都内温室效应气体排出量将在 2030 年前实现减半（对比 2000 年）；将可再生能源的电力利用率提升到 50% 左右；东京乘用车新车销售实现 100% 非汽油化，东京摩托车新车销售实现 100% 非汽油化（至 2035 年）。并提出了"半碳模式"，将其作为 2030 年半碳社会变革的必要愿景。该报告更新了《零排放东京战略》中提出的能源、城市基础设施（建筑）、城市基础设施（交通）、资源和产业、应对气候变化、共鸣与合作这 6 个领域的 14 条政策，见表 8-3。

《零排放东京战略》政策统计表   表 8-3

领域	政策
能源	(1)可再生能源基础能源化 (2)氢能的普及利用
城市基础设施(建筑)	(3)扩大零排放建筑的建设,提升城市零碳排放设施比例
城市基础设施(交通)	(4)促进零排放车辆的普及
资源和产业	(5)促进 3R(Reuse,Reduce,Recycle) (6)塑料对策 (7)食品损失措施 (8)氟利昂对策
应对气候变化	(9)加强适应措施
共鸣与合作	(10)与各种实体合作,改变政府运作和社会制度 (11)加强与各区市的合作 (12)东京都政府的倡议 (13)加强与世界城市的合作 (14)促进可持续融资

综合来看，东京市低碳城市建设模式的独特之处就在于将低碳任务分解至家庭、企业、城市建筑、城市交通、能源、产业、气候等主体和部门，以构建起一个涵盖政府、社会公众、产业部门等多主体共同参与的综合性低碳社会建设体系。

目前东京市的低碳城市建设也取得了一定的成果。2020年，来自能源系统排放的二氧化碳比2000年减少11.7％，比上一年度减少3.8％，温室效应气体排放量整体比2000年减少3.7％，比上一年度减少3.4％。产业业务部门的温室气体排放量比2000年减少7.4％（比上年度减少8.5％）；家庭部门的温室气体排放量比2000年增加32.9％（比上年度增加5.9％）；运输部门的温室气体排放量比2000年减少50.7％（比上年度减6.5％）。

（二）富山市

富山市位于富山县的中部，作为县都，也作为日本海一侧屈指可数的核心城市而发展起来。总人口约410352人。目前，市域为东西60km、南北43km，其面积约为1241.7km²。富山市总面积约占富山县三成，北起孕育丰富海鲜的富山湾，东起雄伟的立山连峰，西接丘陵山村地带，南有丰富的田园风景和森林。此外，拥有海拔0（富山湾）～2986m（水晶岳）的多种地形，从河流上游水源地区到下游连为一体。

世界各地都在探索低碳城市发展模式，富山市也在探索适合自身的低碳城市发展模式，形成以公共交通为核心的紧凑城市来减少二氧化碳排放，最终实现低碳城市的目标。富山市在日本全国范围内也是每户拥有轿车台数较多的地区，是对汽车依赖度较高的城市。但是随着富山市紧凑型城市的建设，对汽车的依赖度逐渐减少。

富山市多年来一直致力于低碳城市和紧凑城市的建设，取得了一系列成果。2008年被选为环境示范城市；2010年获得第24届日本创造奖"通过有轨电车和自行车共享减少二氧化碳排放和振兴中心城区"；2011年被评为"环境未来城市"；2014年获得首届低碳城市发展与最佳实践奖"轻轨网络的形成"；2016年获得低碳杯"最佳长期目标奖"；2018年富山市被评为可持续发展目标（SDGs）未来城市。

2008年7月被选定为环境模范城市后，富山市政府以五年为单位，陆续制定了三个计划。2008年定了"富山市环境模范城市行动计划"，作为大幅度减少二氧化碳排放量的防止全球变暖的环境模范城市行动计划。2013年制定了"第二次行动计划"，在2018年制定了"第三次行动计划"，并正在开展工作。

1. 富山市环境模范城市第一次行动计划（2009—2013）

富山市建设环境示范城市的第一个五年计划中，有四个主要措施。第一是促进公共交通的发展。提高公共交通的便利性，鼓励市民利用公共交通出行，提高公共交通的利用率；促进LRT（轻轨）网络的形成，完善铁路，巴士等公共交通基础设施。第二是促进中心城区和公共交通沿线的功能集成。提高市中心和公共交通沿线的居住量；完善基础设施和服务，活化市中心地区。第三是促进生态生活，推进紧凑城市建设。普及低碳住宅和低碳生活方式，提高市民的环保和低碳意识。第四是在推进紧凑城市建设的同时，从交通、办公、普及新能源和节能设施、振兴农林水产业等方面推动环保生产方式。

随着计划的执行，2005—2010年，富山市本市的温室效应气体排放量下降了7.6％。工业部门的排放量下降了17.3％，其中运输部门下降了4.8％。家庭部门下降了1.6％。

2. 富山市环境模范城市第二次行动计划（2014—2018）

基于从 2009 年（平成 21 年）开始的五年计划的成绩和效果，制定了"富山市环境模范城市第二次行动计划"，将继续稳步推进计划，以减少二氧化碳排放。第二次计划基本延续了第一次计划的四个措施：

一是以 LRT（轻轨）网络为代表，在形成公共交通网络的同时，铁路、公交、汽车等不同交通模式之间形成联动无缝的出行环境，实现从使用汽车向使用公共交通的转变。在中心城区和公共交通沿线，在形成有吸引力的居住环境和对居住提供支援的同时，实现商业、医疗、福利等城市功能的集聚。

二是谋求从郊外的户式住宅到城市公共交通沿线的集体住宅的转变和户式住宅的节能性能的提高；即使在郊外的户式住宅中，也会随着住宅的更新而谋求住宅节能性能的提高，促进居民向低碳的生活方式转变；利用新一代能源公园等，通过充实环境学习的机会和场所，提高市民的环境意识。

三是促进充分利用急流河流多这一特性的小水力发电，充分利用占市域七成的森林生物量等充分利用地域特性的可再生能源的导入；将来自废弃物的可再生能源（生物质发电、生物质热利用、生物燃料等）活用于各种产业活动。

四是促进资源、能源循环的全面展开和产业活动的效率化；除了提高工业设施和业务建筑物的节能性能、引入把握城市开发机会的高效能源系统以外，还通过重新审视汽车利用、降低就业空间、生产活动的碳化，促进向环境负荷小的工作方式和生产活动转换。

2005—2015 年，富山市本市的温室效应气体排放量下降了 9.4%。排放比例较大的产业部门的排放量减少了 12.7%，这是在日本经济低迷导致设备开工率下降的背景下。富山市近年来产品出口额呈回升趋势，随之温室气体排放量也呈略有增加的趋势。家庭部门排放量减少了 8.5%，考虑到家庭数量的增加，可以认为由于节能机器的普及等，每个家庭的能源消费量在减少。业务和其他部门排放量减少了 9.2%。运输部门排放量减少了 12.8%，可以认为背景之一是迄今为止富山市正在进行以激活公共交通为轴心的紧凑城市建设，从而从使用汽车转向使用公共交通。

3. 富山市环境模范城市第三次行动计划（2019—2023）

2018 年 6 月 15 日，富山市被国家（内阁办公室）评为可持续发展目标（SDGs，Sustainable Development Goals）未来城市。SDGs 是在 2015 年"联合国可持续发展峰会"上被采纳的"可持续发展 2030 议程"的核心目标，涵盖贫困、教育、城市、气候变化等领域，由经济、社会、环境 3 个维度共计 17 项目标构成，每个目标下还有具体目标，共计 169 个具体目标。随后富山市制定了《富山市 SDGs 未来城市计划》（《Toyama City SDGs Future City Plan》），该计划是富山市的上位规划，从经济价值、社会价值、环境价值的整合的城市创造螺旋上升的角度发展以往的环境示范城市、环境未来城市的举措，旨在实现 SDGs 未来城市，"以紧凑战略实现可持续增值创造城市"。

富山市环境模范城市第三次计划可视为《富山市 SDGs 未来城市计划》的一部分。为了实现"到 2030 年比基准（2005）年度减排 30%、到 2050 年减排 80%"的减排目标，富山市里除了实施全国性举措之外，在第三次计划中设定了以下 6 个基本方针，通过市民、企业和政府三者的合作，共同促进城市减排目标。

一是建立可持续交通网络。在提高公共交通便利性的同时，通过促进公共交通的利用和从私家汽车转变交通行为来激活公共交通，实现运输部门温室气体排放量的减少。

二是推进紧凑的城市建设。通过培育市中心及地区据点，推进在市中心及公共交通沿线的居住、功能集聚，实现家庭部门的能源效率提高、温室气体排放量减少。

三是推进紧凑的城市建设和市民生活一体化。结合紧凑的城市建设，谋求市民生活向生态生活的转变。在公共交通沿线，在促进户式住宅向集体住宅的置换的同时，谋求提高户式住宅的节能性能，同时促进全市低碳住宅的普及开展和生态生活的普及，实现家庭部门温室气体排放量的减少。

四是推进紧凑城市建设和企业活动一体化。通过城市的政策指引，引导城市企业活动向生态企业活动转变。另外，针对低碳企业先进行环境事业的启动和实施，进行环境整顿，以拓展自律性活动为目标，实现减少产业部门、业务及其他部门的温室气体排放量。

五是通过适应气候变化的影响明确城市定位。推进市域影响把握的调查研究等，谋求通过对气候变化影响的适应来提高城市定位能力。

六是创造可持续附加值的环境。作为环境先进城市，要进一步整合提升环境价值、经济价值、社会价值，推动实现脱碳社会，推动可持续增值创造。

五、低碳城市经验总结

经过多年的发展，日本低碳政策逐步完善，在内容上基于能源现状和技术发展情况制定了以能源转型为核心实现绿色产业发展为主的低碳发展路线。在政策执行上形成了利用政策引导城市自主规划碳减排，利用碳税制度、财政补贴等手段推动企业自愿采取减排措施，积极引导民众参与环保运动，从多维度共同推进碳减排的模式。日本取得了一定低碳成果，从其低碳减排过程中可以总结如下经验。

（一）明确社会各个主体职责，形成全社会合作行动机制

在政府层面，制定政策目标以及具有指导性的计划，逐步完善低碳政策，积极引导各方参与低碳城市建设。日本环境省是气候变化政策的主管部门，主要负责政策、法规、计划的制定和监督执行，组织协调管理工作，指导和推动地方政府环境保护工作，并按照经济区划和职能需要，设置地方环境事务所作为驻地方派出机构，负责中央事务的具体落实。在地方政府层面，国家给予地方政府极大的自由发挥空间，地方政府根据各自情况，发挥自身优势，制定本地的低碳政策与计划。日本政府还推出环境示范城市和环境未来城市等项目，项目中的城市根据情况进行绿色低碳发展规划，起到示范性作用，为其他城市提供经验。在社会层面，政府利用优惠补助政策积极推动企业、高校和公共团体等社会主体参与到低碳城市建设中，此外还组织教育活动培养个人的低碳理念，综合利用社会各层级的力量推动低碳社会建设。

（二）积极推进低碳技术创新，加强国际间的技术交流与合作

日本积极搭建由政府、企业、科研院所等构成的国家低碳创新体系，构建低碳创新信息共享平台，有效降低了创新的各类信息成本。并且日本积极推进通过技术创新最大限度

使用太阳能、风能、地热、生物能源等可再生能源，促进氢氨、生物燃料的研发。发布各类政策来大力研发和推广：碳捕集利用和封存（CCUS）、新型太阳能发电、先进的核能发电、燃料电池汽车、插电式混合动力电动汽车、新型火力发电、节能住宅等新型技术和产业。2020 年发布的《2050 年碳中和绿色发展战略》着力推动 14 个领域的绿色产业发展和技术创新。为此，日本运用税收、补贴等手段调动市场机制引导企业持续进行绿色技术创新。一是提供低碳技术创新的财政支持，二是制定低碳技术创新转化的政府补贴政策，三是提供节能环保设备投资扶助金，四是提供低息融资支持。在培育高素质人才方面，可以加大高学历、高技能型人才职业培训，加大低碳产业领域的人才培养和转移力度。同时，日本也非常注重与国际之间的技术交流与合作。日本加强在绿色低碳领域的国际沟通交流，抓住在新能源、氢能、风电、绿色基础设施、低碳技术及关键技术标准化等领域的新机遇，增进在第三方市场的深度合作，为全球合作应对气候变化作出贡献。

（三）完善低碳政策体系，各个领域共同发展

经过多年探索发展与经验积累，日本已经逐渐形成了自己的低碳政策体系。日本在循环型社会、交通、能源、建筑和低碳技术领域重点发展低碳事业。在循环型社会方面，根据自身情况，陆续发布低碳相关法律，最终形成了较为完善的绿色低碳法律体系，引领社会走向低碳生活。

在交通方面，全面推进混合动力汽车、电动汽车等新一代汽车的使用和普及，努力突破和发展新一代汽车的技术，计划在 2035 年 100% 使用电动汽车。同时还从各方面完善公共交通体系，提高公共交通的便利性，最终增加居民对公共交通的使用率，减少私家车的使用，达到低碳出行的目的。在能源方面，着力改善能源结构，增加可再生能源的使用比例，减少对石油化石燃料的依赖性，促进能源方面的技术创新与突破。例如在《2050 年碳中和绿色发展战略》中提到要重点发展海上风电、光伏和地热产业，氢能和氨燃料产业，下一代热能产业和核能产业。海上风电、光伏和地热产业着眼于下一代技术研发，增加在国际市场的竞争力；开展混合氨燃料、纯氨燃料的发电技术实证研究，形成稳定的氨气供应能力；发展氢燃料电池动力汽车、船舶和飞机；利用合成甲烷代替天然气，并回收利用产生的二氧化碳，实现碳循环；积极参与国际热核聚变反应堆计划（ITER），学习先进的技术和经验。在建筑方面，大力推广 LCCM（生命周期碳负）住宅建筑物、ZEH（净零能耗房屋）和 ZEB（净零能耗建筑物）等先进住宅建筑物，开发和使用先进节能建筑材料和设备。在低碳技术方面，注重创新，加大低碳技术研究，特别是可再生能源相关技术。

第九章 政府主导的低碳城市建设
——中国城市可持续道路的探索

随着城镇化水平的提高，我国能源消耗和碳排放越来越集中于城市地区，大量污染排放于城市。城市能否低碳发展决定了中国"双碳"目标能否如期实现。"双碳"目标的提出为城市发展带来新的机遇和挑战。绿色低碳发展要求城市强化绿色低碳规划、推广绿色建造方式、深化可再生能源应用，实现这些举措需要政府力量的参与。中央政府各部门为建设低碳城市密集发布了多个领域的政策，涵盖了交通、能源、城乡建设、金融等十大方面，综合运用财税激励、技术创新等手段，短时间内构建了中国节能减排"1＋N"的政策框架。同时，中国积极开展低碳城市试点，为迈向未来低碳城市打下坚实的基础。

一、低碳城市发展背景

1953年，中共中央宣布实施第一个五年计划，并且在苏联的援助下，中国在短短5年时间内迅速建立了156个工业门类，初步形成了工业化的雏形。此后，中国的工业化走上了快车道，历经几十年的发展，中国一跃成为世界工业产值第一的工业大国。然而，工业化作为中国经济发展的强劲引擎的同时，也带来了许多负面影响。2021年，中国以8145.8 $MtCO_2e$ 的碳排放居于世界碳排放首位，高消耗、高污染、高排放的粗放型发展模式带来了严重的生态破坏。

随着工业化进程的加快，环境恶化问题日益凸显。为改善环境污染，1973年，国务院出台了《关于保护和改善环境的若干规定》，将环境保护纳入各级政府的职能范围，此后，环境保护逐渐受到中央的重视。1983年，"环境保护"被纳入基本国策。1994年，国务院根据联合国大会通过的《21世纪议程》，发表《中国21世纪议程》，环保理念由单纯的环境保护转变为"社会—经济—自然复合生态系统"的可持续发展理念，并作为"可持续发展总体战略"上升为国家战略。可见，为实现可持续发展，中国政府作出了加强环境保护的努力。然而，由于当时正值我国工业化、城市化进程飞速发展的时代，粗放型的经济发展模式使得环境污染速度远远超过环境治理速度，单一的环境保护政策与措施难以改变重工业对环境的全面破坏。

进入21世纪，中国以往"重经济、轻环境"的弊病开始显露出来。北方地区接连出现长时间大面积的雾霾天气，严重影响人民的生命健康；南方地区城市热岛效应显著，严重降低市民生活质量。至此，中国政府开始重视战术层面的环境保护，将环境指标纳入了政府官员考评标准中。环境保护由单一的措施转为全方位的综合治理。2005 年，时任浙江省委书记的习近平在考察时提出了"绿水青山就是金山银山"的科学论断，将"节约资源、保护环境"提升到与经济建设相同的重要性上。受到英国 2003 年提出的"低碳经济"概念的影响，2006 年 12 月，中国首次发布《气候变化国家评估报告》，并在其中提出了"低碳经济"这一概念，次年 6 月国务院便在文件中明确提出要通过加快转变经济增长方式，强化能源节约和高效利用的政策导向。2013 年党的十八届三中全会召开后，习近平领导的新一届领导集体将生态文明建设摆在治国理政的突出位置。党的十八大通过《中国共产党章程（修正案）》，将"中国共产党领导人民建设社会主义生态文明"写入党章，提出政治、经济、社会、文化、生态文明"五位一体"的总体布局，将生态保护放入整体中统筹考虑。2015 年 9 月，中共中央印发《生态文明体制改革总体方案》，提出到 2020 年构建系统完整的生态文明制度体系。2018 年，第十三届全国人民代表大会第一次会议将生态文明和美丽中国写入《宪法》，至此中国的生态文明战略基本确立。低碳理念从原来单一的环境保护文件上升为写入宪法的国家总体战略。全国各地也不断出台地区性政策，保护环境成为政府的重要工作。2020 年 9 月，习近平主席在第七十五届联合国大会一般性辩论上承诺："中国将提高国家自主贡献力度，采取更加有力的政策和措施，二氧化碳排放力争于 2030 年前达到峰值，努力争取 2060 年前实现碳中和。"

国际合作方面，中国与欧盟在 2015 年 6 月签署了《中欧气候变化联合声明》，涉及能源供应、工业、建筑、交通、航空和海运活动、清洁能源研究方面的合作，并重申"中欧近零排放倡议"。这一声明引起了世界各国的关注，直接推动了当年《巴黎协定》的诞生。2016 年 4 月，中国正式签署《巴黎协定》，以书面约定的形式同世界各国一起应对气候变化。同时，作为《生物多样性公约》与《联合国气候变化框架公约》的缔约国，中国积极承担大国责任，与其他国家在可再生能源、绿色金融、绿色"一带一路"等方面深度合作，以求实现经济效益与生态效益的双重发展。除了多边协议以外，中国还与许多国家签订了应对气候变化的双边协定。中美气候变化合作对话是两个最具影响力的大国应对全球气候变化的合作成果，即使在两国关系紧张的局面下，仍发挥着积极的作用。2016 年，中国与绿色金融创始国——英国共同建立了绿色金融研究小组，定期举行学术交流，研究范围涉及"一带一路"投资绿色化、绿色资产证券化与环境—社会—治理（ESG，Environmental，Social and Governance）投资等。

二、低碳城市政策体系

2020 年 9 月，习近平主席在第七十五届联合国大会一般性辩论上承诺将于 2030 年前达到峰值，努力争取 2060 年前实现碳中和。这是中国降碳减排成为国家意志的开始。两年间，与"碳"有关的政策密集发布，构筑了中国的"1＋N"降碳减排体系（图 9-1）。

在政策体系中，2021 年出台的《中共中央 国务院关于完整准确全面贯彻新发展理念做好碳达峰碳中和工作的意见》（以下简称《意见》）是体系中的"1"，起到了解释新发展理念、指明具体工作方向的纲领性作用。同年国务院颁布《2030 年前碳达峰行动方案》（以下简称《方案》），列举了能源绿色转型低碳行动等十个碳达峰行动。《意见》与《方

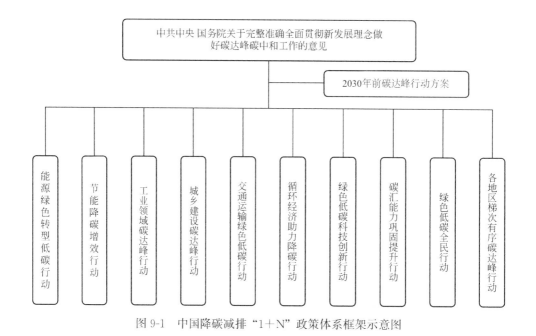

图 9-1　中国降碳减排"1＋N"政策体系框架示意图

案》一同构成"1＋N"政策体系中的顶层设计；国务院各部委及地方政府根据《方案》中提到的十大碳达峰行动方向，制定各自职责范围内的细化政策，构成了"N"体系。

（一）能源绿色转型低碳行动

根据英国石油公司（BP）发布的《世界能源统计年鉴（第 70 版）》，能源发电与供热直接产生了全球 43% 的碳排放，除了直接排放以外，还通过各种方式间接影响着交通、住房等领域的碳排放。因此，能源系统绿色转型是整个社会降低碳排放的首要任务。能源绿色转型低碳行动作为"N"体系中最重要的行动，主要由《新时代的中国能源发展》白皮书（以下简称白皮书）和《"十四五"现代能源体系规划》（以下简称"十四五规划"）两份国家层面的纲领性文件以及若干份部级文件和各地的地方性文件组成。国家层面，白皮书与"十四五规划"制定了能源绿色转型低碳行动的两条主要路线：一是推进能源消费方式的变革，二是构建多元清洁能源供应体系（图 9-2）。

1. 推进能源消费方式变革

首先，白皮书优化了能耗"双控"制度。这一制度在 2015 年党的十八届五中全会上第一次提出，全称为实行能源消耗总量和强度"双控"行动。"双控"制度按省、自治区、直辖市行政区域设定能源消费总量和强度控制目标，对各级地方政府进行监督考核。白皮书将节能指标纳入绩效评价指标体系中的绿色发展等栏目，通过量化的方式对地方政府和领导干部进行工作评价，以此促进地方各级政府和领导干部转变发展理念，树立绿色发展的意识，并积极推进辖区内的能耗"双控"任务。

其次，推进能源消费方式变革离不开法治的保障。2018 年，中华人民共和国全国人民代表大会常务委员会修订了《节约能源法》，这部法律完善了对工业、建筑、交通等重点领域和公共机构的节能制度的规定，也促进了百余项能效标准推进实施，发布 340 多项国家节能标准，其中的近 200 项强制性标准实现了主要高耗能行业和终端用能产品全覆

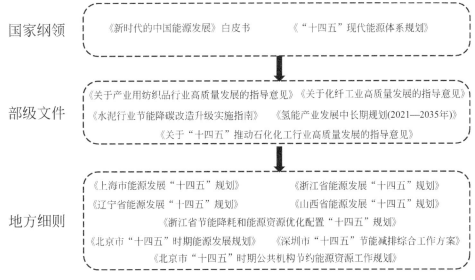

图 9-2 能源绿色转型低碳行动政策体系示意图

盖。除了政府监管外，市场化手段的作用也得到重视。目前，北京市、上海市以及其他低碳城市试点城市，开展了例如税收减免激励、绿色能效信贷、环保电价和碳排放权交易等尝试，均取得了不错的成果。其中，电力系统的市场化改革作为成熟创新被推广至全国。

推动用能终端清洁化是能源消费方式变革的最重要一环。在这一方面，政府推出了《关于推进电能替代的指导意见》等一系列政策文件。推行以电代煤、以电代油、以电代气，推广新能源汽车、热泵、电窑炉等新型用能方式，淘汰高耗能、高排放的锅炉、燃油机等老旧设备。

2. 构建多元清洁能源供应体系

要实现能源系统全面脱碳，能源供给侧结构性改革是绕不开的节点。为此，中国政府多管齐下，在多个方面共同发力。

（1）优先发展非化石能源

开发利用非化石能源是推进能源绿色低碳转型的主要途径。中国政府将非化石能源视为能源的未来，在"十四五"规划与白皮书中均提到了用低碳能源替代高碳能源、用可再生能源替代化石能源。目前，中国将非化石能源发展方向分为太阳能多元化利用、风电开发、绿色水电、安全核电以及生物质能、地热能与海洋能。

太阳能多元化利用方面，中国政府利用国内的产业链优势，统筹光伏发电的布局与市场消纳，注重科技成果的市场化推广。白皮书提出了"集中式与分布式并举"的发展模式，即在中西部等阳光充沛、人烟稀少的地区建立集中式的大型光伏发电基地；在城市建筑、村庄农田等合适的领域，安装小型的分布式光伏发电设备，充分利用太阳能。扶持企业发展，运用市场化力量推动太阳能多元化利用也是中国政府的一个做法，为此，中国政府实施了光伏发电"领跑者"计划，该计划采用市场竞争方式配置项目，目的在于促进光伏发电企业技术进步和成本降低。经过多年耕耘，目前中国占据了全球70%以上的光伏发电市场份额；2021年国内新增光伏发电装机容量超过5300万kW，光伏发电在能源系统中的贡献率逐年攀升。

风电方面，中东部地区的分散风电与海上离岸风电是发展的重点。结合中国特有且全球领先的长距离输电技术，所有分散风电与海上大规模离岸风电被纳入全国统一的国家电网进行智能调配。

水电方面，中国政府将发展重心转向了对生态影响较小的小型水电站，并对中大型水电站的开发进行控制，力求在使用水能资源时不对原有的生态环境造成负担。此外，政府鼓励企业推进非粮生物液体燃料技术产业化发展，采用新技术进行垃圾焚烧发电，推动生物质能向热电联产方向发展。

（2）对现有化石能源进行清洁化改造

完全淘汰化石能源非一日之功。对现有的化石能源进行清洁化改造，在短期内降低二氧化碳的排放，是实现 2030 年能源领域碳达峰目标不可缺少的一步。这方面，最重要的工作是推进煤炭安全智能绿色开发利用。2019 年，中国 58％ 的能源来自煤炭，这些煤炭产生了 71％ 的碳排放。

进行煤炭基地的绿色化改造是煤炭清洁化的一项重点工作。通过引入新设备与新方法，结合 5G、物联网等新技术，对煤炭的生产、洗选、加工、转运进行现代化升级，既可以提高工作效率进行无人化生产，减少工人下井作业风险，又可以降低煤炭的含硫量，降低其燃烧时有毒物质的排放，减少对大气的影响。

发展高效火电，是化石燃料清洁化应用的关键步骤。目前，火电仍然是中国电力系统的主要来源，火电低碳化将极大减少碳排放。在这一方面，中国政府主要提出 3 条路径：一是对发电设备进行改造，引入热电联产机制；二是出台强制性空气排放标准，强制火电厂安装高效的空气净化设备，所有尾气经过净化达标后才允许排放；三是逐步关闭火电厂，减少源头碳排放。

绿色天然气作为化石能源中对环境影响最小的燃料，被欧洲国家广泛认为是清洁能源。白皮书强调了对页岩气进行规模化开发，对天然气进行绿色处理后替代部分化石能源加以利用。

（3）加强能源储运调峰体系建设

能源储运调峰体系不仅是降低能源系统碳排放的有效途径，更是国家能源安全的重要保障。白皮书提出统筹发展煤电油气多种能源输运方式，构建互联互通输配网络，打造稳定可靠的储运调峰体系，提升应急保障能力。这一体系由能源输配网络、能源储备应急体系以及能源调峰机制组成。能源输配网络的目标是，组成一张包含电力、煤炭、石油、天然气等能源在内的能源互联网，通过跨区域能源输送骨干管道、省内区域管道等分级网络，实现清洁能源在全国范围内的统一调配。针对我国能源生产供给端与使用端距离远的特征，建立大型的能源储备系统与峰谷调节机制，通过合理布局调度、抽水蓄能等方法，平衡能源消耗峰谷差距，建立起完善的能源储备体系。

3. 注重科技创新，迎接能源革命

当前，世界正处在新科技革命和产业革命交汇点，新技术突破加速带动产业变革，促进能源新模式新业态不断涌现。在白皮书与"十四五"规划中，中国将通过由"企业—高校—科研院所"组成的创新平台，开展广泛的基础性研究与市场化应用研究，发挥科技创新第一动力的作用，建立起一套多元化多层次能源科技创新体系。

（二）节能降碳增效行动

节能降碳增效行动以《"十四五"节能减排综合工作方案》为行动纲领，重点聚焦能耗双控、污染物排放总量控制、转变高耗能高排放发展模式与低碳经济法律体系建设这几个方面，提出到2025年全国单位国内生产总值能耗比2020年下降13.5％的目标。

为实现这一目标，节能降碳增效行动首先划定了一批重点行业，并提出在"十四五"期间内，由工业和信息化部、生态环境部等部门会同地方各级政府，帮助重点行业进行绿色升级。在钢铁、有色金属等高耗能行业中，推广更高效的设备与生产方法，鼓励企业用清洁的电力代替传统能源，配合绿色能源转型低碳行动，降低企业生产过程中的能源使用与碳排放；对化工类企业则是重点监督其生产废水废料的回收利用以及资源化改造。

除了对企业进行绿色升级，工业园区节能改造也是行动的一项重点。节能降碳增效行动的实施方案中提出，鼓励引导工业企业向工业园区聚集，推进供热、供水、污水处理、废弃物回收等公共基础设施共建共享，将废弃物处理规模化、产业化，这样既能提高废物处理装置的使用率，也有利于形成规模化的废弃物处理产业，在节能减排的同时促进产业升级。

对城镇进行绿色节能改造既是节能降碳增效行动的一项任务，也是城乡建设碳达峰行动的重点。随着城市更新的推进，原来规划不合理、基础设施不健全的缺点有机会得到弥补。《"十四五"节能减排综合工作方案》中规定，在城中村改造、老城区更新时，必须按照绿色规划、绿色建设、绿色运行的原则，将低碳城市、韧性城市、海绵城市与无废城市的理念融入其中。对建筑来说，新建的建筑必须符合住房和城乡建设部颁布的星级能效标准；在社区尺度上，政府根据不同地区的条件差异，参考住房和城乡建设部建筑星级标准，规定了不同星级的最低比例要求；在城市尺度上，则要求串通起不同的社区，将工业区的多余热能引入居民区，实现社区之间的共建共享，降低整个城市的碳排放。

交通物流减排是节能降碳增效行动的另一个焦点。该领域的行动由交通运输部等国家部委连同中国国家铁路集团有限公司等国企共同实施。政府部门与企业合作，推动绿色铁路、绿色公路、绿色港口、绿色航道、绿色机场建设，在关键地区加快充换电站、加氢站、港口机场岸电等基础设施建设。在交通绿色化改革中，提高城市公交、出租、物流、环卫清扫等车辆使用新能源汽车的比例。共同达成交通减排的目标。

（三）工业领域碳达峰行动

工业领域碳达峰主要依托能源系统革命以及节能降碳增效行动带来的基础设施升级。2020—2022年，工业和信息化部联合其他部门，密集发布了十余项文件，针对每个高耗能行业的特点，提出细致的实施方案（表9-1）。

工业碳达峰行动政策体系　　　　　　　　　　　　　　　　　　　表9-1

编号	政策文件名称	发布单位	发布时间
1	《关于促进钢铁工业高质量发展的指导意见》	工业和信息化部、国家发展和改革委员会、生态环境部	2022年1月

续表

编号	政策文件名称	发布单位	发布时间
2	《炼油行业节能降碳改造升级实施指南》	国家发展和改革委员会、工业和信息化部、生态环境部、国家能源局	2022 年 2 月
3	《乙烯行业节能降碳改造升级实施指南》		
4	《对二甲苯行业节能降碳改造升级实施指南》		
5	《现代煤化工行业节能降碳改造升级实施指南》		
6	《合成氨行业节能降碳改造升级实施指南》		
7	《电石行业节能降碳改造升级实施指南》		
8	《烧碱行业节能降碳改造升级实施指南》		
9	《纯碱行业节能降碳改造升级实施指南》		
10	《磷铵行业节能降碳改造升级实施指南》		
11	《黄磷行业节能降碳改造升级实施指南》		
12	《水泥行业节能降碳改造升级实施指南》		
13	《平板玻璃行业节能降碳改造升级实施指南》		
14	《建筑、卫生陶瓷行业节能降碳改造升级实施指南》		
15	《钢铁行业节能降碳改造升级实施指南》		
16	《焦化行业节能降碳改造升级实施指南》		
17	《铁合金行业节能降碳改造升级实施指南》		
18	《有色金属冶炼行业节能降碳改造升级实施指南》		
19	《高耗能行业重点领域节能降碳改造升级实施指南(2022 年版)》		

这一系列文件大多提到了优化产业结构布局,鼓励重点区域提高淘汰标准,强制低效率、高能耗、高污染的企业退出;鼓励环境容量、能耗指标以及能源供应有富余的地区承接产能。继续深入市场化改革,鼓励龙头企业实施兼并重组,改变"小散乱"的局面,打造出超大型的工业企业集团。此外,行业应当积极布局智能制造,引入第五代通信技术(5G)、工业互联网、人工智能、数字孪生等技术,构建智能制造体系标准,探索新一代信息技术在各自领域的应用。

(四)城乡建设碳达峰行动

目前,我国城市化率超过 60%,城市碳排放在全国碳排放中的占比一度超过 80%。城市作为碳减排的"主战场",承担着艰巨的任务。在这一背景下,住房和城乡建设部、国家发展和改革委员会于 2022 年发布《城乡建设领域碳达峰实施方案》,与"十四五"相关规划一道组成了城乡建设碳达峰政策体系(表 9-2)。

城乡建设碳达峰政策体系(节选) 表 9-2

编号	政策名	发布单位	发布时间
1	《关于推动城乡建设绿色发展的意见》	中共中央办公厅、国务院办公厅	2021 年 10 月
2	"十四五"建筑节能与绿色建筑发展规划	住房和城乡建设部	2022 年 3 月
3	"十四五"住房和城乡建设科技发展规划	住房和城乡建设部	2022 年 3 月

编号	政策名	发布单位	发布时间
4	《农业农村减排固碳实施方案》	农业农村部、国家发展和改革委员会	2022年5月
5	《城乡建设领域碳达峰实施方案》	住房和城乡建设部、国家发展和改革委员会	2022年6月

这项行动以"顶层设计＋细则文件"为结构框架，因地制宜地制定不同区域的节能降碳要求，制定了不同的目标。这项行动提到了2个关键的时间节点。第一个时间节点是2030年，这之前的阶段是城乡建设的碳达峰阶段，即2030年前城乡建设领域的碳排放达到峰值，并基本建立起绿色低碳发展政策体系和机制。这就要求建筑绿色化，进而实现社区绿色化，社区绿色化又将带动整个城市绿色化。第二个时间节点是2060年，这一阶段城乡建设全面实现绿色低碳转型，系统性变革全面实现，城乡建设进入碳中和阶段。针对这一目标，《城市建设领域碳达峰实施方案》提出建设绿色低碳城市和打造绿色低碳县城和乡村两大行动路线。

1. 建设绿色低碳城市

建设绿色低碳城市，首先要优化城市结构和布局。将原来"摊大饼式"的粗放型发展模式转变为组团式发展。每个组团不超过 $50km^2$，除个别地段外平均人口密度不超过1万人/km^2。组团之间通过生态廊道贯通连续，城市快速交通干线穿插其中。城市交通道路分为快速干线交通、生活性集散交通和绿色慢行交通设施，主城区道路网密度必须大于 $8km/km^2$。

其次，要开展绿色低碳社区建设。形成简约适度、绿色低碳、文明健康的复合式混合街区。按照《完整居住社区建设标准（试行）》配建公共服务设施，通过步行和骑行网络串联多个社区，构建15min生活圈。到2030年，地级及以上城市完整社区覆盖率应提高到60%以上。

绿色建筑是低碳城市的最小单元。到2025年，城镇新建筑必须全面执行绿色建筑标准，星级绿色建筑占比达到30%以上，新建政府投资公益性公共建筑或者大型公共建筑必须达到一星级以上标准。推动零碳建筑和近零能耗建筑建设，重点关注建筑运营期间的碳排放，到2030年，实现公共建筑机电系统总体能效在现有水平上提升10%的目标。此外，建造过程必须使用绿色建造、智能建造技术，根据各地区发展水平，规定装配式建筑的最低比例，引导施工企业绿色施工。

能源是建筑减碳绕不开的问题。依托能源绿色行动，住房和城乡建设部要求对现有供热供能基础设施进行体系化、智能化、生态绿色化建设改造，满足其在低碳条件下运营的需要。到2030年，城市供热管网的热损失比2020年下降5%。建筑用能结构得到改变。例如，推进建筑太阳能光伏一体化建设，要求到2025年，新建公共机构建筑的屋顶光伏覆盖率力争达到50%，城镇建筑可再生能源替代率达到8%，推动开展公共建筑全面电气化，用热泵热水器代替燃气产品，推动智能微电网、"光储直柔"、蓄冷蓄热、负荷灵活调节、虚拟电厂等技术应用，优先消纳可再生能源电力，主动参与电力需求侧响应。丰富建筑的能源来源，将氢燃料电池、工业余热、热电联产引入建筑，提高城市热电生物质耦合能力。

垃圾处理同样是城市的一大难题。在这一行动中，垃圾将根据严格的分类回收制度进入专业的处理机构，进行无害化、资源化处理。此外，城市要系统化全域推进海绵城市建设，综合采用"渗、滞、蓄、净、用、排"的方式，加大雨水蓄滞与利用，在 2030 年前达成全国城市建成区平均可渗透面积占比达到 45%、平均再生水利用率达到 30% 等目标。

2. 打造绿色低碳县城和乡村

与绿色低碳城市相比，绿色低碳县城和乡村则更注重与自然环境融合协调。行动要求提升县城的绿色低碳水平，严格控制人口密度，推行"窄马路、密路网、小街区"。在乡村，营造自然紧凑的格局。引导新建农房执行《农村居住建筑节能设计标准》，推广太阳能、高效照明等绿色技术的应用，鼓励选用绿色建筑材料和装配式钢结构、木结构等建造方式。

（五）交通运输绿色低碳行动

根据英国石油公司发布的统计年鉴，交通运输直接产生了 26% 的碳排放。交通物流作为国民经济中基础性、先导性、战略性的产业和重要的服务性行业，是碳排放的主要来源之一，推动交通运输行业的绿色低碳转型，将间接带动其他行业的节能减排。因此，交通运输绿色低碳行动是"双碳"目标的"开路先锋"。为实现行动目标，交通运输部提出两条路线。第一，优化交通运输结构；第二，加快交通运输工具绿色化。

1. 优化交通运输结构

优化交通运输结构的主旨是，建设高效、便利的公共交通网络，减少私家车的行驶里程，以达到节能减排的效果。要实现这一目标，首先要优先发展公共交通，完善城市公共交通服务网络，将航空、水路、铁路与陆路交通融合起来，建设综合立体交通网，提升综合交通运输整体效率。在城市中，推动以公共交通为导向的城市发展模式，鼓励城市轨道交通、公交专用道、快速公交系统（BRT，Bus Rapid Transit）等大容量公共交通基础设施建设。在地铁、BRT 覆盖不到的区域，通过社区巴士、共享单车构建城市二级交通网络，解决市民出行"最后一公里"的问题。同时，建立一套行人友好的慢行系统，鼓励市民以步行、骑行替代驾车，并将慢行系统接入公交网络，实现无缝对接。

2. 加快交通运输工具绿色化

交通运输工具绿色化要求提高交通运输工具的能效标准。一方面，鼓励以电、氢能源为代表的新能源交通工具投入使用；另一方面，强制淘汰高能耗、高排放的老旧设备，规定燃油车的最晚禁售时间。

2020 年，国务院办公厅发布《新能源汽车产业发展规划（2021—2035）》，规划中指出提高新能源汽车的创新能力，深化"三横三纵"的研发布局，即以纯电动汽车、插电式混合动力汽车、燃料电池汽车为"三纵"，布局整车技术创新链；以动力电池与管理系统、驱动电机与电力电子、网联化与智能化技术为"三横"，构建关键零部件技术供给体系。

（六）循环经济助力降碳行动

发展循环经济是我国经济社会发展的一项重大战略。大力发展循环经济，推进资源节约集约利用，构建资源循环型产业体系和废旧物资循环利用体系，对保障国家资源安全，推动实现碳达峰、碳中和，促进生态文明建设具有重大意义。在中央政府提出"国内大循环、国内国际双循环"的背景下，循环经济这一概念得到了人们的重视。

根据《"十四五"循环经济发展规划》，中国的循环经济遵循"减量化、再利用、资源化"的原则，在资源循环利用、农业循环经济两方面重点发力，尝试打造一套健全的绿色低碳循环经济发展体系。根据《"十四五"循环经济发展规划》制定的目标，到2025年，循环型生产方式全面推行，废物回收网络将更加完善，再生资源对原生资源的替代比例进一步提高，单位GDP能源消耗、用水量比2020年分别下降13.5%、16%左右。工业方面，大宗固体废物、建筑垃圾综合利用率均达到60%；农业方面，秸秆综合利用率保持在86%以上。资源循环利用产业的产值达到5万亿元。

要实现这一目标，首先要构建资源循环型产业体系，提高资源利用效率。这要求政府依法在"双超双有高耗能"行业实施强制性的清洁生产审核机制，推进工业园区循环化发展，促进工业园区的废物综合利用、能量梯级利用、水资源循环使用，并推进工业余压余热、废水废气废液资源化利用，实现绿色低碳循环发展。同时在城市中，实行废弃物协同处置。推进强制性垃圾分类，通过市场化方式确定城市废弃物协同处置付费标准，统筹处理低值有机废物。

其次，要构建废旧物资循环利用体系，建设资源循环型社会。积极推进"互联网＋回收"的方式，线上线下协同，完善资源回收体系的同时，建立一个规范的二手商品市场，鼓励二手商品流通与交易。

再次，深化农业循环经济发展，建立循环型农业生产方式。要加强农林废弃物资源化利用，并坚持农用优先的原则，加大秸秆还田力度，发挥耕地保育功能。通过科技创新，开发农业、林业废弃物的新用法、新价值。对于农业器具、农药包装等物资，利用建设区域性废旧农用物资集中处置利用设施，提高规模化、资源化利用水平。循环农业方面发展，推广种养结合、农牧结合、养殖场建设与农田建设有机结合等方式，打造生态农场和生态循环农业产业联合体，推进种植、养殖、农产品加工、生物质能、旅游康养等循环链接，鼓励一二三产业融合发展。

（七）绿色低碳科技创新行动

科技创新是实现碳达峰碳中和目标的关键支撑。科技的每一次突破，都可能影响到能源、工业、城乡建设、交通等领域的碳减排进程。因此，绿色低碳科技创新被列为一项重要的工作。在现阶段，科技创新的目标是支撑2030年碳达峰目标，并为2060年前实现碳中和目标做好技术储备。

1. 能源绿色低碳转型科技支撑行动

这一行动主要深入推进跨行业、跨领域深度协同、融合创新，加强基础性、原创性、颠覆性技术研究，为能源系统绿色化提供基础支撑与储备。其涉及的主要领域见表9-3。

2. 低碳与零碳工业流程再造技术突破行动

这一行动瞄准产品全生命周期碳排放降低，加强高品质工业产品生产和循环经济关键技术研发，加快跨部门、跨领域低碳零碳融合创新。到2030年，形成一批支撑降低粗钢、水泥、化工、有色金属行业二氧化碳排放的科技成果，实现低碳流程再造技术的大规模工业化应用。其主要技术节点见表9-4。

能源绿色低碳转型科技支撑行动技术节点 　　表 9-3

编号	技术领域	内容细分
1	煤炭高效利用	(1)实现工业清洁高效,用煤清洁化,攻克近零排放的煤制清洁燃料技术; (2)研发低能耗的百万吨级碳捕集与封存(CCUS)全流程成套工艺和关键技术; (3)研究新型高效低碳工业锅炉技术、装备和检测评价技术
2	新能源发电	(1)研发高效硅基光伏电池、高效稳定钙钛矿电池等技术; (2)研发碳纤维风机叶片、超大型海上风机整机设计制造与安装实验技术、抗台风型海上漂浮式风电机组、漂浮式光伏系统; (3)研发低成本太阳能热发电与热电联产技术、高温吸热传热储热材料; (4)研发高安全性多用途小型模块化反应堆、超高温气冷堆技术
3	智能电网	(1)研发大规模可再生能源并网及电网安全高效运营技术; (2)研发高精度可再生能源发电功率预测、可再生能源电力并网主动支撑、煤电与大规模新能源发电协同规划与综合调节技术; (3)研发柔性直流输电、低惯量电网运行与控制等技术
4	储能技术	(1)研究压缩空气储能、飞轮储能、液态与固态锂电池储能、钠离子电池储能、液体电池储能; (2)研发梯级电站大型储能技术等新技术
5	可再生能源非电利用	(1)研发太阳能采暖与供热技术,地热能综合利用技术、干热岩开发与利用技术; (2)研发生物航空煤油、生物柴油、维生素乙醇、生物天然气、生物质热解等生物燃料制备技术; (3)研发生物质基材料及高附加值化学品制备技术、低热值生物质燃料的高效燃料关键技术
6	氢能技术	(1)研发低成本制氢技术、大规模物理储氢和化学储氢技术; (2)研发大规模、长距离管道输氢技术
7	节能技术	(1)资源开采、加工,能源转换、运输和使用过程中,以电力输配和工业、交通、建筑等终端用能环节为重点,研发和推广高效电能转换及能效提升技术; (2)研发数据中心节点降耗技术; (3)研发高效换热技术、装备、能效检测评价技术

低碳与零碳工业流程再造技术突破行动技术节点 　　表 9-4

编号	技术领域	内容细分
1	低碳零碳钢铁	研发全废钢电炉流程集成优化技术、富氢或纯氢气体冶炼技术、钢化一体化联产技术、高品质生态钢铁材料制备技术
2	低碳零碳水泥	研发低钙高胶凝性水泥熟料技术、水泥窑燃料替代技术、少熟料水泥生产技术及水泥窑富氧燃烧关键技术等
3	零碳低碳化工	针对石油化工、煤化工等高碳排放化工生产流程,研发可再生能源规模化制氢技术、原油炼制短流程技术、多能耦合过程技术,研发绿色生物化工技术以及智能化低碳升级改造技术
4	零碳低碳有色	研发新型连续阳极电解槽、惰性阳极铝电解、输出端节能等余热利用技术,金属和合金再生料高效提纯及保级利用技术,连续铜冶炼技术,生物冶金和湿法冶金新流程技术
5	资源循环利用与再造	研发废旧物资高质循环利用、含碳固废高值材料化与低碳能源化利用、多源废物协同处理与生产生活系统循环链接、重型装备智能再制造等技术

3. 城乡建设与交通低碳零碳技术攻关行动

这一行动围绕城乡建设和交通领域绿色低碳转型目标，以脱碳减排和节能增效为节点，进行技术研究。其关键技术节点见表9-5。

城乡建设与交通低碳零碳技术攻关行动技术节点 　　　　　　　表 9-5

编号	技术领域	内容细分
1	光储直柔供配电	(1)研究光储直柔供配电关键设备与柔性化技术； (2)研究建筑光伏一体化技术体系；研发区域—建筑能源系统源网荷储用技术及装备
2	建筑高效电气化	(1)研究面向不同类型建筑需求的蒸汽、生活热水和炊事高效电气化替代技术和设备； (2)研发夏热冬冷地区新型高效分布式供暖制冷技术和设备； (3)研发建筑环境零碳控制系统
3	电热协同	研究利用新能源、火电与工业余热区域联网、长距离集中供热技术，发展针对北方沿海核电余热利用的水热同产、水热同供和跨季节水热同储新技术
4	低碳建筑材料与规划设计	(1)研发天然固碳建材和竹木、高性能建筑用钢、纤维复材、气凝胶等新型建筑材料与结构体系； (2)研发与建筑同寿命的外围护结构高效保温体系； (3)研究建材循环利用技术及装备； (4)研究各种新建零碳建筑规划、设计、运行技术和既有建筑的低碳改造成套技术
5	新能源载运设备	研发高性能电动、氢能等低碳能源驱动载运装备技术，突破重型陆路载运装备混合动力技术以及水运载运装备应用清洁能源动力技术、航空器非碳基能源动力技术、高效牵引变流及电控系统技术
6	绿色智慧交通	(1)研发交通能源自洽及多能变换、交通自洽能源系统高效能与高弹性等技术； (2)研究轨道交通、民航、水运和道路交通系统绿色化、数字化、智能化等技术，建设绿色智慧交通体系

4. 负碳及非二氧化碳温室气体减排技术能力提升行动

这一行动旨在研究碳捕集与封存（CCUS）技术，降低工业、交通等环节的二氧化碳排放。其具体技术节点见表9-6。

负碳及非二氧化碳温室气体减排技术能力提升行动技术节点 　　　　　　　表 9-6

编号	技术领域	内容细分
1	CCUS 技术	研究 CCUS 与工业流程耦合技术及示范，应用于船舶等移动源的 CCUS 技术、新型碳捕集材料与新型低能耗低成本碳捕集技术、与生物质结合的负碳技术（BECCS），开展区域封存潜力评估及海洋咸水封存技术研究与示范
2	碳汇核算与监测技术	研究碳汇核算中基线判定技术与标准、基于大气二氧化碳浓度反演的碳汇核算关键技术，研发基于卫星实地观测的生态系统碳汇关键参数确定和计量技术、基于大数据融合的碳汇模拟技术，建立碳汇核算与监测技术及其标准体系

编号	技术领域	内容细分
3	生态系统固碳增汇技术	开发森林、草原、湿地、农田、冻土等陆地生态系统和红树林、海草床和盐沼等海洋生态系统固碳增汇技术,评估现有自然碳汇能力和人工干预增强碳汇潜力,重点研发生物炭土壤固碳技术,秸秆可控腐熟快速还田技术、微藻肥技术、生物固氮增汇肥料技术、岩溶生态系统固碳增汇技术、黑土固碳增汇技术、生态系统可持续经营管理技术等。研究盐藻/蓝藻固碳增强技术、海洋微生物碳泵增汇技术等
4	非二氧化碳温室气体减排与替代技术	研究非二氧化碳温室气体监测与核算技术,研发煤矿乏风瓦斯蓄热及分布式热电联供、甲烷重整及制氢等能源及废弃物领域甲烷回收利用技术,研发氧化亚氮热破坏等工业氧化亚氮及含氟气体的替代、减量和回收技术,研发反刍动物低甲烷排放调控技术等农业非二气体减排技术

5. 前沿颠覆性低碳技术创新行动

这一行动面向国家碳达峰碳中和目标和国际碳减排科技前沿,旨在加强前沿和颠覆性低碳技术创新。共有 7 个主要技术节点,分别是新型高效光伏电池技术、新型核能发电技术、新型绿色氢能技术、前沿储能技术、电力多元高效转换技术、二氧化碳高值化转化利用技术与空气中二氧化碳直接捕集技术。

6. 其他技术创新行动

除了上文提到的 5 个方面的技术创新,还有以促进成果转化为目标的"低碳零碳技术示范行动";研究国家碳达峰碳中和目标与国内经济社会发展相互影响和规律等重大问题的"碳达峰碳中和管理决策支撑行动";面向碳达峰碳中和目标需求,国家科技计划着力加强低碳科技创新的系统部署,推动国家绿色低碳创新基地建设和人才培养的"碳达峰碳中和创新项目、基地、人才协同增效行动";加快完善绿色低碳科技企业孵化服务体系,优化碳达峰碳中和领域创新创业生态的"绿色低碳科技企业培育与服务行动";围绕实现全球碳中和愿景与共识,持续深化低碳科技创新领域国际合作,支撑构建人类命运共同体的"碳达峰碳中和科技创新国际合作行动"。

(八) 碳汇能力巩固提升行动

碳汇能力巩固提升行动由自然资源部主导,目的是通过山水林田湖草沙一体化保护和修复,提升生态系统的质量和稳定性,增加生态系统碳汇增量。这项行动由《林业碳汇项目审定和核证指南》《海洋碳汇经济价值核算方法》等细化文件组成,重点聚焦巩固生态系统固碳作用、提升生态系统碳汇能力、加强生态系统碳汇基础支撑和推进农业农村减排固碳四个方面。

生态系统修复与保护是中国政府长期实施的一项基本政策。在《2030 年前碳达峰行动方案》中,中国政府制定了到 2030 年,全国森林覆盖率达到 25%,森林蓄积量达到 190 亿 m^2 的目标。这一目标的实现,主要依托大规模、深入的国土绿化行动。数十年来,中国政府坚持退耕还林、还草、还湖等做法,扩大了林草湖资源总量。各地区政府推出各种形式的专项治理计划,极大恢复了生态系统的承载力,促进黄土高原、红树林、湿地等脆弱生态系统的恢复。以"蚂蚁森林"为代表的绿化工程,在 1979—2019 年这 40 年间,人工制造了 11.8 亿亩的森林，将中国的森林覆盖率由 12% 提升至 22.8%，极大延缓了沙漠化的进程。推进农业农村减排固碳同样是本行动的一项重要工作。与城乡建设碳达峰行动中重点关注农房、道路等基础设施不同，本行动更加关注发展绿色循环农业这些农田设施。在碳汇能力巩固提升行动中，提到了农光互补、"光伏＋设施农业""海上风场＋海洋牧场"等低碳农业模式。除此之外，实施土地保护工程，提高土壤有机碳储量，并合理控制化肥、农药等不环保化学品的使用，降低农业生产对环境的负担。

（九）绿色低碳全民行动

该行动延续此前的生态文明宣传工作，但在此基础上，针对碳达峰碳中和目标，有了新的拓展。

首先，宣传的内容不限于节水节电、垃圾分类，而是拓展为普及碳达峰、碳中和基础知识，将多种形式的资源环境国情教育构筑为全方面、立体化的知识网络，将其系统性地纳入国民教育体系。

其次，这项行动的目的在于推广绿色低碳生活方式。绿色生活方式包括了餐饮绿色化、消费绿色化、出行绿色化等，涵盖了人民生活的方方面面。

最后，强化领导干部培训，引导企业履行社会责任是本行动的一项创新点。行动要求强化政府领导者的低碳意识与相关知识储备，强化法治意识。在实践工作中，政府部门引导重点领域的企业按照"一企一策"的原则制定转向工作方案，推进节能降碳工作。此外，该行动也对相关的上市公司和发债企业提出了按照环境信息依法披露要求，定期公布企业碳排放碳足迹信息的要求。

（十）各地区梯次有序碳达峰行动

2021 年，17 个省市在当年度的《政府工作报告》中确认，在 2021 年将制定本省的碳达峰行动方案。在省级层面，大多数省份的政策与中央一致，如吉林省、江苏省率先明确采用"1＋N"政策体系。然而，各省市根据其发展侧重点不同，在能源结构、工业转型、科技创新、生态碳汇等方面各有侧重。例如以浙江省为代表的经济强省更加强调科技创新；森林覆盖率较高的省份（四川省、福建省）更加强调林草碳汇；工业、资源大省（东北地区省份、河北省、江苏省等）重点聚焦工业绿色化与结构调整；而西部省份则是强调其资源禀赋优势，大力发展新能源产业与远程运算为代表的数字产业（表 9-7）。

各地区碳达峰碳中和相关规划（节选）　　　　　表 9-7

省份	发布时间	政策名	内容
河北	2021 年 4 月	《河北省人民政府关于建立健全绿色低碳循环发展经济体系的实施意见》	经济向绿色低碳发展
广西	2021 年 7 月	《关于深入推动生态环保服务高质量发展的实施意见》	有条件的地区率先达峰，生态环保高质量发展
海南	2021 年 7 月	《关于试行开展碳排放环境影响评价工作的通知》	重点行业碳排放影响评价

续表

省份	发布时间	政策名	内容
江西	2021 年 7 月	《关于加快建立健全绿色低碳循环发展经济体系的若干措施的通知》	加快绿色低碳经济发展 21 项措施
浙江	2021 年 7 月	《浙江省建设项目碳排放评价编制指南（试行）》	九大重点行业碳排放评价
	2021 年 6 月	《浙江省碳达峰碳中和科技创新行动方案》	科技创新行动方案
河南	2021 年 6 月	《河南省推进碳达峰碳中和工作方案》	碳达峰地区行动方案
福建	2021 年 6 月	《福建省"十四五"制造业高质量发展专项规划》	制造业绿色化发展
甘肃	2021 年 5 月	《关于培育壮大新能源产业链的意见》	壮大本省新能源产业链
江苏	2021 年 5 月	《江苏省生态环境厅 2021 年推动碳达峰、碳中和工作计划》	2021 年全省碳排放强度下降 4.2％

三、低碳城市建设路径

国际社会在巴黎协会、联合国大会等会议上对低碳达成共识之后，中国作为世界上目前碳排放量最大的国家，理应有所作为，因此习近平主席在第七十五届联合国大会一般性辩论中承诺："中国将提高国家自主贡献力度，采取更加有力的政策和措施，二氧化碳排放力争于 2030 年前达到峰值，努力争取 2060 年前实现碳中和。"此后全国上下开始统筹部署，相关政策分别在规划、能源、交通、节能、水资源等方面展开落地实施，我国也在低碳建设路径上取得了良好成效。

（一）规划：全面开展低碳规划，助力实现"碳达峰""碳中和"目标

面对全世界的气候变化、能源紧张等一系列问题，中国正在不断巩固可持续发展的道路，以解决中国快速发展所面临的问题。绿色低碳的规划是解决发展不平衡的关键。习近平总书记更是提出了"绿水青山就是金山银山"的科学论断，中国实现改善民生，解决脱贫，防污减排就必须要进行低碳建设的规划。

中国在 1980 年发布的《关于加强节约能源工作的报告》拉开了低碳发展序幕，将节能减排工作摆在了中国发展的重要位置。2000 年中国开展了天然林资源保护工程，坚持中国森林资源的保护。20 年间中国陆续出台一系列指标，2005 年中国提出循环经济，尽可能地减少资源的消耗，争取通过资源的再利用来获得更高的经济效益，同时减少废物排放。到 2021 年，中国在《"十四五"循环经济发展规划》中强调要通过构建资源循环型产业体系、废旧物资循环利用体系，建设资源循环型社会，提高资源利用效率。此外，中国还将深化农业循环经济发展，以建立循环型农业生产方式来推动循环经济的发展。

中国在交通运输业领域也积极开展了节能减排工作。2009 年进行了新能源汽车的推广，将低碳重心放在了出行上。2011 年提出完善低碳交通体系，实现交通运输业的减排工作。"十四五"期间，更是把重心放到了运输工具的低碳转型、构建智能绿色高效的交通体系和绿色基础设施的升级改造。

当下，中国已经初成低碳体系，低碳技术不断增强，"十三五"后中国政策逐渐完善。基于目前复杂多变的国际国内环境，中国正在发扬新理念，作出新举措，以此来更好地改善中国民生，推动经济建设，解决脱贫问题。2021 年国务院在《2030 年前碳达峰行动方案》提出中国要加强推进绿色低碳发展，特别是在"十四五"期间，要推进产业结构和能源结构的转型。在党的十九大上习近平总书记就明确提出要"加快生态文明体制改革，建设美丽中国"。

可再生能源也将进入高速发展的新阶段。中国颁布的《"十四五"可再生能源发展规划》指出在目前的优势上需要对可再生能源进行大规模的开发，高比例地运用，创新化、市场化发展，深化国际合作。

（二）节能：创新节能，政策协同

为适应现代低碳城市的迅速发展，我国出台了相应的节能政策。政策重点落在了节能和发展可再生能源以及优化产业和能源结构改革。节能政策是为了提高能源利用率、控制能源消耗和减少污染物排放而制定的政策，也是防治大气污染的根本。早在 2011 年我国发布的《"十二五"节能减排综合性工作方案》中就提出把节能减排作为调整经济结构、转变经济发展方式、推动科学发展作为重点发展方向，并且提出了部分节能减排工程，例如实施锅炉窑炉改造、电机系统节能、能量系统优化、余热余压利用、节约替代石油、建筑节能、绿色照明等节能改造工程，以及节能技术产业化示范工程、节能产品惠民工程、合同能源管理推广工程和节能能力建设工程。

在推进本国能源系统节能减碳的同时我国也积极参与节能减排的国际协作。2015 年，中国作为发起国和首批缔约国之一，与美国等国家一道促成了《巴黎协定》的签署与落地。2020 年，中国在联合国大会一般性辩论上宣布分别于 2030 年、2060 年前实现碳达峰和碳中和。

为落实协定，我国在《"十三五"节能减排综合工作方案》当中明确提出目标——到 2020 年，全国万元国内生产总值能耗比 2015 年下降 15%，能源消费总量控制在 50 亿 t 标准煤以内。从此，我国的节能减排进入到一个新的阶段。2021 年 3 月，我国农工党中央发布《关于奋力推动如期实现碳达峰碳中和的提案》指出现有产业结构、能源消费仍以高碳为主，清洁能源发展尚需加力。在 2021 年末，我国就在《"十四五"节能减排综合工作方案》提出了详细的方案：全面推进城镇绿色规划、绿色建设、绿色运行管理，推动低碳城市、韧性城市、海绵城市、"无废城市"建设；全面提高建筑节能标准，加快发展超低能耗建筑，积极推进既有建筑节能改造、建筑光伏一体化建设。例如因地制宜推动北方地区清洁取暖，加快工业余热、可再生能源等在城镇供热中的规模化应用，以贯彻低碳城市的节能政策。同时预计到 2025 年，全国单位国内生产总值能源消耗比 2020 年下降 13.5%。

国务院发布的《2030 年前碳达峰行动方案》体现了我国在节能方面的最新指导政策。

首先是能源绿色低碳转型行动。其旨在推进煤炭消费替代和转型升级、大力发展新能源、因地制宜开发水电、积极安全有效发展核电、合理调控油气消费和加快建设新型电力系统。

据世界卫生组织统计，目前中国已经成为世界上最大的垃圾制造者，并且与世界发达国家差距逐渐变大。以 2004 年为例，中国城市地区产生了 19000 万 t 固体废弃物，预测到 2030 年垃圾数量会增长到 48000 万 t 以上。随着城市化的加深以及人口的迅速增长，垃圾的数量也会增多。城市垃圾对城市生态环境的破坏和居民健康的威胁已经成为必须解决的紧急问题，并且严重阻碍中国迈向发达国家的进程。而垃圾增多的主要原因与其处理方式以及回收方式有很大的关系。

（三）能源：从"一煤独大"到多元绿色清洁

我国是世界上第二大能源消费国，要想降低单位 GDP 能耗，就需要对各类新型能源进行探究，改善传统能源的使用方式。在能源供需矛盾冲突、世界环境问题加剧的今天，聚焦清洁能源的开发旨在改善能源消费生产结构、提升能源利用效率，这是中国在能源领域寻求发展的重中之重。

1. 传统化石能源

长期以来，煤炭在我国能源领域占据绝对地位，而且在未来 10～15 年时间内仍可能是主要能源来源。煤炭在国家能源安全供应中发挥兜底保障的作用，需有序规划和保障煤炭供应，避免煤价大幅波动。在 2005—2014 年间，煤炭的需求快速增长，随后稍有下降，到 2016 年以后，我国的煤炭消费量基本保持平稳，2020 年我国煤炭消费占世界煤炭消费总量的 54.33%。虽然石油是世界第一大消费能源，但在我国位列第二，且在近十年间保持年均 5.3% 的增速。2022 年，习近平主席在世界经济论坛视频会议的演讲中提到，实现碳达峰碳中和，不可能毕其功于一役，中国将破立并举、稳扎稳打，在推进新能源可靠替代过程中逐步有序减少传统能源，确保经济社会平稳发展。

对于降低由传统化石能源而带来的碳排放，我国经历了三个主要的节能减排阶段。第一，初始形成阶段。以行政手段为主，重点聚焦能源节约，这一时期主要有 20 世纪 80 年代出台的《关于加强节约能源工作的报告》《超定额耗用燃料加价收费实施办法》《征收排污费暂行办法》等，在节能技术升级、环境污染治理方面取得了成效，一定程度上调动了企业节能的积极性，推动了能源的开发和节约以及降低损耗和绝对碳排放量。第二，发展变革阶段。以节能优先，开始重视能源结构调整，并出现了一些长期的规划，如《能源发展"十一五"规划》，简言之，就是加大淘汰落后产能力度，严控"双高"行业过快增长，推动产业结构优化、能源开发技术升级。第三，深化改革阶段。持续完善节能减排政策体系，调整能源发展的战略，继 2008 年《可再生能源发展"十一五"规划》指出要加强清洁可再生能源的研发和推广后，2014 年 6 月，国务院颁布的《能源发展战略行动计划（2014—2020 年）》提出以电力为中心的能源消费结构调整，降低煤炭消费比重，提高天然气消费比重，重视和大力发展风电、太阳能、地热能等可再生能源。

2. 可再生新能源

可再生新能源的很大组成部分是清洁能源，也就是绿色能源，是指不排放污染物、能直接用于生产生活的能源。它主要包括核能以及可再生能源。"十一五"以来，我国制定了系列政策措施，加强对清洁能源，特别是可再生能源发展的引导和支持，有效促进了清洁能源的规模化开发利用。

（1）核能

"八五"计划（1991—1995 年）至"十五"计划（2001—2005 年）时期，国家层面总体提倡适当、适度发展核电。从"十一五"规划开始，不光是核能发展进入全新起点，我国整个能源行业也迎来新的历史起点，这一时期要求加快建设核电基地且重点建设百万千瓦级核电站，积极支持高温气冷堆核电示范工程。2006 年 3 月国务院常务会议审议通过了《核电中长期发展规划（2005—2020 年）》，明确指出"积极推进核电建设"，确立了核电在我国经济与能源可持续发展中的战略地位。自此，我国核电进入规模化发展的新阶段。"十二五"至"十三五"期间，规划明确了要安全高效发展核电，并突出了沿海核电站建设这一重点。到"十四五"时期，根据《"十四五"规划和 2035 年远景目标纲要》，我国要安全稳妥推动沿海核电建设工程，建设核电站中低放废物处置场，以及乏燃料后处理厂，到 2025 年，我国核电运行装机容量达到 7000 万 kW。

（2）可再生能源

20 世纪 90 年代，在"因地制宜、多能互补、综合利用、讲求效益"的总政策下，1995 年国家科委、计委和经贸委共同制定了《中国新能源和可再生能源发展纲要（1996—2010）》以及确定了"新能源可再生能源优先发展项目"，作为指导中国新能源和可再生能源事业发展的纲领性文件。在此基础上，国家计委制定了《节能和新能源发展"九五"计划和 2010 年发展规划》，国家经贸委制定了《"九五"新能源和可再生能源产业化发展计划》。

我国政府不仅通过制定可再生能源的发展纲要，还通过法律手段和经济激励政策来促进可再生能源的发展。2005 年 2 月，第十届人民代表大会常务委员会通过《中华人民共和国可再生能源法》，该法成为我国第一部清洁能源法律，为我国后续可再生能源发展提供法律保障，在此法颁布之前，我国清洁能源政策主要针对风力发电。2006 年后我国清洁能源政策制定频率明显加大，每年都出台支持太阳能、生物质能、天然气等清洁能源发展的政策措施，初步形成政策体系。

之后的可再生能源基本依靠规划性政策为大方向来指导发展。国家发改委在 2007 年发布的《能源发展"十一五"规划》中提到：加快开发石油天然气；在保护环境和做好移民工作的前提下，流域梯级滚动开发方式积极开发大型水电站，推进核电建设，积极支持高温气冷堆核电示范工程，并大力发展可再生能源。2013 年国家能源局发布《可再生能源发展"十二五"规划》，提出"十二五"时期可再生能源将进入更大规模发展的新阶段，明确了可再生能源发展的各项具体指标：到 2015 年，水电装机容量达到 2.9 亿 kW；累计并网运行风电达到 1 亿 kW；太阳能发电达到 2100 万 kW，太阳能热利用累计集热面积 4 亿 m²；生物质能年利用量 5000 万 t 标准煤；各类地热能开发利用总量达到 1500 万 t 标准煤；各类海洋能电站 5 万 kW。国家发展和改革委员会、国家能源局联合发布《能源发展"十三五"规划》，指出：坚持技术进步、降低成本、扩大市场、完善体系；优化太阳能开发布局，优先发展分布式光伏发电，扩大"光伏＋"多元化利用，促进光伏规模化发展；稳步推进"三北"地区光伏电站建设，积极推动光热发电产业化发展；建立弃光率预警考核机制，有效降低光伏电站弃光率；2020 年，太阳能发电规模达到 1.1 亿 kW 以上，其中分布式光伏 6000 万 kW、光伏电站 4500 万 kW、光热发电 500 万 kW，光伏发电力争实现用户侧平价上网。

2022 年国家颁布《"十四五"现代能源体系规划》指出，在新的时期下，我国要建设能源强国，我国能源体系将以推动高质量发展为主题，以深化供给侧结构性改革为主线，以改革创新为根本动力，到 2035 年基本建成现代能源体系，强化低碳转型和节能降碳。能耗"双控"和碳排放控制成为这一时期的重要考核指标。

（四）交通：传统交通网络绿色化改革与新能源汽车产业的进发

随着城市低碳交通的兴起，相关的低碳交通政策制度也陆续出现。为了实现交通方面的低碳发展，我们需要平衡发展传统交通网络系统和新能源汽车技术，在大力发展新能源车的同时兼顾传统汽车的节能低碳发展。

1. 传统交通网络系统

减碳路径中，交通方面的节能减排是一个重要的领域。我国庞大的传统交通网络系统涵盖了众多概念，其中包括公交系统、铁路系统、地铁系统、民航以及水路系统，它是国民经济和社会发展的基础性产业之一。那么实现交通系统的体系化和绿色化就能有效实现我国经济和社会发展的绿色低碳。

交通系统的总体发展需要一个总体性的指导方法来实现，《加快推进绿色循环低碳交通运输发展指导意见》是我国第一个涵盖综合铁路、民航、公路、水路、城市客运等多种运输方式的低碳发展指导意见，提出了到 2020 年基本建成绿色循环低碳交通运输体系的目标。不仅如此，我国还在一些政策中明确提出不同交通工具的具体减碳指标。《铁路"十二五"节能规划》明确"十二五"时期铁路行业节能规划主要目标是：单位运输工作量综合能耗降低 5%，从 2010 年的 5.01t 标准煤/百万换算吨公里下降到 2015 年的 4.76t 标准煤/百万换算吨公里。民航局 2008 年出台的《节能减排规划》以及 2011 年的《关于加快推进节能减排工作的指导意见》，提出到 2020 年我国民航单位产出能耗和排放（收入吨公里能耗和收入吨公里二氧化碳排放）比 2005 年下降 22% 的目标。这些都是我国在交通方面包括船舶、城市客运、铁路以及民航上所作的减碳工作。

通过政策来看传统交通系统的发展。首先是公共交通系统以地铁和公交为主，我国一直以来重视公共交通的发展，公共交通出行对于节能减排具有显著促进作用。公共交通具有能耗小、排放低、运输效率高的优势。建设以公共交通为主导的城市综合交通体系已是我国社会各界的共识。为了实施公交优先战略，一种普遍的做法是政府对公共交通提供财政补贴，支持企业拓展公交线路，扩大公交覆盖率，为居民出行提供便利。2020 年 7 月，交通运输部、国家发展和改革委员会印发《绿色出行创建行动方案》，明确提出要优先发展公共交通，引导公众优先选择绿色出行方式，降低小汽车通行总量。在我国有一种很特殊的公共交通方式就是铁路，我国铁路里程是世界之最，技术之发达是有目共睹的，但这对于铁路的低碳转型也提出了很高的要求。2021 年，国家发展和改革委员会和交通运输部联合发布《"十四五"现代综合交通运输体系发展规划》，提出到 2025 年，综合交通运输基本实现一体化整合发展，智能化、绿色化取得实质性突破。

除此之外，交通运输行业要建立并完善相关节能减排的评价标准体系，推出示范性节能交通产品。我国针对车辆燃料消耗量限值制定了大量国家标准，对各种类型的交通工具燃料消耗作了要求（图9-3）。

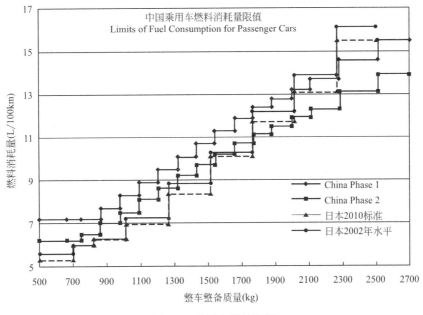

图 9-3　乘用车燃料限值

2011年和2012年分别出台《交通运输节能减排专项资金管理暂行办法》和《民航节能减排专项资金管理暂行办法》，中央财政从一般预算资金拿出资金支持公路水路的节能减排工作，又用公共财政资金和民航资金推动开展民航节能减排工作。无论是《关于开展节能与新能源汽车示范推广试点工作的通知》还是之后的"十城千辆"工程都在大力提高新能源汽车普及率。我国自2012年起对节能车船减免车船税，并由《节约能源使用新能源车辆（船舶）减免车船税的车型（船型）目录》来实施管理。

2. 新能源汽车技术

新能源汽车技术的研发在发展低碳交通方面占重要地位。2001年，新能源汽车研究项目列入国家"十五"期间的"863"重大科技课题。"十一五"以来，我国提出"节能和新能源汽车"战略，2009年出台了《汽车产业调整和振兴规划》，强调了要营造良好购车环境，汽车关键零件实现自主研制，电动汽车销售量要达到相当规模。2012年国务院印发我国首个新能源汽车产业的规划《节能与新能源汽车产业发展规划（2012—2020年）》，在技术路线方面要把以纯电驱动作为新能源汽车发展和汽车工业转型的主要战略取向，其目标就是实现汽车产业化大发展、燃料经济性显著提高，汽车生产软实力和硬实力稳步提升，还明确了两个目标，到2015年，纯电动汽车和插电式混合动力汽车累计产销量力争达到50万辆，到2020年，纯电动汽车和插电式混合动力汽车生产能力达200万辆、累计产销量超过500万辆，燃料电池汽车、车用氢能源产业与国际同步发展。到了2020年，国务院办公厅发布了我国新能源汽车产业发展的第二个规划《新能源汽车产业发展规划（2021—2035年）》，到2025年，新能源汽车新车销售量达到汽车新车销售总量的20%左右，到2035年纯电动汽车成为新销售车辆的主流，其中最重要的是提升技术创新能力，构建新兴产业生态，推动产业融合发展，完善基础设施体系。除了颁布直接与新能源汽车产业发展相关的政策，国家还在最近的 2022 年 1 月发布《促进绿色消费实施方案》，其中明确表示大力发展绿色交通消费，大力推广新能源汽车，逐步取消各地新能源车辆购买限制，推动落实免限行、路权等支持政策，加强充换电、新型储能、加氢等配套基础设施建设，积极推进车船用液化天然气（LNG，Liquefied Natural Gas）发展。推动开展新能源汽车换电模式应用试点工作，有序开展燃料电池汽车示范应用。深入开展新能源汽车下乡活动，推动健全农村运维服务体系。

低碳交通的发展离不开相关低碳产业的支撑。政府应通过对汽车制造业进行低碳调整，推广混合动力和新能源汽车，发展新兴服务业、高新技术产业等，优化城市交通结构，引导城市居民积极主动参与低碳消费，为城市低碳交通的发展提供产业基础和消费需求，从而促进城市低碳交通更快发展。

（五）水资源：打造水循环体系，建设节水型社会

我国水资源分布不均，水资源浪费、用水粗放的现象仍然严重。中国作为一个水资源紧缺的国家，水资源利用效率与国际先进水平存在较大差距，中国经济的高速发展自然离不开水资源的高效利用。面临水资源紧缺的基本情况，中国的节水相关政策陆续出台。

1. 水资源的开源节流

早在 20 世纪 80 年代，中国在第一次水资源评价和规划工作中，就全面系统地总结了有关水资源的情况，为中国水资源的保护奠定了基础。此外，经过 2002 年修订，2009 年、2016 年的两次修正，最终形成了现行的《中华人民共和国水法》，为中国合理开发、利用、节约和保护水资源，防治水害，实现水资源的可持续利用，适应国民经济和社会发展的需要提供法律保障。

2004 年，国务院办公厅为充分发挥市场机制和价格杠杆在水资源配置、水需求调节和水污染防治等方面的作用，推进水价改革，促进节约用水，提高用水效率，努力建设节水型社会，促进水资源可持续利用。

2012 年 1 月 12 日国务院明确提出确立水资源开发利用控制红线，到 2030 年全国用水总量控制在 7000 亿 m³ 以内，达到或接近世界先进水平，万元工业增加值用水量降低到 40m³ 以下，农田灌溉水有效利用系数提高到 0.6 以上，水功能区水质达标率提高到 95% 以上。

2014 年，在中央财经领导小组第 5 次全体会议上，提出"节水优先、空间均衡、系统治理、两手发力"的新时期治水思路，强调"从观念、意识、措施等各方面都要把节水放在优先位置"。"十六字"方针的提出，进一步深化人与自然和谐共处的原则，落实尊重自然，保护自然，对中国水资源治理起到重大作用。

长江流域的保护与发展是中国水资源管理的重要组成部分。长江作为中国的母亲河，对中国的发展起到了至关重要的作用，为了长久发展，恢复长江的生态问题也必须要严格对待。2018 年《长江保护修复攻坚战行动计划》提出要深化和谐长江、健康长江、清洁长江、安全长江、优美长江"五江共建"，着力解决突出生态环境问题，确保长江生态功能逐步恢复，环境质量持续改善。在 2022 年《"十四五"推动长江经济带发展城乡建设行动方案》中进一步指出要推动长江经济带高质量发展，到 2025 年，长江经济带初步建成人与自然和谐共处的美丽家园，率先建成宜居、绿色、韧性、智慧、人文的城市转型发展地区。除此之外，在 2019 年国家发展和改革委员会、水利部发布的《国家节水行动方案》中也提到了一些重点行动来推动节水制度、政策、技术、机制创新，加快推进用水方式由粗放向节约集约转变，提高用水效率。这些行动包括强化指标刚性约束、严格用水全过程管理、农业节水增效、工业节水减排、减少城镇节水降损、重点区域节水开源、科技创新引领等。

2. 水资源的循环处理

中国加快了中国水资源管理的优化，同时也要面对城市污水的治理。在《城镇污水处理提质增效三年行动方案（2019—2021 年）》中提到要加大资金投入来治理城市污水，完善污水处理收费政策，完善生活污水收集处理设施建设工程保障，鼓励公众参与，发挥社会监督作用（图 9-4）。

图 9-4　中国城市污水排放量

除了污水处理，中国也在致力于推进水循环体系，形成水资源梯形发展。目前中国正在建设现有区域再生水循环利用试点，形成水循环系统。通过对处理达标后的污水进一步净化改善后，在一定区域统筹用于生产、生态、生活的污水资源化利用模式。

迄今为止，中国在水资源处理方面进行了多种方向的改革，结合中国国情和水资源的相关数据，结合法律法规和多种政策管理下的治理，中国的水情有了一定的转变。尽管如此，随着中国人口的增长，城市化的加快，中国仍然面对着如供水紧缺，水土流失的问题，中国的水资源管理任务仍然艰巨。

（六）垃圾：完善处理措施，统筹国家政策

我国对垃圾处发布了大量重要政策，国家发展和改革委员会等 14 部委印发的《循环发展引领行动》，旨在提升发展的质量和效益，引领形成绿色生产方式和生活方式，促进经济绿色转型。该文件提出了主要指标，到 2020 年主要资源产出率比 2015 年提高 15%，主要废弃物循环利用率达到 54.6% 左右。

不仅如此，我国在《关于加快废旧物资循环利用体系建设的指导意见》当中明确指出：为推动废旧物资回收专业化，应当鼓励各地区采取特许经营等方式，授权专业化企业开展废旧物资回收业务，实行规模化、规范化运营，同时引导回收企业按照下游再生原料、再生产品相关标准要求，提升废旧物资回收环节预处理能力。以此提高我国废物回收的工作效率。与此同时，在国务院发布的《"十三五"节能减排综合工作方案》当中，以统筹推进大宗固体废弃物综合利用为目标，来加强共伴生矿产资源及尾矿综合利用，推动煤矸石、粉煤灰、工业副产石膏、冶炼和化工废渣等工业固体废弃物综合利用。同时开展大宗产业废弃物综合利用示范基地建设、推进水泥窑协同处置城市生活垃圾。从而进一步贯彻落实我国废物利用这一低碳城市政策。

为了彻底贯彻落实我国对于低碳城市的垃圾处理政策，国家出台了相关的详细政策以彻底解决低碳城市的垃圾处理以及回收问题。

1. 垃圾处理

目前我国的垃圾处理的主要方法为填埋以及焚烧，但焚烧条件和填埋位置仍存在着部分潜在问题。对此我国在《"十四五"城镇生活垃圾分类和处理设施发展规划》当中着重提出加强垃圾焚烧设施规划布局。加强与国土空间规划和生态环境保护、环境卫生设施、集中供热供暖等专项规划的衔接，统筹规划生活垃圾焚烧处理设施，依法依规做好生活垃圾焚烧项目选址工作，鼓励利用既有生活垃圾处理设施用地建设生活垃圾焚烧项目。持续推进焚烧处理能力建设。生活垃圾日清运量达到建设规模化垃圾焚烧处理设施条件的地区，可适度超前建设与生活垃圾清运量增长相适应的焚烧处理设施。开展既有焚烧设施提标改造。全面排查评估现有焚烧处理设施运行状况和污染物排放情况，对于不能稳定达标排放的设施，要加快推进设施升级改造。鼓励有条件的地区，按照高质量发展要求优化焚烧处理技术，完善污染物处理配套设施，逐步提高设施运行的环保水平。

2. 垃圾回收

我国重视垃圾环保回收，近几年出台了许多政策助力城市生活垃圾减碳。早在2016年12月我国就在《"十三五"全国城镇生活垃圾无害化处理设施建设规划》中正式提出垃圾分类。要求到2020年底，直辖市、计划单列市和省会城市生活垃圾得到有效分类；生活垃圾回收利用率达到35%以上，城市基本建立餐厨垃圾回收和再生利用体系，垃圾分类示范工程投资94.1亿元。2017年3月我国就在《生活垃圾分类制度实施方案》中提出实施垃圾分类试行工作。要求在46个试点城市先试行生活垃圾强制分类，在2020年底前基本建立垃圾分类法律法规及标准体系，形成可复制、可推广的生活垃圾分类模式，在实施生活垃圾强制分类的城市，生活垃圾回收利用率达到35%以上。紧接着在2019年4月的《关于在全国地级及以上城市全面开展生活垃圾分类工作的通知》中要求重点城市正式落实垃圾分类要求。到2020年，46个重点城市基本建成生活垃圾分类处理系统；其他地级城市实现公共机构生活垃圾分类全覆盖，至少有1个街道基本建成生活垃圾分类示范片区。到2022年，各地级城市至少有1个区实现生活垃圾分类全覆盖；其他各区至少有1个街道基本建成生活垃圾分类示范片区。到2025年，全国地级及以上城市基本建成生活垃圾分类处理系统。这一系列的垃圾处理措施极大地促进了我国现在的垃圾处理的流程以及新型技术的发展，使我国的垃圾回收更上一层楼（图9-5）。

废弃物种类	分类频率/%					
	1[A]	2	3	4	5	较高分类频率[B]
废纸/废纸板	6.47	11.99	23.32	32.61	25.61	58.22
废弃电池、电子设备	11.46	17.12	24.66	26.82	19.95	46.77
厨余垃圾	12.94	15.09	15.23	27.22	29.51	56.73
废塑料瓶	10.11	15.09	21.02	29.38	24.39	53.77
废弃易拉罐	11.32	15.36	19.95	28.57	24.80	53.37
废金属	14.69	18.19	20.49	26.28	20.35	46.63
可再生塑料	12.67	17.79	19.81	29.65	20.08	49.73
废弃玻璃瓶	16.44	21.16	20.49	23.85	18.06	41.91
废弃衣物、纺织品	14.96	17.12	21.83	24.26	21.83	46.09

注：A. 1=从不分类，2=几乎不分类，3=偶尔分类，4=经常分类，5=总是分类；B. 分类频率≥4的人数比例

图 9-5　各类废弃物分类情况的相关描述信息

四、低碳城市最佳实践

（一）上海市

上海市是中国城市建设水平最高的一批城市之一。改革开放以来，上海市的城市建设取得了巨大的成就，成为中国城市化率最高的城市。在"可持续发展"的基本国策和"双碳"目标的大背景下，上海市积极布局低碳城市建设，取得了令人瞩目的成果。在碳达峰碳中和目标提出后，国家对上海市能源改革提出了具体要求：到 2020 年，上海市单位 GDP 二氧化碳排放量比 2015 年下降 20.5％以上。上海市市政府则根据自身情况，提出到 2025 年前，上海市的二氧化碳排放量达到峰值，排放总量控制在 3.3 亿 t 以下，并进入二氧化碳排放的增长拐点，全面实现社会经济率先转型的目标。

1. 能源转变

上海市是一个典型的能源消费型城市，城市运行所需要的能源大多由外部输入。上海市的能源发展先后经历了多个方面的转变：一是从集中为主向集中与分布相结合转变；二是从主要依赖传统化石能源向更多利用清洁能源和新能源转变；三是从简单提供能源产品向综合能源服务转变。主要表现为以下几个方面。

首先是能源品种多元化、清洁化。改革开放之初，上海市能源品种较单一，主要以煤炭和原油为主，两种能源消费比重合计占一次能源消费总量的 95％以上。经过市政府数十年的能源改革，这一比重到 2017 年降为 75％。如今，上海市的能源主要来源有：煤炭、石油、天然气、市内清洁发电、市外电力输入等（图 9-6）。

作为煤炭的主要替代能源，天然气在上海市能源消费结构中从无到有快速发展。20 世纪末，上海市实现了城市燃气全面覆盖，依托西气东输工程，上海市在 2015 年完成全市燃气管道天然气化的改造工程。2017 年，上海市天然气消费量为 83.8 亿 m^3，占一次能源消费比重超过 9％。

此外，上海市市政府推行电力改革，用清洁的电力为能源系统节能降碳。市内电源方面，上海市积极建设高效火电厂。通过引进超超临界燃煤发电技术、高效燃机设备等，上

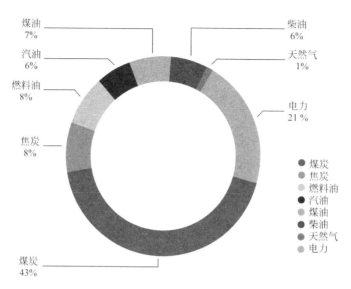

图 9-6 上海市 2020 年平均每天各种能源消费量

海市建设了多个高效环保的燃煤发电厂。此外，通过热电联产，与工业区、社区的能源消耗相连接，将煤电的综合热效率提升至 80% 以上，在发电的同时为工业区和居民区提供充足的热能。市外电源方面，上海市市政府积极投资，与其他省份合作，建设形成了"2＋X"的格局。一是在华东电网内，与安徽煤电基地合作，帮助其低碳发展的同时获得充足电力；二是与三峡、金沙江等西南地区的水电站合作，用资金与技术换取低碳可再生的能源。此外，上海市市政府还积极参与华东电网内的核电、抽水蓄能等项目建设。推动智能电网建设也是上海能源改革的一大重点。如今上海电网已经成为国内最为领先的超大型、大受端城市交直流混联电网，形成了以"五交四直"特高压、跨区电网以及 500kV 双环网为骨干的输电格局（图 9-7），电网资源优化配置能力、安全控制能力、运维管理水平均达到世界先进水平。

在前沿技术研究方面，上海市在核电、先进火电、燃气轮机、储能、智能电网等重点领域的装备制造产业领域形成了较为完整的产业链。其中，最具代表性的成果一是在先进核电方面有所突破；二是研制成功高效煤电发电设备与煤气化联合循环发电（IGCC）设备；三是自主设计建造了国内第一艘液化天然气（LNG）运输船，为我国进口天然气提供有力支撑；四是具备了海上大型风力发电设备的开发能力，并建成了新型高效太阳能电池的生产线。随着海上风电技术装备研发中心、智能电网（上海市）研发中心、核电站仪表研发与试验中心等一批国家级研发中心和智能电网用户端重点实验室、煤气化技术研发中心等一批国家级研究机构相继落户，上海市在能源装备研发领域走在了全国前列。此外，首批"互联网＋智慧能源"示范工程获得国家认可，同时上海市能源互联网创新联盟的成立进一步助力能源产业和信息产业的深度融合。

2. 低碳交通

21 世纪之初，上海市市政府便积极布局面向未来的低碳交通。通过"十二五""十三五""十四五"规划以及多部交通白皮书，构筑了上海市低碳交通建设的政策体系。在交通建设方面，上海市市政府提出了构筑国际大都市一体化交通的总体目标，实施交通与城

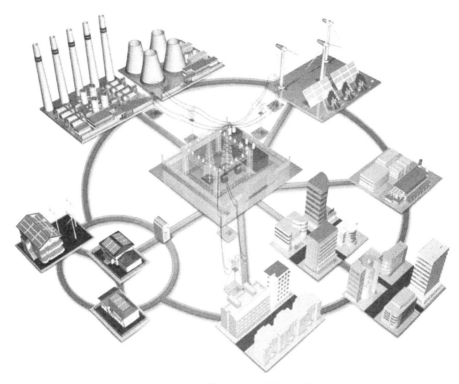

图 9-7 上海市智能电网示意图

乡空间统筹发展等五大战略。经过数十年的建设，上海建成了一套高效、低碳的交通系统。

在城市规划阶段，上海市市政府就十分重视交通对城市发展的引导和支撑作用。在具体实施上，市政府牢牢把握交通"先行官"定位，坚持交通基础设施适度超前建设，让公共交通作为城市发展向导，构建了与超大城市相匹配的交通设施网络。

轨道交通是运输效率最高的路上运输方式。上海市采取了多模式轨道交通建设齐头并进的发展策略。目前，上海市共有 6 条高铁线路通车，并有 4 条在建的高铁线路；中铁上海市局下辖江浙沪皖三省一市的铁路运营线路，是中国最繁忙的铁路局。市内轨道建设方面，上海市地铁在 2021 年达到 831km 的总运行里程，里程数稳居世界第一；日均客流量突破千万，成为世界上最繁忙的城市轨道交通系统之一。除了里程数与客流量，上海市地铁的站点密度也名列前茅，中心城区近 50% 的人步行 10min 就可以到达地铁站。地铁还将中心城区与 5 个新城连通，其中 11 号线还实现了跨省运营。

上海市的地面公交以优质可靠而闻名。上海市通过财政补贴，逐步将城市内的燃油公交车替换为新能源的低碳公交车（图 9-8）。到 2020 年，上海市 80% 的公交车为新能源公交车，其中大部分为纯电公交，少部分为双源无轨、超级电容、插电式混合动力等新能源公交车。多年来，上海市市政府积极推动公交与地铁"两网融合"，全市 75.3% 的轨道交通站点附近 50m 内有公交站台。在地面公交建设方面，上海市建设了有轨电车、城市快线、BRT、普通公交等多层次的公交体系，建成了 500km 的公交专用道。2017 年，上海市获得了首批"国家公交都市建设示范城市"的称号。

图 9-8　上海市低碳公交车

　　在海运方面，上海市建立了船舶排放管控区，对驶入上海市港口的船舶进行严格的排放管制。在大多数港口中增加了岸电设施，船舶靠岸后必须关闭发动机，使用港口提供的清洁电力。除此之外，上海市在交通数字化转型方面采取全面发力的策略，建成了全球规模最大、自动化程度最高的集装箱码头——洋山深水港码头（图 9-9），码头中的智能重卡年运输量达到 4 万个标准集装箱。上海市的轨道交通 14/15/18 号线路是自动驾驶级别最高的地铁，目前已经投入运营。由市政府主导开发的随申行、上海市停车 App、上海市出行即服务（MaaS，Mobility as a Service）系统上线运营，将全市的地铁、公交等公共交通运营时间、到站信息、票务等数据与市民共享，并与停车场等交通配套设施衔接联动，为市民提供一站式交通服务平台。上海市为智能网联汽车测试开放了 1289km 的道路，总

图 9-9　上海市洋山深水港自动化码头

里程居于全国首位，为智能网联汽车的研制提供了宽松的测试环境。

3. 循环体系

上海市以集中布局、集约利用为理念，建设绿色低碳的工业园区。在工业园区内，市政府推动设施共建共享、能源梯级利用、污水处理和循环再利用等项目的建设，并将有需求的企业集中，提高共享设施的使用率。上海市化工区、宝武集团宝山基地等重点园区率先实现"固废不出园"，并协同处置城市其他固体废弃物。此外，政府也鼓励化工等产业园区配套建设危险废物集中贮存、预处理和处置设施。

人居空间的资源循环亦是政府工作的一大重点。在这方面，市政府主要采取升级基础设施、引入强制性垃圾分类制度等措施。市政府建设了全面覆盖城镇的污水管网，将污水和雨水分离，并创建了健全的污水治理模式。目前上海市拥有 51 个污水处理厂，其中白龙港污水处理厂是中国最大的污水处理厂，处理来自上海市黄浦区、静安区、长宁区、徐汇区、普陀区、闵行区、浦东地区生活污水，服务 70 余万人。2019 年，上海市出台《上海市排水与污水处理条例》，将污水处理法治化（图 9-10）。

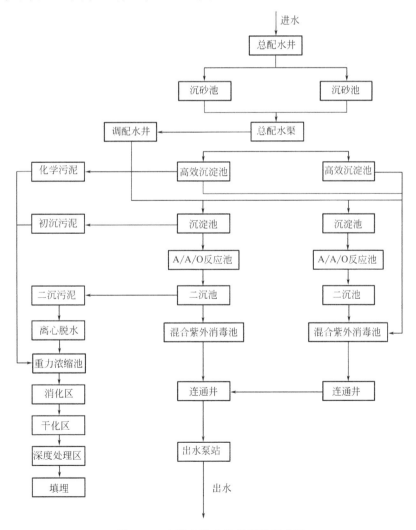

图 9-10　上海市污水处理流程示意图

2019 年，上海市人民代表大会常务委员会通过《上海市生活垃圾管理条例》，在全市范围内实施强制性垃圾分类制度。基于详细的垃圾分类制度，上海市生活垃圾焚烧发电的比例进一步上升。政府也积极推进生活垃圾末端处理和建筑垃圾资源利用设施建设，推动一般工业固废与生活垃圾协同处置。在社区更新中，政府在社区内设置了厨余垃圾处理装置，居民的厨余垃圾可以就近处理，就近利用。

4. 绿色建筑

对既有建筑进行节能改造是上海市降低建筑运营碳排放的主要措施。在城市更新中，政府通过对已有建筑的照明系统、供热系统、通风与空调系统进行设备更新，加强建筑保温隔热层，结合能源系统改革，引入能源管理系统以及分布式光伏发电系统等方式，将一大批公共建筑升级为低碳绿色建筑。

监管方面，上海市市政府通过信息化手段对建筑能耗进行监管。在长宁区，政府设立了"建筑能效监测与管理平台"，该平台以世界银行提供资金的低碳发展实践区示范项目为依托，在整个长宁区范围内展开节能减碳活动。其中，大型公共建筑节能减碳作为重点项目，在监管平台中被列为重点监督对象。市政府还在长宁区建立了一套完整的"基础设施—应用服务—运行保障"三层级平台架构，深度挖掘既有大型公共建筑节能潜力并确立长效节能机制。通过完善的建筑能耗分项计量系统与大量的监测站点，实现了对长宁区内建筑能耗的实时监测控制。

（二）杭州市

杭州市是国内首批低碳试点城市，也是全国第二批生态文明建设试点城市。在建设"美丽中国"的背景下，杭州市贯彻落实习近平生态文明思想，依托数字经济优势，积极践行绿色低碳发展，加快转变经济发展方式，围绕产业结构和能源结构优化调整，形成了低碳经济、交通、建筑、生活、环境、社会"六位一体"的发展模式。

要实现杭州市碳达峰、碳中和工作走在全国前列，关键在于各项指标的落实。其中最为重要的是到 2030 年单位 GDP 二氧化碳排放较 2005 年下降 75% 以上，这一数值超过全国平均 10%。根据计算，近年来杭州市单位 GDP 碳排放量不断下降，2020 年约为 0.57 万 t/亿元，实现了经济增长和节能减碳双轨发展。近年来，杭州市围绕绿色低碳发展，加快产业结构和能源结构优化调整，第三产业占比不断提升，2021 年占比约 68%，以数字经济为代表的低碳高效产业的发展，助推了杭州市经济发展的低碳转型。

"十三五"期间，杭州市重点推进节能降耗工作，对全市"百千万"重点用能单位开展节能目标考核，对不合格企业责令整改；加快市区工业企业搬迁，加大产业结构调整力度，倒逼企业转型升级，完成了一系列等高耗能行业淘汰整治，为全市腾出用能空间等。同时，发展太阳能光伏、风电、生物质能、新能源汽车、汽轮机、水电设备制造等新能源产业，在生产生活领域积极推广清洁能源的综合利用，调整优化能源结构，从源头上实现经济的低碳发展。据统计，2020 年杭州市单位 GDP 能耗 0.291t 标准煤/万元，能耗强度浙江省最低。

1. 低碳绿色建筑

根据《中国建筑能耗研究报告（2020）》，从 2005 年到 2018 年，建筑全生命周期碳排放量达到了 49 亿 t，约占全社会碳排放的 48%，并且碳排放主要集中在建筑运行和建材生产过程。杭州市坚持高起点规划、高标准建设、高强度投入、高效能管理方针，在全市范围内全面推进绿色低碳建筑。2016 年起，根据《浙江省绿色建筑条例》的规定，杭州市域城镇建设用地范围内新建的建筑全部按照一星级以上绿色建筑强制性标准进行建设，实现了绿色建筑全覆盖。其中，国家机关办公建筑和政府投资的公共建筑，按照二星级以上绿色建筑强制性标准建设。根据数据统计，到 2020 年底，杭州全市实施的绿色建筑改造面积达到了 308.32 万 m^2，项目平均节能率为 15.12%，每年节省的能量约为 4500 万 kWh，相当于减少 1.5 万 t 标准煤燃烧，减少 4t 的二氧化碳排放。

2. 低碳交通体系

交通领域是后工业化国家城市温室气体排放的主要来源之一，因此，探索更高效、更节能、更低碳、更清洁的交通运输模式，打造低碳交通体系，是建设低碳城市的重要内容。

在交通规划上，杭州市采用 TOD 规划理念，即通过提高公交系统便利度和可达性，让市民在出行时选用公共交通代替私家车，减少私家车的碳排放。在公交系统降碳中，使用电动等低排放公交工具来减少城市交通领域碳排放。

在交通系统建设上，杭州市政府坚持"公交优先"的导向，构建杭州市特色的地铁、公交车、出租车、免费单车、水上巴士"五位一体"全覆盖的品质大公交体系，通过"免费单车"服务系统和自行车专用道、市区河道等慢行交通系统的建设，解决了公交出"最后一公里"的问题，实现公交"零换乘"。

同时，杭州市严格执行机动车低排放标准，淘汰高污染机动车辆，通过税收减免、政府补贴的方式鼓励市民和事业单位购买新能源车辆。在公共交通系统内，推进交通智能化管理，提高公共交通设施的使用率，降低碳排放。2021 年，杭州市实现了公交电动化率 100% 的目标，主城区的纯电动公交车数量达到 5000 辆。

3. 低碳生活方式

如果采用基于消费的温室气体排放核算法计算，全球约 2/3 的碳排放都与家庭排放有关。中国科学院的研究也指出，目前我国工业过程、居民生活等消费端碳排放占比已达 53%，居民生活消费成为温室气体排放的主要来源之一。推动绿色低碳的生活方式变革，从需求端降低碳排放，是实现"双碳"目标的基础和最直接的路径。

杭州市从加强低碳文化的传播普及入手，编写低碳生活家庭行为手册，开展节能减碳全民行动，建设低碳学校、低碳商场、低碳家庭、低碳社区、节约型机关等。此外，杭州市还在社区推行生活垃圾分类回收制度，开展塑料污染治理行动，积极倡导节水节电节材。普及低碳生活理念，培养低碳生活方式，引导人们在日常生活的各个方面、各个环节做好节能减排减碳工作。

在未来社区建设中，低碳是一项重要的指标。杭州市借助数字经济优势，充分利用数字化手段，开展未来社区建设的低碳探索。例如，依托未来社区驾驶舱、城市大脑等平台，逐步建立居民碳账户和碳积分制度，创新碳普惠机制，让个人减碳行为转化为个人"碳资产"，从而形成良性循环，引导公民自觉践行绿色低碳生活方式。在未来社区中通过新技术、新方法、新材料、新工艺，打造近零排放建筑。

4. 增强碳汇能力

自 2009 年获评"国家森林城市"以来，城市扩绿一直是杭州市年度为民办实事项目之一，杭州市年均新增绿地 500 万 m^2 以上，实现居民出门"300m 见绿、500m 见园"。公开数据显示，杭州市森林面积 1689 万亩、森林蓄积量 6790 万 m^3、森林覆盖率达 66.85%，位居全国省会、副省级城市首位；城区绿化覆盖率为 40.58%，公园绿地服务半径覆盖率为 90%，处于省会城市先进水平。

同时，在全市域推行"林长制"，开展森林经营等林业碳汇交易，推动生态产品价值实现，发展壮大生态经济，建立健全生态保护补偿机制，统筹城乡环境保护工作，形成碳源和碳汇城乡互哺的新格局。例如，余杭区百丈镇竹林经营碳汇项目，每亩竹林约可以产生 0.5t 碳汇，根据初步测算，百丈镇当地总体毛竹林碳汇经济效益约 1000 余万元，实现"空气换钱"，为当地农民和竹加工企业的增收开拓了新的思路。

此外，杭州市先后实施了西湖、西溪湿地、运河、湘湖、市区河道等综合保护工程，旧城改造、庭院改善、"一绕四线""三江两岸""四边绿化""三改一拆""五水共治"等重点工程，为生态碳汇能力的提升奠定了良好基础。

5. 新型城市管理

随着城市建设高速发展以及城市空间"摊大饼"式扩张，大量原来作为碳汇的植被和农田转变为建设用地，导致碳汇变成了碳源。而城市空间形态一旦形成，具有很强的锁定效应，将会导致城市在很长时间内沿着高碳的路径运行。

杭州市践行"紧凑型城市"发展理念，坚持"大疏大密"，合理规划城市功能区块布局，加强土地节约集约利用，减少"摊大饼"式城市扩张造成的资源和能源浪费。研究制定低碳社区的评价体系和认定标准，打造了一批标杆性"低碳社区"；推行"绿色办公"计划，对办公大楼进行低碳化运行改造；推行"绿色学校"节能计划，培养学生低碳生活习惯；实施"垃圾清洁直运"，实现垃圾处理环节的低碳化。

此外，杭州市探索建设能源"双碳"数智平台，强化能源、建筑等领域数智赋能，提升数字化治理能力，形成以数字化为引领的治理模式，例如，上线"双碳地图"，结合"城市大脑"平台，汇集各类碳排数据，通过多维度网格化碳效率快速计算，实现了全市县镇碳排放数据监管。

五、低碳城市经验总结

（一）明确政府的政策目标和指导性计划

中国政府在建设低碳城市方面一直采取积极的政策，以确保城市可持续发展和低碳减排。政府在这一过程中，通过明确的政策目标和指导性计划，来确保低碳城市建设的有序推进。《"十四五"节能减排综合工作方案》要求经济社会发展绿色转型取得显著成效，并且中国在联合国会议上明确提出完成 2030 年"碳达峰"与 2060 年"碳中和"的目标。中国政府明确低碳城市建设的总体目标，并确定了具体的低碳发展方向，以确保实现低碳减排目标。地方政府紧紧围绕这个目标，采取的举措有加强能源数据统计分析，建立低碳能源交易制度，发展低碳建筑，加强垃圾处理和可再生能源利用等。

（二）利用优惠补助政策鼓励社会各主体参与

中国政府认识到低碳城市建设的重要性，并采取了优惠补助政策来鼓励社会各主体参与。中国政府在低碳城市建设领域实施了技术研究、技术开发、技术转让等政策，以推动低碳城市建设的发展。并且实施了低碳城市建设相关的补贴政策，政府为低碳城市建设项目拨款，包括基础设施建设、科技创新、公共服务改善等项目。政府鼓励企业进行低碳城市建设，例如上海市普陀区发布的《普陀区支持节能减排降碳实施意见》鼓励低碳认证和节能管理体系建设。对企业获得节能产品、能源管理体系等认证的，给予 10 万元奖励。中国政府还鼓励社会各主体参与低碳城市建设，发布了《促进绿色消费实施方案》来促进社会公民参与，推动低碳经济发展，推动建设更加绿色、更加可持续的城市环境。

（三）推出示范性低碳建设试点项目

中国政府推出的低碳城市试点已经在全国发挥了重要示范作用。自 2010 年国家发展和改革委员会印发《关于开展低碳省区和低碳城市试点工作的通知》以后，国家陆续启动了三批省市地区作为低碳试点。低碳试点的确立，让 87 个省市地区积极从各方面完善低碳建设相关政策，采取各种措施鼓励低碳行为，从改善能源利用结构、提高能源效率、推进可再生能源发展、加强节水管理等方面推动低碳发展。除此以外，中国政府积极探索低碳社区的建设，2014 年就发布了《国家发展改革委关于开展低碳社区试点工作的通知》，推动社区低碳化发展，营造优美宜居的社区环境。示范性低碳建设试点项目的推出为中国未来低碳城市发展提供了积极的参考和借鉴。

第十章 "30·60" 未来低碳城市发展指引

总结各国低碳城市建设经验得出，建设低碳城市是一项系统工程。低碳城市发展需要考虑到城市的统筹规划、社会力量的参与、低碳技术的创新、人本思想的融合以及生活方式的改变。因此，本章结合低碳城市基础理论和各国低碳城市的建设经验，指出"30·60"未来低碳城市发展应以宜居宜业人本化、人居环境生态化、生活方式绿色化、空间利用集约化、水城融合海绵化、垃圾处理无废化、互联互通智慧化等七大概念为指引，构建未来低碳城市发展的框架和路径。

一、宜居宜业人本化

党的十七大提出要"加快推进以改善民生为重点的社会建设"目标，这是指导当前我国推进城镇化建设的重要指导方针。这表明，在社会建设的政策导向和实践中，强调要注重人的发展。因此，新型城镇化建设要以人为核心，既要转移人，也要提升人；既要提供服务保障，又要培养人的现代思维方式、行为习惯等。新型城镇化低碳发展转型的本质要求是绿色发展、循环发展和低碳发展的有机统一，并最终实现人居环境的优化和人的幸福感的提升，实现低碳型城镇化建设成果的共享。在全社会凝聚低碳发展转型共识，以战略思维引导新型城镇化，以最大限度地维系人与经济、社会和生态环境和谐共生的方式来实现城市经济结构、社会结构以及空间地域结构的改善和转型，力求实现人、城和生态环境的协调发展。

随着社会经济的发展和城镇化进程的推进，越来越多的人将生活在城市社区，人们对居住小区的宜居性要求越来越高，居住小区的宜居性是居民生活品质的重要体现，也是居住小区性价比的重要评价指标。联合国早在 1996 年第二次人居大会上就提出了宜居城市的定义：具有良好的居住和空间环境、人文社会环境、生态与自然环境和清洁高效的生产环境的居住地。其后，大量研究认为应从促进经济社会发展、工业化、城镇化、市场化、国际化等方面能提高宜业宜居水平，重化工产业的集中布局、产业链低端发展、低碳循环经济和清洁生产发展滞后、城镇化与生态环境不协调、城市生产生活生态空间布局的不合理、就业—居住空间关系的错配等原因和状态被认为是导致城市宜业不宜居和影响区域生态宜居宜业建设的重要原因。应通过促进产业的高端发展和生态现代化建设，采取高效的环境治理体系，建立生态城市和共生城市体系，发展循环经济、生态经济、低碳经济，提高和均衡化公共资源配套等途径推进城市宜居宜业均衡发展。

城市低碳化至少可以通过以下两条途径影响就业：其一，低碳城市建设中给城市公共环境的建设和管理带来的直接和间接就业效应；其二，城市低碳化过程中实施的不同低碳政策会通过各自不同效应影响企业决策进而影响就业。目前，低碳政策对就业的影响主要围绕低碳经济效率或是约束型激励性低碳政策对就业的影响展开，且主要基于国家层面或省级层面进行探讨。而城市低碳化对就业的影响主要体现在：一是城市污染治理水平提高能够有效促进就业和改善就业结构，因此企业在应对环境规制时更多地应注重技术创新和扩大规模，而不是进行地区间或产业间的转移；二是目前我国对城市碳汇的投入还不够合理，对城市绿化建设效率不高，城市绿化还难以通过改善人居环境进而影响就业；三是地方政府自主性越大越有利于本地区就业增加，且教育投入有助于增加本地区及周边地区就业。关于城市低碳化对就业影响的研究，在中国尚处于起步阶段。专家预测，随着国家"30·60""双碳"目标实施，低碳经济将快速发展，低碳人才需求将大幅增加，高校开设低碳方面的专业，培养低碳科技人才是大势所趋。武汉高校在全国率先成立以"低碳经济"命名的学院，"低碳"专业的毕业生受到追捧。

二、人居环境生态化

低碳经济时代下，构建生态导向型城市具有十分重要的意义，有利于突出生态经济的优势地位，促进人与自然的和谐发展，建设环境友好型社会，也有利于构建与城乡体系平衡的自然生态体系（以城市复合生态系统生态承载力为依托）。为了构建低碳城市，需要实现人居环境的生态化发展，才能有利于城市的可持续发展。

社区是城市人居环境的基本单元，是介于城市宏观和建筑微观空间角度的中观地域层次，体现城市人居环境单元空间范畴的合理性。社区作为人们工作、生活与居住的主要场所，已成为实现低碳经济的重要空间载体和应对全球气候变化的重要行动单元。低碳生态社区是低碳生态城市发展理论在城市居住方面的延伸，是实现城市人居环境可持续发展的重要单元和载体。低碳生态社区强调以社区居民行为为主导，以社区生态景观系统为依托，以低碳生态科技创新为支撑，最大限度地减少温室气体的排放，实现社区乃至整个城市的可持续发展。人居环境生态化还可以从发展绿色建筑体系着手，低碳城市的一个重要组成部分是绿色建筑。绿色建筑需要既能最大限度地节约资源、保护环境和减少污染，又能为人们提供健康、适用、高效的工作和生活空间。据统计，全球能量的50%消耗于建筑的建造和使用过程。构建绿色建筑体系是发展低碳生活的必要途径之一。绿色建筑体系是基于生态系统良性循环原则，以"绿色"经济为基础，"绿色"社会为内涵，"绿色"技术为支撑，"绿色"环境为标志建立的一种新型建筑体系。在技术上，它提倡应用可促进生态系统良性循环、不污染环境、高效、节能和节水的建筑技术。绿色建筑包括外墙子系统、屋面子系统、地面子系统、采暖子系统、健康通风子系统及幕墙门窗子系统，要求延长建筑物及生活用品的使用年限，使用高效节能家电，利用太阳能、风能、地冷及地热等可再生清洁能源，满足建筑物内资源及能源的封闭循环。

中国城市化仍处于高速发展阶段，大规模的建设具有高密度人居环境特征。探索低碳生态社区空间形态评价体系与规划策略，是优化人居环境质量、提高社区居民生活品质、推动社区可持续发展的助推器，也是建设资源节约型、环境友好型社区的突破口。

三、生活方式绿色化

2015 年 11 月，我国环境保护部颁发了《关于加快推动生活方式绿色化的实施意见》，提出了更新理念、夯实基础；节约优先、绿色消费；创新驱动、政策引导；典型示范、全民行动等四项基本原则。2005—2007 年，我国能源消费总量的 10%、二氧化碳排放总量的 20% 是由生活消费造成的。城市在带来就业和财富的同时，也带来了全球 80% 的温室气体排放以及 75% 的能源消耗。城市温室气体排放主要来源于生产、生活、交通三大方面，因此，在全球低碳经济浪潮下，构建低碳城市生活对发展低碳城市有重要意义。

低碳生活是指以生态价值观为导向，以节约、朴素的生活习惯为依托，以低碳高效的产业发展为路径，以绿色环保的基础设施为支撑的一种可持续生活方式。居民的消费观念、生活方式，对城市的能源需求有重要影响。人类消费理念和行为向低碳转变将有助实现二氧化碳减排。生活方式低碳化是指城市引导人们转变消费观念，彻底改变人们以往高消费、高浪费的生活方式，积极消费低碳产品，形成低碳消费习惯，追求精神消费和文化消费，提高生活质量，从而实现低碳化生活，最终降低城市的能源需求。

构建城市低碳生活路径，通过提高城市居民的节能意识来加速低碳经济建设进程，至关重要。充分发挥媒体的作用，通过电视、报纸、网络、杂志、广播等，对广大民众进行大气候变化教育，树立绿色能源、绿色生产、绿色产品、绿色消费、绿色住宅、绿色交通的新理念，培养全民低碳生活观念。针对居民生活的衣、食、住、行，落实到户进行低碳生活方式教育，增强关联型节能减排环保意识，减少不必要生活消费，选择低能耗、低排放的生活方式。

四、空间利用集约化

党的十八大以来，我国城镇化水平发展迅速，到 2019 年城镇化率首次突破 60%。如今的城市不是靠着过去传统大面积圈地扩张的方式发展，这种过度房地产化的城市开发建设方式已经难以为继。考虑到现在中国人多地少的现实情况，空间集约利用成为必然，实现城市空间集约利用是实现可持续发展的必然途径。空间集约利用属于集约型经济增长方式的一种，与低碳经济低能耗、低污染、低排放的特点相符。

城市的本质是集聚而不是扩散，城市的一切功能和设施都是为加强集约化和提高效率服务。城市的集约化受到经济规律的支配，是动态的发展过程，故达到一定高度时，就会与相对静止的城市功能和基础设施的服务能力失去平衡，形成种种矛盾，客观上出现实行更新和改造以适应更高的集约化要求。城市的集约化程度越高，其自我更新能力就越强。城市集约化程度的提高包括了城市规模的适当扩大，城市再开发也不排除向外扩展一些城市用地和从中心区迁出一些设施，但其目的都是为了加强而不是削弱城市的集约化发展，与城市的盲目扩散有本质的不同。因此，城市的集约化就是不断挖掘自身发展潜力的过程，是城市发展从初级阶段向高级阶段过渡的历史进程。当然，城市的集约化并不是无止境的，城市空间的容量也是有限的。也就是说，当城市化达到相当高的水平（城市化率为80%～90%），城市化空间的容量已趋近饱和，城市的发展潜力已经用尽，城市已经到了高度发展的阶段时，城市的集约化才达到了预定目标，才能对社会、经济发展起到更大的推动作用。

五、水城融合海绵化

水城融合海绵化思想可以体现在"海绵城市"建设上。海绵城市也可被称为"水弹性城市"，是新一代城市雨洪管理概念，是指城市能够像海绵一样，在适应环境变化和应对雨水带来的自然灾害等方面具有良好的弹性，下雨时吸水、蓄水、渗水、净水，需要时将蓄存的水"释放"并加以利用。提升城市生态系统功能和减少城市洪涝灾害的发生。2012年4月，在"2012低碳城市与区域发展科技论坛"中，"海绵城市"概念首次提出，这一概念较具体地从城市与雨洪管理角度探讨人与自然生态系统的可持续关系发展，其低影响开发和雨水资源循环利用不同于传统高碳型排放工程，在很大程度上减少碳排放，体现了低碳城市理念。因此，"双碳"目标的实现和海绵城市建设息息相关。持续深入推进海绵城市建设，是促进碳达峰、碳中和目标实现行之有效的措施和路径。

海绵城市立足碳排放与碳吸收两个角度实现城市低碳目标。首先，海绵城市促进低碳生活，海绵城市建设促进了城市内涝治理，减少了建设前的例行抗洪投入、重复的物资消耗，减少了碳排放。其次，海绵城市提供碳汇空间。在社区各单元地块内部落实低影响开发的"小海绵"建设，所构建的屋顶花园、下沉式绿地、雨水花园、生态植草沟、生态景观水体等绿色空间，既是控制雨水径流、源头减排（屋面、地面源污染）的设施，又是吸收消化二氧化碳的主力。部分绿色海绵设施可减少用电量，比如，绿色屋顶、墙体绿化、蓄水屋面可调节室内温度，减少空调使用、节约用电、降低能耗。雨水调蓄设施可大幅减少自来水使用量，植草沟、下沉式绿地、雨水花园等设施可以存蓄部分雨水，既可增强土壤保湿性，又可以减少附近绿化浇灌的自来水用量；雨水调蓄池、调蓄罐等设施专门收集的雨水，可用于市政绿化浇洒、道路保洁、场地清洗、控尘降温以及厕所用水等，大幅减少了自来水的使用量，经济效益和生态效益显著。

六、垃圾处理无废化

中国作为人口大国，每年产生的垃圾数目多到难以估量，根据有关统计，我国每年固体废物产生量近100亿t，且呈逐年增长态势。如此巨大的固体废物累积堆存量和年产生量，如不进行妥善处理和利用，将对环境造成严重污染，对资源造成极大浪费。目前主流的垃圾处理方式为填埋和焚烧两种，这两种方式分别会产生包括甲烷、二氧化碳在内的温室气体。因此，垃圾处理无害化成为讨论的热点并被着重强调。2018年12月，国务院办公厅印发《"无废城市"建设试点工作方案》指出"无废城市"是以创新、协调、绿色、开放、共享的新发展理念为引领，通过推动形成绿色发展方式和生活方式，持续推进固体废物源头减量和资源化利用，最大限度减少填埋量，将固体废物环境影响降至最低的城市发展模式，也是一种先进的城市管理理念。

垃圾处理无废化是从后端的角度出发，实现对垃圾的合理处置。《固体废物污染环境防治法》的实施，将加大推进垃圾污染环境防治工作的力度。目前针对垃圾的无废化处理国家也采取了多项举措。《"无废城市"建设试点工作方案》中一方面明确表示统筹城市发展与固体废物管理，优化产业结构布局。组织开展区域内固体废物利用处置能力调查评估，严格控制新建、扩建固体废物产生量大、区域难以实现有效综合利用和无害化处置的项目。构建工业、农业、生活等领域间资源和能源梯级利用、循环利用体系。另一方面，加强生活垃圾资源化利用。全面落实生活垃圾收费制度，推行垃圾计量收费。建设资源循环利用基地，加强生活垃圾分类，推广可回收物利用、焚烧发电、生物处理等资源化利用方式。

七、互联互通智慧化

智慧城市建设离不开新技术与新模式的应用，在低碳城市背景下，互联互通意味着利用信息通用技术、物联网技术等打造互联网使得城市实行更精细的管理运作方式，提高资源的利用率与生产力水平。

2016年2月，国家发展和改革委员会、国家能源局、工业和信息化部联合下发《关于推进"互联网＋"智慧能源发展的指导意见》以促进能源和信息深度融合，推动能源互联网新技术、新模式和新业态发展，推进能源生产与消费革命，加强发电设施、用电设施和电网智能化改造，提高电力系统的安全性、稳定性和可靠性，促进绿色低碳发展。

长期以来，我国的能源生产以化石能源发电为主体，这样不仅使得各个能源系统单一局限、各自为政，不能互联互通，而且也带来了资源紧张、环境污染、气候变化等严峻挑战。"互联网＋"，是一种思维模式、技术工具、交流平台，说到底是互联网技术向经济社会发展各方面、各环节的延伸和融合。绿色低碳是一个发展路径问题，需要发展方式和消费模式的根本转变。《关于推进"互联网＋"智慧能源发展的指导意见》中的"互联网＋"能源系统，就是明确提出以电力系统为核心和纽带，从夯实发展基础、构建包容环境、开拓国际市场等方面突出保障措施，通过多种能源互联，大幅提高能源综合利用效率的能源供应系统，加快形成需求拉动、创新驱动、产业带动、政企互动的"互联网＋"发展新格局。

因此，只有建设共建共享、互联互通、开放兼容的"巨系统"，创建集能源传输、资源配置、市场交易、信息交互、智能服务于一体的"物联网"，形成"互联网＋"智慧能源的重点行动，才能实现绿色电力的点对点交易，才能实现以化石能源为主向清洁能源为主的转变，进而最终促进绿色低碳发展。

第十一章 "30 · 60"未来低碳城市发展框架

基于未来低碳城市发展指引，本章充分考虑了低碳城市的发展要素，构建了未来低碳城市发展的框架。以生态优先、绿色发展、以人为本的原则为引领，设计低碳城市发展理念，包括"全要素""多尺度""全过程""多主体"概念的解析，提出政府、市场、社会三方参与低碳城市发展的规划减碳、技术减碳、行为减碳手段，为提出未来低碳城市发展路径指明了方向，并为我国迈向"30 · 60"未来低碳城市发展道路奠定了充分的理论基础。

一、低碳城市发展框架

全球变暖成为世界各国发展中的重要议题。当前，以变暖为主要特征的气候变化正成为各国需要共同面对的严重困难和挑战。全球变暖的首要问题是如何降低温室气体的排放，使国家能够朝着可持续方向发展。

城市是经济社会活动的中心，是社会发展的心脏。城市的人均能源消费比农村地区高出 3 倍，城市的能源消费量占据全国总量的 60%。目前，我国城市总数达到 660 个，2020 年全国城镇人口达到了 9.02 亿人。随着城市化进程的加快，大量农村人口涌入城市，能源消费行为也发生了变化，例如城市人口的增加带来了私家车出行增多，这必会推动城市能源消耗的快速增长和温室气体排放的增加。为了减轻城市发展中的能源浪费和降低温室气体排放量，发展低碳经济和建设低碳城市已成为世界普遍关注的热点问题，很多国际大都市把发展低碳城市作为目标。自 2008 年初住房和城乡建设部与世界自然基金会（WWF）在上海和保定两市为试点启动"中国低碳城市发展项目"建设以后，"低碳城市"同样引起国内各界的关注，成为城市自"生态城市"之后的新热点。因此，城市将会成为实现低碳目标的主要场所，也会成为节能减排的重点。2020 年 9 月，中国提出"二氧化碳排放力争于 2030 年前达到峰值，努力争取 2060 年前实现碳中和"的目标和愿景。这意味低碳城市发展将成为大势所趋。为实现低碳发展的目标，各个城市应当对发展方式进行调整。但现实的情况是，由于各城市在低碳技术水平、发展阶段、能源结构等方面存在较大的差异，导致低碳发展水平具有明显的差异性。因此本书以低碳城市发展指引为导向，从目标、原则、理念、手段和场景出发，构建客观、科学和系统的未来低碳城市发展框架，指导未来低碳城市发展方向和目标，实现迈向"30 · 60"未来低碳城市发展。

根据联合国环境规划署统计，世界上的 1/3 的能源最终是在建筑物里消费的。根据专家估计，建筑物里产生了全球约 60％的二氧化碳排放，是温室气体的主要排放源。因此，在减少温室气体排放的行动中，建筑碳减排都应该处于核心的地位。从西方和东亚各国的成熟经验来看，丹麦、美国、日本、瑞典等国家在零碳建筑的发展和推进上都取得了较好的成功。我国低碳城市发展的第一步首先是建设零碳建筑，它将会成为未来建筑产业的主流。在零碳建筑逐渐普及的情况下，第二步要做的就是基于零碳建筑，建设零碳单元。零碳单元包括三个要素——生活单元、生态单元和生产单元。生活单元的表现形式为社区，社区是社会的基本单元，社区发展也关系到城市的发展。随着我国经济的发展，城市格局逐渐由以单位为基本元素的体制向以社区为基本元素的体制变革。碳排放问题的"先驱"——英国，早在 2002 年就建有全球首个"零碳社区"。贝丁顿"零碳社区"在完工后就吸引了约百户居民入住，是英国最大的低碳可持续发展社区。从英国的先行经验之后，各国也开始了零碳社区的建设，例如美国加州尔湾商业中心零碳社区等。生态单元包括城市中的草原、森林、海洋等要素形成的碳汇，体现为生态功能区，生态单元将会给城市带来绿色和低碳的正面效应。生产单元具体表现为工业园区、农田等，零碳园区的建设也是推动城市走向低碳的重要方式。2014 年，德国建成了欧瑞府零碳科技园，使园区 80％～95％的能源都从可再生能源中获取，该园区成为全世界零碳园区的标杆。由此可见，要建设好低碳城市，必须将建设零碳单元提上日程。最后，在打造零碳建筑和实现零碳社区的基础上，进一步推动低碳城市的发展。早在 2005 年，英国文化协会就发起一次覆盖 60 个国家的全球性活动——"低碳城市"，引导人们用创造性方式去探讨气候变化问题。低碳城市，就是最大限度地减少温室气体排放的环保型城市，"低碳城市"是由组成城市功能的各个系统的节能化、环保化实现的。因此，笔者认为未来低碳城市的发展目标应为"零碳建筑"—"零碳单元"—"低碳城市"，从小到大，由点到面，逐渐实现低碳城市发展目标。

在建设过程中，遵守低碳城市发展的原则。第一，遵守绿色发展的原则。"绿色发展"是在生态环境容量和资源承载能力的制约下，通过保护生态环境实现可持续发展的新型发展模式。党的二十大报告提出，推动绿色发展，促进人与自然和谐共生，也体现了绿色发展的重要性。第二，遵循生态优先的原则。坚持生态优先，推动高质量发展是我国坚持"绿水青山就是金山银山"理念的体现，是实现低碳城市路径的重要举措。第三，坚持以人为本的核心原则，无论是绿色发展原则还是生态优先原则，两者的核心都是"以人为本"。绿色发展和生态优先实质是一种发展方式的人本变革，是以人为本的发展诉求。

对低碳城市发展框架（图 11-1）提出"全要素""多尺度""全过程""多主体"的理念。"多尺度"指的是"建筑—单元—城市"的多维空间尺度，循序渐进地促进低碳城市发展。"多主体"是指发展低碳城市应发挥政府、企业、社会公民 3 类主体的作用，各主体建立合作关系，共同推进低碳城市发展目标的实现。"全过程"指的是在建筑、单元和城市的规划、建设、营运、拆除的全过程生命周期中，减少能源消耗，最大限度实现零碳排放。"全要素"指框架下剖析的低碳城市承载系统中体现了国土空间规划中的生态要素、农业要素、城镇要素和海洋要素四大要素。

框架的提出需要具体的发展手段去落实。如何实现零碳建筑、零碳社区和低碳城市，需要从规划、技术、行为方面加以巩固和提升。城市规划在城市建设和管理中发挥着重要的作用，在城市规划中以低碳理念为导向，发挥政府的主导作用，能推动城市的可持续发

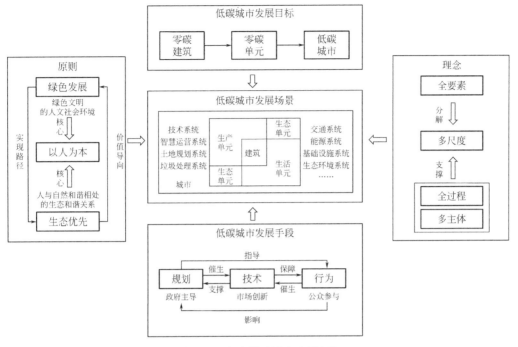

图 11-1　未来低碳城市发展框架

展。另外，市场方对低碳技术方面的创新是实现低碳城市发展目标的重要支撑。可再生能源技术、污水处理技术等有利于城市采取更加有效的手段实现减碳目标。减碳更离不开公民参与，居民低碳消费行为和日常低碳出行等对碳排放都有着正向的积极效果。最后，基于上述发展概念，建设低碳城市发展场景。以"建筑—单元—城市"为尺度，容纳城市发展中的各系统，共同打造低碳城市发展场景，将目标真正落到实处。

二、低碳城市发展原则

低碳城市发展需要遵循"绿色发展""生态优先""以人为本"三大原则（图 11-2）。2016 年，习近平总书记提出"我们要坚定不移贯彻新发展理念，坚定不移走生态优先、绿色发展之路"，创造性地把生态优先和绿色发展结合起来，指出生态优先是绿色发展的价值导向和前提条件，绿色发展是生态优先的实现路径和支撑条件。为了巩固提升绿色发展优势，进一步推动生态保护，2021 年 4 月 30 日，习近平总书记在主持十九届中共中央政治局第二十九次集体学习时强调指出，生态环境保护和经济发展是辩证统一、相辅相成的，建设生态文明、推动绿色低碳循环发展，不仅可以满足人民日益增长的优美生态环境需要，而且可以推动实现更高质量、更有效率、更加公平、更可持续、更为安全的发展，走出一条生产发展、生活富裕、生态良好的文明发展道路。体现了生态保护和绿色发展的核心原则是"以人为本"。

生态优先是绿色发展的价值导向。生态优先原则的提出是着眼于城市发展中存在的生态效益和经济效益、社会效益之间的冲突，生态优先作为绿色发展的前提条件，是尊重自

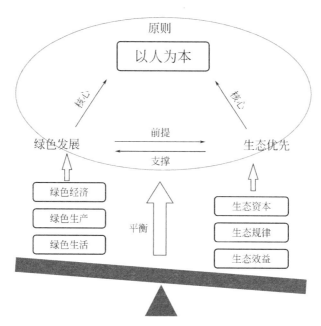

图 11-2　未来低碳城市发展原则

然规律和社会经济发展规律的体现。生态优先原则应体现为生态规律优先、生态资本优先和生态效益优先三个层面。良好的城市生态环境是实现可持续发展的必然条件，因此，城市的生态环境建设对整个城市系统的管理和运行起到至关重要的作用，低碳城市应该更加关注生态环境的发展。遵循生态规律，即优先做到遵循生态系统的动态平衡规律和自然资源的再生循环规律，在低碳城市建设过程中不得操之过急，需按照生态规律脚踏实地地推进。生态资本即带来经济和社会效益的生态资源和生态环境，维护生态功能，保证生态资本的保值和增值是低碳城市发展中促进低碳经济的有效手段，生态资本运营也是低碳经济发展的重要实现途径。最后，重视生态效益，通过低碳、绿色的发展手段来实现生态红利的持续性。从低碳城市可持续发展的角度来看，突出生态优先的地位是当下资源环境约束趋紧的发展重点，它指明了低碳城市建设的首要任务在于保护生态环境，转变绿色发展方式。"绿色"作为发展的主旋律，将推动城市朝着低碳、清洁的方向发展，促进经济发展模式的转变，为生态优先提供支撑。

绿色发展是生态优先的实现路径。为了应对全球性的生态环境恶化问题，绿色经济、绿色增长、绿色发展等理念相继出现，世界各国的发展方式也逐渐从粗放型转向绿色化。习近平总书记强调绿色发展是构建高质量现代化经济体系的必然要求，足以体现我国对绿色发展的重视。绿色发展有丰富的内涵，包含着绿色经济发展、绿色生产方式、绿色生活方式等内容，这些内涵共同存在于城市的各子系统中，体现着绿色文明的人文社会环境。绿色经济发展是一种低碳、高效和社会包容的发展模式，目的在于实现环境保护，是同时能提高社会公平和降低环境风险的经济发展模式。绿色经济是绿色发展中的重点内涵，绿色经济是一切资源节约、环境友好的经济活动及其结果的总称，循环经济、低碳经济都属于绿色经济，因此发展绿色经济有利于低碳城市的建设与发展。绿色生产方式能够将过去粗放的发展方式、对生态环境不合理的利用，以及高能耗、高污染的发展方式转变成生态保护的有效手段。绿色发展方式除了绿色生产方式，也包括绿色的生活方式。低碳城市的建设离不开居民生活方式的转变。过度消费以及高排放的消费习惯会给生态环境带来负担，合理的消费方式是经济进一步发展的动力。坚持走绿色可持续发展路线，发展低碳试点城市，通过绿色生产方式、绿色生活方式等路径着力改善绿色生态模式是我国实现可持续发展的必由之路。

保护生态环境和绿色发展都服从于"以人民为中心"。城市的低碳发展是更加突出以人民为中心的发展，良好的生态环境是最普惠的民生福祉，城市的低碳发展应看重经济建设与社会建设、生态建设的协同发展，更关注人民的获得感、幸福感、安全感等。保护城市生态环境是以人为本的体现，此举是尊重和保护城市居民的环境权利。生态需求也是城市居民的基本生活需求，城市生态环境与居民生活息息相关，低碳城市发展应该更加重视生态优先带给居民的生态利益，不断满足人民群众日益增长的生态需求。绿色发展理念以可持续发展、协调发展作为导向，坚持将人的全面自由发展作为终极目标，促进人与自然的和谐，也体现了以人为本的本质特征。低碳城市的绿色发展将从低能耗的生产体系、环保低碳的环境体系、高效循环的经济体系等各方面促进人的高质量生活。

以人民为中心，探索以生态优先、绿色发展为先导的低碳城市发展道路。生态优先为绿色发展创造条件，绿色发展为生态优先提供支撑。坚持生态优先，维护人与自然和谐相处的生态和谐关系是绿色发展的前提条件和价值导向。推进绿色发展，建设绿色文明的人文社会环境，是促进生态保护的实现路径。以"以人为本""生态优先""绿色发展"三大原则指导低碳城市发展过程，将为低碳城市发展指明方向。

三、低碳城市发展理念

理念是行动的先导，一定的发展实践都是由一定的发展理念来引领的。低碳城市理念是在城市发展到某一水平后出现的，其本质和可持续发展的理念如出一辙，是国家开展生态文明建设的基础保障。从我国目前正在实施的低碳城市、绿色城市、生态城市的建设和发展战略规划来看，低碳城市理念是由宏观层面提出来的一种发展理念，它需要有具体的内涵来支撑。低碳城市发展需要全面且先进的理念来指导，才能使得低碳理念渗入城市建设和市民生活的各个方面。在提倡低碳城市发展的大背景下，以"全要素""多尺度""全过程""多主体"为代表的低碳城市发展理念（图11-3）体现了创新、全面、协调、多元的特征。

（一）全要素

当前国内全域全要素相关研究和国家政策大多集中于国土空间分类体系的构建和用途管制的关系上，侧重于研究陆地、海洋等资源的全要素分类级别特征。在国家层面，自然资源部（原国土资源部）主导制定了《市（地）级土地利用总体规划编制规程》TD/T 1023—2010、住房和城乡建设部牵头制定了《城市用地分类与规划建设用地标准》GB 50137—2011、国家林业和草地局主导制定了《林地分类》LY/T 1812—2021、质量监督检验检疫总局主导制定了《海洋功能区划技术导则》GB/T 17108—2006 等，这些政策文

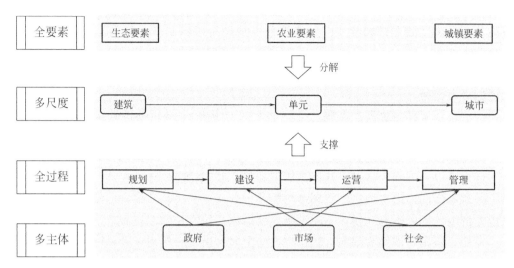

图 11-3　未来低碳城市发展理念

件对农业空间、城镇空间、海洋空间和生态空间的分类具有一定的借鉴意义。在学术研究上，有学者对市县国土空间总体规划全域全要素进行分类，构建起了生态空间、农业空间、城镇空间和海洋空间四种空间关系的架构。也有学者认为全域全要素不仅是对海洋、生态、农业、城镇空间的细分，还应该涉及各类资源要素。对于低碳城市发展，城市的空间规划需要将碳减排目标落到具体的空间上。低碳城市发展需要涵盖城镇空间、农业空间以及生态空间三类空间中的所有要素。"城镇要素—农业要素—生态要素"是对低碳城市发展场景中所有空间承载系统的集合和归纳。来自这三类要素的碳源构成了碳排放的主体，其中就涵盖了建筑、能源、交通、工业等领域具体的各个碳排放系统。低碳城市的国土空间规划应该以协调国土空间管制为导向、以覆盖全域各类碳排放要素为基础，将"城镇要素—农业要素—生态要素"分解到具体的城市空间中，构建起低碳与空间规划相结合的全要素系统型框架。

（二）多尺度

构建低碳城市需要循序渐进、由点到面逐步搭起低碳城市发展的尺度框架。2022 年 6月 30 日，住房和城乡建设部与国家发展和改革委员会联合发布的《关于印发城乡建设领域碳达峰实施方案的通知》明确提出，要建设绿色低碳城市，并从优化城市结构和布局、开展绿色低碳社区建设、全面提高绿色低碳建筑水平、建设绿色低碳住宅等方面入手。可见低碳城市发展需要从建筑着手，提高低碳建筑的普及率，再开展低碳社区建设，从而改善城市建设过程，发展低碳城市。因此，"建筑—单元—城市"的多尺度框架是发展低碳城市的合理途径。

首先是建筑尺度，建筑作为城市发展的重要基础，有着不可忽视的作用。城市建设是碳排放的主要领域之一，随着城镇化快速推进和产业结构深度调整，城市建设领域碳排放总量和占比将持续增长。建筑碳排放是城市建设领域碳排放的主要组成部分，因此建筑的绿色低碳转型发展迫在眉睫。鼓励绿色建筑、零碳建筑、低碳建筑的发展能够积极有效且持续推动建筑行业低碳转型，为城市建设的低碳、高质量发展贡献力量。其次是单元尺度，它包括生活单元、生产单元和生态单元。生活单元的主要载体是社区，社区是一个城市的基本发展单元和治理单元，城市低碳社区建设是实现城市低碳发展的有效途径，具有重要的意义。城市低碳社区建设有利于培养居民低碳意识，形成实践低碳理念的精神支撑，也有利于改善生活环境、提高居民生活幸福指数。生产单元主要是指工业园区等，工业园区是城市污染排放物的主要来源之一，促进其低碳发展，能够推动园区的低碳减排、提升经济活动效率，实现低碳高效发展。生态单元主要包括城市中的湖泊、绿地、农田等，加强对其污染治理和生态保护修复，能够处理好发展和减排关系，促进低碳城市的建设。最后是城市尺度。城市是人类生产和生活的中心，在经济社会发展中起着举足轻重的作用。当前世界上一半以上的人口居住在城市中，城市的人均能耗是农村地区的 3.5 倍，而超过 75％的温室气体从城市产生。发展低碳城市对中国快速的城市化进程中出现的能源消耗急剧增加、机动车排放污染、城市固体垃圾处理等问题具有重要意义。低碳城市依托绿色零碳单元和建筑的建设，逐步实现"建筑—单元—城市"的低碳城市发展多尺度框架。

（三）全过程

低碳城市发展过程中，运用全生命周期管理理念规划、建设、运营、管理城市，形成"规划（Plan）—建设（Construct）—运营（Operate）—管理（Manage）"的"PCOM"发展循环法，努力探索低碳城市发展与治理的新路子（图 11-4）。

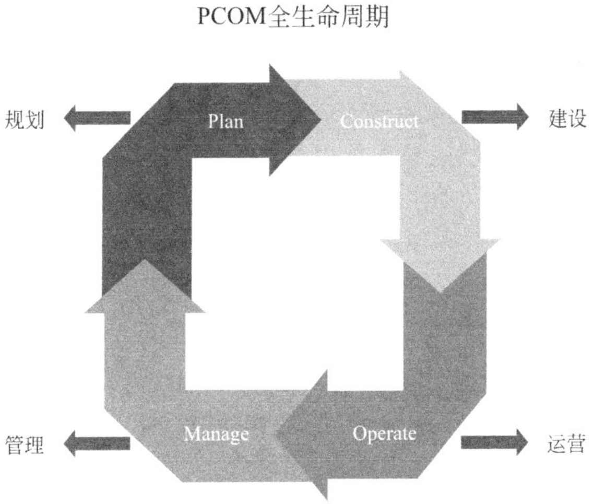

PCOM全生命周期

图 11-4 "PCOM"低碳城市发展全过程理念

在我国现代化建设高速发展的形势下，低碳城市的规划（Plan）应是以"绿色发展，生态优先，人与自然、社会的和谐发展"为城市发展目标，在多学科参与的基础上强化生态学和生态规划的理论知识在城市规划中的应用。无论是建筑尺度、单元尺度还是城市尺度，都遵循规划先行的原则。在建筑尺度，应该将节能降碳的新思想、新举措通过更新标准规范，反映到对建筑的规划上来。在零碳单元的建设中，规划设计应该更加注重职住平衡、慢行交通系统和绿色景观等方面，并要科学设计生活、生产、生态空间的低碳布局。在城市尺度，越来越多的研究表明，空间布局的规划与城市的低碳发展密切相关。控制城市密度，进而减少车辆的出行，可以实现低碳环保的生活方式。通过调节城市绿带的界限、加强对公共交通的研发可以实现城乡统筹的目标，为低碳城市的建设作出贡献。此外，可以通过对绿地系统、城市交通、城市产业、土地资源利用的规划，来深入探索低碳城市整体规划和建设，实现合理的城市规划设计，以此来为低碳城市发展助力。

坚持先规划、后建设的原则。在规划的基础上，开展针对性的低碳工程改造与建设（Construct）。大力发展超低能耗建筑、低碳建筑，开展零碳建筑建设试点，持续推进既有居住建筑节能改造及公共建筑能效提升，强化公共建筑运行监管体系建设。因地制宜地推广风能、太阳能等新能源在建设上的运用，推动绿色建材等的应用。开展零碳社区、园区试点建设工作和生态景观改造工程。零碳社区打造应在社区能源、交通、废弃物、水资源、公共空间等领域构建零碳场景、激活零碳细胞。零碳园区应借助数字化手段，建设"双碳"数字化管理平台，建设低碳基础设施、数字赋能、产业优化，建设园区低碳零碳发展的长效机制等。生态单元的低碳建设可以通过景观设计和改造构建低碳可持续的生态项目。低碳城市试点建设作为"双碳"目标的政策实践，也应在规划的基础上开展相应的试点项目。2010 年首批共有五省八市作为试点地区，经过 2012 年第二批和 2017 年第三批的政策下沉，截至 2022 年，共有 87 个城市被列入低碳城市试点名单。积极开展低碳城市建设对推动城市生态修复，完善城市生态系统和城市的高质量发展具有重要意义。

规划阶段和建设阶段以后是运营（Operate）阶段。建筑低碳运营注重建筑健康和能源管理，即可以采用如建筑管理系统对建筑设备监控系统和公共安全系统等实施综合管理或者通过建筑能源替代来实现建筑运营阶段的减碳，采用风能、光伏建筑一体化等。城市基本单元低碳运营应以控制和削减二氧化碳及其温室气体排放总量为目标，对社区居民建筑和工业园区配套设施运行能耗进行系统化提升，完善城市单元的低碳管理和运营模式。实践中的城市低碳运营应包括两层意义：一是指政府和企业在充分挖掘城市资源基础上，运用政策、市场和法律的手段对城市资源进行整合、优化、创新，在宏观层面取得城市资源的增值，利用整合资源来维持低碳城市的发展；二是通过城市运营，实现城市自然资源和人文资源的增值，实现人与自然和谐共处，城市居民生活质量和幸福感得到提升，这是城市低碳运营的最终目的。

低碳城市发展不仅在"运营"，也在"管理（Manage）"。低碳建筑管理可以依靠政府、居住公民和企业，通过构建互利共生体系，依据环保、低碳理念来进行，例如政府适当减免低碳建筑产品购买以及土地的增值税，刺激低碳消费。还可以通过建设完善的低碳城市评判标准，使得低碳建筑管理体系能够高效运行。零碳单元管理依靠低碳社区管理、低碳园区管理和生态低碳场景管理等来实现。低碳社区方面，可以构建低碳社区评价体系，并完善社区各方面的治理机制，赋予居民一定的参与权，使居民共同参与低碳社区的管理。低碳园区和生态低碳场景方面，主要以低碳管理手段为核心实现低碳化发展，将低碳管理应用于园区和各生态场景的全生命周期，搭建数字化碳排放监测平台和管理系统。对于低碳城市进行管理时，应全面提升城市环境、市容秩序、交通出行、设施运维等治理水平。城市低碳管理涉及园林、水务、路灯、供电、供气等多个部门，应整合各方力量，建立网络化、智能化、常态化管理体系，提高精细化管理标准。城市低碳管理的过程中必须始终把人民利益摆在至高无上的地位，以人为本，推动城市低碳发展成果与人民共享。

（四）多主体

低碳城市是政府、市场和社会公民共同协作的发展模式。三者相互影响、相互作用，共同致力于低碳城市的发展。首先，政府在低碳城市的规划和建设中起着主导的作用，政府从城市发展现状出发，制定适宜的低碳城市发展目标，从而开展城市规划。甚至同市场中的企业和国外企业进行多方合作，执行并监管低碳城市的建设。政府还会参与低碳城市的运营和管理，通过制定政策和管理条约约束和引导公民和企业自觉积极主动参与低碳城市建设。其次，低碳城市的发展也离不开市场的参与。市场在建设、运营和管理方面起到了不可忽视的作用。建筑和社区、工业园区等的建设一般由建筑企业或者施工单位负责，市场在建设中嵌入低碳因素，这是建立低碳市场不可或缺的方面。市场在走向低碳方向时，可以完成节能技术的升级和减排能力的提高，积极开发低碳产品，在市场的运营过程中引导消费者低碳消费。在管理方面，市场能够建设碳排放监测和管理平台助力碳减排。最后，低碳城市可持续发展的动力是拥有低碳理念的公民。公民有权利对城市规划和管理中出现的问题提出疑问，对低碳城市规划和管理起监督作用。对社会公民进行低碳消费引导，提升其低碳意识，是建立低碳决策全民参与的基础。

四、低碳城市发展手段

基于上述内容对低碳城市发展框架的分析，本节试图探索低碳城市发展的手段，以为各地城市的低碳发展提供示范路径。该低碳城市的发展手段主要包括三个维度，制度驱动、主体实施、手段选择，三个维度并不是孤立存在的，而是层层递进推动的过程（图 11-5）。本节将具体阐述这三个维度的内容。

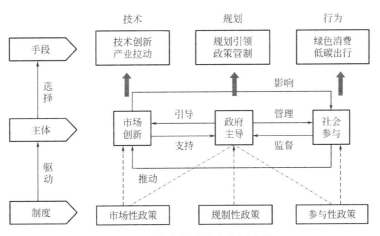

图 11-5 未来低碳城市发展手段

发展低碳城市应充分发挥政府、市场和社会公民三类主体的作用。其中，政府占主导地位。基于治理理论和低碳城市管理的框架，政府制定发展低碳城市治理的政策类型，包括针对政府部门的规制性政策、针对市场的市场性政策和针对社会公民的参与性政策。规制性政策可以驱动政府自上而下地采取措施，出台有利于低碳城市发展的各项优惠政策。市场性政策能够刺激企业积极响应政策，向低碳方面发展，进行营利性企业的横向努力。参与性政策可以促进社会公民以及非政府组织自下而上的努力，提高公民的低碳意识，共同助力低碳城市的发展。政府出台这三种类型的政策，可以起到激励政府、市场和社会公民的作用。以政府为主导，形成企业、市民等多主体共同参与的局面，可以有效驱动社会资源，实现城市资源的有机整合。

（一）政府引导下的规划减碳

政府作为低碳城市发展的引领者，在整个发展过程中应起到领导、规划和监管的作用，根据城市发展现状，颁布低碳城市发展政策和措施，设计低碳城市发展规划，制定相关法律法规，对低碳城市的建设起到主导作用。

1. 政府规划引领

科学的城市规划是建设低碳城市的关键。城市规划对于城市发展有长期的、结构性的作用，即城市规划具有"刚性"。现如今，打造低碳城市成为世界各地的共同追求，在城市规划中以低碳理念为导向，能够推动城市的可持续发展。从低碳城市的构成出发，其规划内容应该包括城市空间布局规划、城市交通规划、城市绿地系统规划、绿色建筑规划四个方面。在城市空间布局规划上，发展合理的紧凑型城市形态，促进职住平衡，建设多中心网络城市。进行紧凑型城市时，在空间结构上，可以根据人文历史条件、地理条件等确定密集区和分散区，并在区域之间用快速的交通轨道连接。同时也需要进行城市密度的控制，考虑城市的资源承载力，避免土地资源的过度使用，进而减少碳排放。城市交通的碳排放在城市总体的碳排放中占据较大的比例，科学合理的交通规划是低碳城市建设的重要举措之一。当前，我国大部分城市都有交通堵塞、道路拥挤的问题。政府在规划时，应该控制私家车出行，设计合理的公共交通网络，加快建设轨道交通，推动城市道路系统规划的低碳。绿化也是城市碳汇的主要来源，城市绿地绿化系统规划设计可以有效改善城市生态质量，提升市民生活水平。在城市中用绿色植被、草地、农田等填充空间，通过植树造林、植被恢复等措施来制造碳汇资源。此外，我国目前在城市建筑低碳领域的长远规划和设计不足，规划开发技术相对滞后，绿色建筑规划体系还需不断完善。城市规划是政府引领城市低碳发展的重要手段，政府应该利用好这一手段，建立低能耗、低污染、低排放的城市发展模式。

2. 政府政策管制

管制性政策是指政府设定一致性的管制规划和规范。在低碳城市发展过程中，政府也应该颁布管制性规划和政策规范。政府应该将低碳城市建设纳入地方的发展规划，将建设低碳城市相关的项目纳入政府年度工作计划，再制定低碳建设导则对其予以考核和评价。政府还应该设立低碳城市发展专项基金和项目扶持资金，项目扶持资金可涵盖绿色建筑、绿色电力、绿色信贷等，鼓励低碳城市发展项目有序开展，加强对资金的管理和运作。政府还可以通过完善政策法律机制，例如《环境保护法》《大气污染防治法》《矿产资源法》《煤炭法》等，通过立法和修改法律并认真落实这些法律，强化低碳能源利用，支持企业走发展低碳经济的道路，为中国走低碳经济的道路提供法律保障。

(二) 市场主导下的技术减碳

低碳城市的发展离不开市场的调节和助力。市场这类非政府组织对低碳城市的发展起着调节作用。要想真正实现低碳城市发展目标，低碳技术创新和低碳产业进步是保证城市节能减排不可或缺的条件。

1. 市场技术创新

技术创新是实现城市绿色低碳发展的根本出路，不仅对于城市发展低碳经济有不容小觑的影响，在减碳方面更是有着显著的效果。政府颁布的市场性政策能够刺激企业等非政府组织进行技术创新。低碳城市发展应该采用多种绿色环保技术和生态技术，借助科技来创造宜居生活环境。比如开发环保节能型混凝土外加剂，使混凝土材料的碳排放量降低30%～50%，通过建筑节能和能效提升减少二氧化碳排放；依托智慧项目建设，让云计算、物联网、移动互联网、大数据等新技术深度嵌入，不断提升运维水平，高效处理产业园区排放的二氧化碳；市场还可以通过研究新型高效光伏电池技术、新型核能发电技术、新型绿色氢能技术、前沿储能技术、电力多元高效转换技术等培育颠覆性技术创新路径。

2. 低碳产业拉动

绿色低碳发展是企业肩负的社会责任，也是可持续发展的巨大机遇。大力发展绿色低碳产业，推动经济社会绿色转型需要解决我国产业规模庞大、产业结构偏重、产业含碳量高、绿色低碳转型发展压力大等问题。在产业绿色低碳的转型过程中，要推动产业产品升级减碳，大力发展低碳新兴产业，推动高碳产业和低碳产业动能转换。数字经济、智慧环保等新兴低碳产业能够帮助企业解决环境污染问题，比如尾矿修复、新能源利用等产业能够帮助能源企业解决节能和减排的问题。从我国目前的发展态势来看，我国巨大的传统产业绿色升级改造需求、绿色低碳产业发展需求和绿色低碳消费需求意味着巨大的市场潜力。所以大力发展绿色低碳产业，是企业可持续发展的内在要求和巨大的机遇，是节能降碳的关键，也是全面响应国家呼吁产业减碳的行为，是展现市场绿色发展的自觉行动。

(三) 社会参与下的行为减碳

建设绿色低碳城市更离不开发挥市民主体作用，要大力倡导绿色低碳生产生活方式，让绿色低碳真正融入生产生活，在城市中生活的居民应将低碳生活理念牢记于心，为节能减排作出贡献，从而推动实现碳达峰碳中和。

1. 公民绿色消费

公民日常消费模式对二氧化碳等温室气体的排放具有重要影响。加强对公民消费的引导和管制，促进其转向绿色消费模式是低碳城市发展路上亟待解决的问题。个体心理意识、社会参照规范两个主范畴是低碳消费行为的内部和社会心理归因。通过对公民消费方式进行引导、教育，鼓励公民积极参与低碳城市发展，使其心理具有强烈的认同感和参与感。目前中国的群体压力以及政府表率对个体消费行为的影响特别显著，改变社会的参照文化氛围对促进消费者实施低碳行为具有不容忽视的作用。此外，在生活中，可以倡导公民购买具有绿色标识的家具和节能建材、新能源汽车等绿色低碳产品，多购买环保节能产品，促进绿色消费。

2. 居民低碳出行

随着居民生活水平的日益提高，居民的出行需求也在不断发生变化，居民出行行为作为家庭能源消耗的重要组成部分之一，在家庭能源消费甚至是城市能源消费中扮演着重要的角色。出行方式是影响居民日常出行碳排放的主要因素之一。降低交通碳排放不仅需要靠规划、技术上的努力，还需要引导居民出行方式向低碳转变。低碳出行指的是居民在出行中，主动采用能降低二氧化碳排放量的交通方式，比如步行、自行车和公共交通。低碳出行作为城市低碳发展的重要举措之一，应该转变现有的出行模式，倡导居民使用电动车、自行车等方式出行，也可以增加出行项目；加强智能化出行，引进低碳节能减排技术，降低出行能耗。

第十二章 "30·60"未来低碳城市发展路径

本章阐释了"136"未来低碳城市发展道路。"1"是指迈向"30·60"未来低碳城市的发展目标,"3"是指低碳城市发展的关键路径——"零碳建筑—零碳单元—低碳城市",各层次的空间尺度突出传导性,强调对低碳目标的分解落实、空间落地,统筹发展与减碳、整体与局部等多维度关系,打造具有全面性的"双碳"城市发展模式。"6"是指围绕建筑、基本单元、城市三个不同的空间尺度,每个尺度下有针对性地分解出6条不同的建设路径。首先是零碳建筑尺度,建筑领域的减碳已成为我国实现碳达峰、碳中和目标至关重要的一环。大力发展绿色建筑是建筑领域减碳的必由之路。建筑尺度上的减碳,可以通过资源节约、集约智能、清洁产能、废料处理、健康安全和低碳规划来实现。其次是基本单元尺度,基本单元里涵盖"三生"单元,分别是生产单元、生态单元和生活单元,可以通过资源节约、单元经济、绿色生态、行为低碳、便利生活和智慧运营六个维度开展零碳单元建设。最后是城市空间尺度,城市是碳减排的基础所在,城市节能减碳能够有效抑制温室效应。城市减碳,可以通过对碳达成率、能源结构、空间布局、创新体系、经济发展6个维度采取具体的措施达到目的。"136"未来低碳城市发展道路将为我国低碳城市的发展提供借鉴。

一、零碳建筑

建筑的全生命周期包含建筑材料生产、建筑建设施工、建成后的运行维护三个环节,其中产生的能源消费总量占全国能源消费总量的45%,碳排放量占全国排放总量的50.6%。建筑设计建造运营阶段的节能降碳技术措施会直接影响建筑使用阶段能耗。因此,发展零碳建筑,提高建筑节能低碳水平,降低建筑碳排放对于实现"双碳"目标具有重要意义。

目前国内外重点关注绿色建筑的评价指标体系,并在实践领域取得了较多的成果。英国、美国以及我国均建立了完整的绿色建筑评价体系。1990年英国建筑研究院创立了第一个绿色建筑评估方法 BREEAM (Building Research Establishment Environmental Assessment Method),它坚持"因地制宜、平衡效益"的核心理念,注重建筑本身和人居环境,是全球唯一兼具"国际化"和"本地化"特色的绿色建筑评估体系。该体系与时俱进,不断创新,目前从项目管理、身心健康、能耗、交通运输、用水、材料、废料处理、土地使用与生态环境、污染控制、创新十个维度去评估绿色建筑。值得注意的是,该评价体系在能耗维度下已经提及减少能耗和碳排放的评价要求,体现了绿色建筑和英国注重低碳的发展要求。

美国能源与环境设计认证（LEED，Leadership in Energy and Environment Design）绿色建筑认证标准是在英国建筑研究院环境评估方法（BREEAM）标准的基础上进行开发的。它是由美国绿色建筑协会（U. S Green Building Council）建立并推行的"绿色能源与环境设计先锋奖（Leadership in Energy & Environmental Design）"发展而来，该体系遵循美国绿色建筑协会政策方针，目前在世界各国的各类建筑环保评估、绿色建筑评估以及可持续性评估标准中，被认为是最实用、最完善、最具影响力的可量化评估标准之一。LEED绿色建筑评价体系强调一幢建筑整个生命周期内的可持续性，从选址与交通、可持续场地、节水、能源与大气、材料与资源、室内环境质量、创新、区域优先八个方面对建筑进行综合考察，并通过对每个维度的具体指标进行打分来评判出白金、金、银等认证级别，反映相应的绿色建筑水平。美国LEED标准自2003年进入中国市场，2004年开始有项目注册，从2009年起在中国迅速壮大，根据美国绿色建筑委员会发布的《LEED在中国2021年度总结》，截至2021年底，LEED认证体系引入国内以来全国获得认证的项目数为4217个。我国入选LEED金奖的建筑物有成都来福士广场、深圳京基金融中心、上海金茂大厦等。

我国第一部《绿色建筑评价标准》GB/T 50378—2006于2006年发布，2019年我国更新了2014版的标准，发布了最新版的《绿色建筑评价标准》GB/T 50378—2019，相比于2014版，2019版标准有了很大的改进和突破。2006版和2014版的指标体系均以传统的"四节一环保"为基础，2019版以贯彻落实绿色发展理念、推动建筑高质量发展、节约资源保护环境为目标，创新重构了"安全耐久、健康舒适、生活便利、资源节约、环境宜居"五大指标体系，每类指标均包括控制项和评分项，评价指标体系还设置了统一的加分项。该标准注重绿色技术的落地实施，扩展了建筑科技的发展内涵，增加了绿色建筑基本级别，最重要的是开始涉及人的身心健康层面。各国现行的绿色建筑评价标准内容见表12-1。

国内外现行绿色建筑评价标准关键评估项比较 表12-1

评价体系	评价标准(维度)	评估项(指标)
中国 《绿色建筑评价标准》 GB/T 50378—2019	安全耐久	安全、耐久
	健康舒适	室内空气品质、水质、声环境与光环境、室内热湿环境
	生活便利	出行与无障碍、服务设施、智慧运行(包括能源管理、空气质量监测等)、物业管理(根据其各类绿色措施完成度衡量)
	资源节约	节地与土地利用、节能与能源利用、节水与水资源利用、节材与绿色建材
	环境宜居	场地生态与景观、室外物理环境(包括环境噪声、照明等)
	提高与创新	加分项(包括各类创新、因地制宜的措施)
美国 《LEED认证标准》 V4.0—2014	选址与交通	LEED社区开发选址、敏感型土地保护、高优先场址(如在有开发限制的区域进行开发,促进周边区域的健康)、周边密度和多样化土地使用、优良公共交通可达、自行车设施、停车面积减量、绿色车辆
	可持续场地	场址评估、场址开发—保护和恢复栖息地、开放空间、雨水管理、降低热岛效应、降低光污染、场址总图、租户设计与建造导则、身心舒缓场所、户外空间直接可达、设施共享
	节水	室外用水减量、室内用水减量、冷却塔用水、用水计量

续表

评价体系	评价标准(维度)	评估项(指标)
美国 《LEED认证标准》 V4.0—2014	能源与大气	增强调试(包括对项目设计、施工与最后运营的调试)、能源效率优化、高阶能源计量(如跟踪建筑物内各系统的能耗来进行能源管理)、需求响应、可再生能源生产、增强冷媒管理、绿色电力和碳补偿
	材料与资源	降低建筑生命周期中的影响(如优化材料在环境方面的表现)、建筑产品的分析公示与优化—产品环境要素声明、原材料的来源和采购、材料成分、PBT来源减量—汞(仅医疗保健建筑)、PBT来源减量—铅、镉和铜(仅医疗保健建筑)、家具和医疗设备、灵活性设计(包括便于未来改建以及延长组件服务寿命的设计等)、营建和拆建废弃物管理
	室内环境质量	增强室内空气质量策略、低逸散材料、施工期室内空气质量管理计划、室内空气质量评估、热舒适、室内照明、自然采光、优良视野、声环境表现
	创新	创新(具体由创新技术数量衡量)、美国绿色建筑认证专家资质(LLED AP,Leadership in Energy and Environment Design Accredited Professional)(包括团队整合、简化LEED项目的应用和认证过程等)
	区域优先	地域优先(如解决特定地域、社会公平和公民健康等重点问题)
英国 《BREEAM认证标准》 V2.0—2016	项目管理	项目任务书和设计、生命周期成本和使用周期规划、可靠的施工实践、调试与移交、移交后的维保
	身心健康	视觉舒适性、室内空气质量、实验室内的安全隔离措施(仅适用于非住宅类建筑)、热舒适度、声学性能、可及性(如采取有效措施降低建筑进出及使用过程中的风险,提高安全系数)、灾害、私用空间、水质
	能耗	减少能耗和碳排放、能耗监测、外部照明、低碳设计、节能冷藏(仅适用于非住宅类建筑)、高能效的运输系统、节能实验室系统(仅适用于非住宅类建筑)、节能设备、晾衣空间(仅适用于住宅)
	交通运输	公共交通可及性、公共设施可达性、替代性交通方式、最大停车容量(仅适用于非住宅类建筑和住宿机构建筑)、出行计划(具体由出行方式数量进行衡量)、家庭办公室(仅适用于住宅区)
	用水	水耗、水耗监测、漏水检测和防漏、节水设施
	材料	生命周期影响(如采用对建筑无生命周期影响较低的材料)、硬质环境美化及边界保护、建筑产品的可靠采购来源、保温隔热、耐久性及耐损性设计、材料效率
	废料处理	施工废弃物管理、再生骨料、运营性废弃物、预估表面材料和涂料、适应气候变化、功能性适应(仅适用于非住宅类建筑)
	土地使用与 生态环境	场地选择、场地生态价值以及生态特征保护、减少对现有场地生态性的影响、提高场地的生态价值、对生物多样性造成的长期影响
	污染控制	制冷剂影响、氮氧化物排放、地表水径流、减少夜间光污染(仅适用于非住宅类建筑和住宿机构)、减少噪声污染
	创新	创新(具体由创新技术数量衡量)

对比分析各国绿色建筑评价标准可知，可持续性、舒适性、便利性、环保性等方面的评价指标是各评价体系中的共同部分，这些指标更多的是在考察建筑本身对生态环境和人类居住的影响。而美国和英国的评价体系都在关注污染控制和建筑选址规划方面的状况。现有的评价体系虽然涉及了部分建筑低碳方面的评价标准，但是大多关注绿色建筑的评定，未形成完整的零碳建筑评价体系，因而评价指标仍需进一步整合和升级，需要考虑目前社会发展低碳建筑的迫切性，将建筑规划、污染控制以及对人的发展等维度纳入进来，多方面地构建零碳建筑评价维度。同时，上述评价体系将为本书零碳建筑指标体系构建提供借鉴。

综上，本评价体系在结合现有零碳建筑评价体系的基础上将建筑整体规划、环境友好、污染控制等维度纳入体系，从"设计规划""施工建设""运营管理"建筑全生命周期阶段，"人""物""料""技"四方面，多角度多层次的对零碳建筑全生命周期进行评估。零碳建筑评价体系具体可分为资源节约、集约智能、清洁产能、废料处理、健康安全、低碳规划六个维度，各维度均包括若干核心策略，为实现各维度目标提供指导，加速构建零碳建筑（图 12-1）。

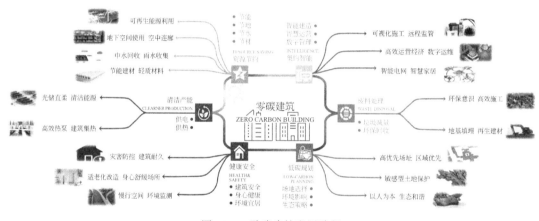

图 12-1　零碳建筑发展路径

（一）资源节约

建筑的建造与运行都需要大量的资源，这些资源主要由土地资源、水资源、各类材料资源与各类能源资源组成，而这些资源又极易被浪费，因此本评价体系对建筑物的各类资源的使用提出了资源节约的要求，具体为节能、节地、节水、节材四部分。

1. 节能与能源利用

减少能源消耗是资源节约的重要部分。在零碳建筑建设的全生命周期中采取可再生能源是建筑节能的重要举措。在设计过程中，建筑围护结构上可以采取节能设计，减少围护结构传热与门窗缝隙的空气渗透耗能。在施工过程中采用可再生能源为部分施工机械提供动力，在施工过程中就可以实现节能减碳。此外，根据建筑物功能特点，合理利用太阳能，采用光伏建筑一体化（BIPV）设置一定面积的采光屋面，经过控制器与公共电网相连接向光伏阵列及电网并联向用户供电。还可以推动建筑运行电气化、智能化，例如，用电热水器代替燃气热水器，用智能变频电气灶代替燃气灶。

世界上最大的太阳能建筑——德州太阳谷微排大厦是利用太阳能实现建筑节能的完美典范（图12-2）。太阳谷微排大厦总建筑面积达到7.5万 m^2，在全球首次实现了太阳能热水供应、采暖、制冷、光伏并网发电等技术与建筑的完美结合，建筑整体节能效率达88%，每年可节约标准煤2640t、节电660万kWh，减少污染物排放8672.4t。

图12-2 德州太阳谷微排大厦

2. 节地与土地利用

在设计零碳建筑时应结合场地自然条件和建筑功能需求，对建筑的体型、平面布局、空间尺度、围护结构等进行节地设计，例如，可以通过在平面布局中加大房屋进深、在垂直高度上提高建筑层数二者结合来实现节约用地的目的，除此之外，通过综合分析地面建筑、人防工程、地下交通、管网及其他地下构筑物，对地下或半地下空间进行统筹规划与安排，将部分服务、健身、娱乐、环境卫生等设施场所安置在地下或半地下空间，实现地下空间的充分利用，进一步实现节约用地的目标。

南京市江北新区中央商务区通过提高开发利用强度实现节约集约用地，在最大程度上复合利用了土地（图12-3）。其节地措施可以归纳为三点：一是统筹考虑地上公共绿地、地下商业动线设计和地下空间消防要求，因地制宜地设置下沉广场，使用镜面反射等方式实现将自然风光引入地下空间；二是充分利用结构空腔进行市政管网系统集成化布设，并利用空腔创新规划设计江水源供能系统、真空垃圾管道系统等；三是建立"地面道路—地下环路—地下车库"三级车行系统，在实现地下空间区域内外快速交通转换的同时释放地面道路空间资源。

3. 节水与水资源利用

在打造零碳建筑的过程中，节水及水资源利用是其中的重要内容。合理采用中水回用技术，处理净化生活污水与生活废水，减少从环境中取水的次数与数量，达到节水的目的。建立完善的雨水收集利用系统，实现自给自足，能够减少市政用水量。除此之外，建筑给水系统的漏损也极为重要，选择新型管材与抗磨损的阀门，可以有效防止管道渗漏，

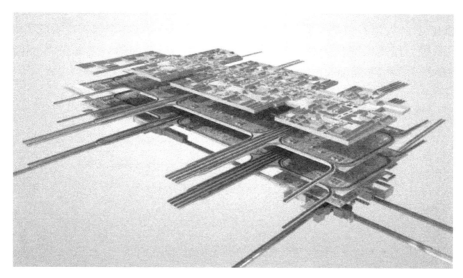

图 12-3　南京市江北新区中央商务区地下空间效果图

实现节水。推广使用节水型卫生器具和配水器具也可以有效提高用水效率，实现节水的目的。

上海市农科院雨水收集项目是雨水收集再利用的典范（图 12-4）。其利用温室大棚自身的顶面作为雨水收集面，利用温室大棚灌溉系统的储水池储水，将温室大棚的放水天沟和灌溉系统的储液池之间用管道连接，雨水沉淀后经过净化处理主要用于温室大棚的灌溉和湿帘通风降温，进一步降低温室大棚运行成本，节约灌溉用水。

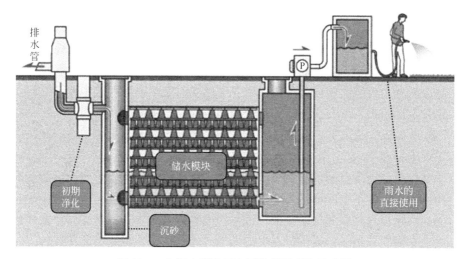

图 12-4　上海农科院雨水回收利用系统示意图

4. 节材与绿色建材

节材是零碳建筑资源节约的重要组成部分，其主要体现在设计与施工过程中，而到了运营阶段，由于建筑的整体结构已经定型，此阶段对建筑的节材贡献较小，因此零碳建筑在设计之初就需要格外重视建筑节材技术的应用。

在施工前进行合理的项目规划、设计并根据规划分批进行材料的采购，以减少材料采购过多而造成的浪费。在施工过程中，充分利用现有结构和材料，采用土建与装修一体化设计施工，不拆除和破坏已有的建筑结构及设施，以减少材料的采购与废料的产生。除此之外，在施工时尽可能使用本地的可再生材料，积极回收利用各类废弃物。多方面入手合力实现建筑节材，加速推进零碳建筑建设。

宁波历史博物馆展示了节材的设计理念（图 12-5）。博物馆建筑结构形式采用钢筋混凝土正交框架与局部桥梁结构，混凝土衬墙与回收旧砖瓦组合墙体，主要材料为竹条模板混凝土、回收旧砖瓦与本地石材。这些回收材料主要来自于宁波旧城改造中积累下的旧砖瓦与陶片，此举不仅节约了资源，也体现了节材的绿色理念。

图 12-5　宁波历史博物馆外观图

（二）集约智能

集约智能是未来零碳建筑发展的必然趋势，集约使建筑建设更紧凑，使居住、交通、建筑管理等各方面的运行效率和能源利用效率都得到提高。而智能不仅提高了管理效率与管理质量，还可以接入智能网络，共享社会资源，节约自然资源和能源。实现集约智能，具体可以从智能建造、智慧运营、数字管理三方面入手。

1. 智能建造

智能建造在零碳建筑的建造中扮演着极为重要的角色，其对各系统、各层次、各要素进行了统筹考虑，实现了节约资源，降低成本，推动高质量低碳建造。

在施工前采用建筑信息模型（BIM，Building Information Modeling）技术完成智能规划与设计，检查施工缺陷进一步改良施工方案。在施工过程中，采用智能设施与装备，例如应用人工智能机械手臂进行结构安装，实现人与机器的协同建造，以及在项目全过程中采用智慧运维，将建造工程设计和施工各环节进行信息化、智能化的融合改造，实现可视化施工、远程监管等功能，完成各类信息动态共享，减少交互与管理流程。多过程协同搭建建设项目云服务平台，结合大数据分析、传感器监测及物联网搭建项目系统，在施工现场实现人脸识别、移动考勤、塔式起重机管理、粉尘管理、设备管理、危险源报警、人员管理等多项功能，达到智能建造的目的，推进低碳建设。

中建三局集团有限公司研发的"智慧建造管理平台"被多次运用于施工现场，是高效的施工智慧管理平台之一（图12-6）。整体平台包含工地物联设备管理平台和智慧工地信息管理平台，平台围绕设计、技术、安全、质量、物资、进度等项目建造管理工作，采用AI（人工智能）、VR（虚拟现实）、MR（混合现实）、BIM、物联网、云计算、5G等技术，满足了工程项目全过程能耗管理、远程控制、视频监控、门禁实名制、设备运行监测、物料管理等建设需求，以标准化、规范化的管理方式，建立了互联协同、智能生产、科学管理的项目运营环境，提升精细化管理水平，促进项目节能减排，实现零碳智能建造。

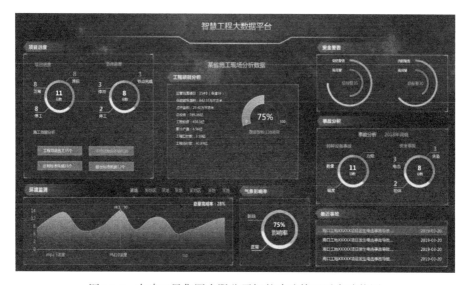

图 12-6　中建三局集团有限公司智慧建造管理平台功能图

2. 智慧运营

智慧运营指通过物联网、大数据、人工智能等技术手段，实现对建筑各个运维过程的智能化管理，智慧运营不仅能加强能源管理、提高能源利用效率、为建筑创造可持续的降碳成效，还可以降低运营成本，对各类事件作出快速反应，协调各系统，以更少的付出完成更高效的运营管理，带来有效的运营经济。

零碳建筑智慧运营应从智能能源管理系统入手，实现对建筑能耗的动态监测、实时分析和数据化管理。同时，还应接入空气质量监测、水质监测与用水计量等系统，收集数据，为管理系统协调能源分配，提高能源效率提供基础数据和支持。在此基础上，整合上述功能与信息，建立智能化的服务管理系统，提供远程监控、环境监测、建筑设备控制、能源分配等服务，推进零碳建筑的建设。

香港零碳天地是世界范围内的可持续发展建筑的榜样，整体建筑均由智慧管理服务系统进行控制管理（图12-7）。建筑内外共设有2500个探测器，对室内外的温度、湿度、光照和二氧化碳情况进行实时监测，并将相关数据显示在建筑环境性能评估仪表盘上。除此之外，此系统控制着整栋建筑的照明管理，根据室外光线的强弱自动调节光暗。预设多用途场景，按时并根据人体感应控制，根据室内不同的使用功能空间分区调控，在工作区域

图 12-7 香港零碳天地

使用独立工作照明，实现电能节约，建设零碳建筑。

3. 数字管理

数字管理是指利用计算机、通信、网络等技术，通过统计技术量化管理对象与管理行为，实现研发、计划、组织、生产、协调、销售、服务、创新等职能的管理活动和方法，数字管理对节能减碳，降本增效有着重要作用。

实现数字管理，可以从打造碳管理平台、引入智能电网、智慧家居等入手。碳管理平台可以全过程跟踪建筑物碳排放同时智能评估碳排放效果，科学规划减排路径，帮助建筑节能降碳。智能电网通过先进的系统技术应用，实现电网的可靠、安全、经济、高效、环境友好和使用安全的目标，在峰谷期合理分配电能，实现资源的充分利用。智慧家居通过各类集成技术，构建高效的住宅设施与家庭日常事务的管理系统，提升家居安全性、舒适性并实现环保节能的居住环境。

美国微软公司联合创始人比尔·盖茨的住宅就是智慧家居的典范（图 12-8）。整座大楼按职能划分为 12 个区域，所有的通道都设有监控，访问者通过出口，生成个人信息，包括指纹等，这些信息将作为访问资料存储在计算机中。地板也不仅仅起着装潢的作用，它是一个巨大的感应器，当有人进入室内，地板将根据阳光的强弱，调整室内灯光的亮度、气温、湿度。房间里的电脑也能通过遍及大楼内部的感应器，自动记录整个家庭的动态。通过智能家居系统遥测到所有的东西，包括自动调节浴室的水温等。

（三）清洁产能

推行清洁产能是贯彻落实节约资源和保护环境基本国策的重要举措，是实现减污降碳协同增效的重要手段，更是加快建设零碳建筑的有效途径，产能型建筑是未来零碳建筑发展的重要趋势，产能型建筑即其所产生的能量超过自身运行所需要能量的建筑。供电与供热是实现清洁产能中最为关键的两方面。

图 12-8　比尔·盖茨住宅智能家居具体显示

1. 供电系统

在供电方面，为了更好地实现电力低碳化、用电高效化、运行智能化等目标，采用清洁能源与"光储直柔"供电系统具有重要意义。

清洁能源指不排放污染物、能够直接用于生产生活的能源，对于建筑物来说，可以开发利用太阳能、生物质能、风能等清洁能源，这对建立可持续的能源系统，打造产能型建筑有着重要作用，这部分能源可以用于建筑物整体运营，多余部分可以反哺电网，获得经济效益。

"光储直柔"供电系统结合了太阳能光伏、储能、直流配电和柔性交互四项技术，"光储直柔"是发展零碳能源的重要支柱，有利于直接消纳风电光电，可以高效节能，提高电能利用效率。

深圳建科院未来大厦作为"中国公共建筑能效提升项目"的示范项目，很好地利用了"光储直柔"技术（图 12-9）。通过采用"强调自然光、自然通风与遮阳、可再生能源与分布式蓄能的'光储直柔'技术集成应用"的技术路线实现零碳建筑建设。未来大厦项目示范"直流＋光伏＋储能"在建筑中的综合集成技术，实现建筑用电负荷"柔性"调节，促进建筑领域可再生能源利用和消纳。未来大厦配置了 150kWp 的光伏系统，通过具备最大功率点跟踪（MPPT，Maximum Power Point Tracking）功能的变换器接入建筑直流配电系统的直流母线。通过集成应用"光储直柔"技术，不仅促进光伏的有效利用，还能使建筑配电容量显著降低。如果按照常规商业办公楼的配电设计标准，该楼至少配置 630kVA 的变压器容量。而目前该项目对市政电源的接口容量仅配置了 200kW，比传统系统降低了 50%，有效降低了建筑对城市的电量需求和容量需求。

2. 供热系统

在供热方面，高效热泵与集中供热在提供优质的热舒适环境，提高使用者的生产效

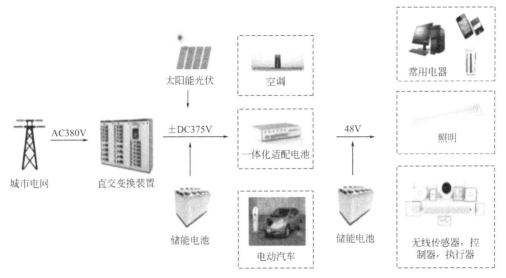

图 12-9 深圳建科院未来大厦直流配电系统方案示意图

率、舒适性的同时，可以有效减少供热过程中的热损耗，提高供热效率。

高效热泵中以二氧化碳超临界热泵循环系统最为突出，它将原有的氟利昂替换为二氧化碳，相较于原有热泵，其在对环境零污染的同时可以大大增加热泵的换热效率及供热系数，以及减少能源消耗，这对零碳建筑建设有着重要意义。

集中供热指由集中热源所产生的蒸汽、热水，通过管网供给一个城市或部分区域生产、采暖和生活所需的热量的方式，相较于普通的供热方式，集中供热不仅有着更稳定、更可靠的热源，还可以节约能源，减少污染，促进零碳建筑的建设。

陕西省委机关深层无干扰地热供热清洁取暖项目利用中深层的高效热泵，向零碳建筑建设迈进一大步。该项目采用无干扰地热供热技术，即以中深层干热岩层为热源，无需使用地下水，通过专用换热设备将地下深层热能导出，并向建筑物内供应热量的清洁供热技术。通过钻机在室外向地下一定深度的高温岩层钻孔，在钻孔中安装密闭金属换热器，通过换热器内超长热管的物理传导，将高温岩层的热能导出，并通过定制的热泵机组进行冷热能交换，向地面建筑提供采暖、制冷及生活热水。项目完成后，预计每年可节省 90 万元取暖费与 160t 煤。

(四) 废料处理

建筑废料与生活垃圾对我们的生活环境有着广泛的污染作用，对城市环境卫生、居住生活条件、土地质量、空气质量等都有着恶劣影响。它们是实现零碳建筑的一大阻力，因此废料处理极为重要，本节提出了通过垃圾减量、环保回收两个维度实现废料低碳化处理，进行零碳建筑的建设。

1. 垃圾减量

垃圾减量是推进绿色建筑的重要工作，需要对施工阶段以及运营管理阶段采取有针对性的减量化措施。在施工阶段为实现垃圾的源头减量，可以通过深化施工图纸、优化施工方案，合理利用原有结构与构件，避免过早拆除实现永临结合，提高利用率，同时针对各类建筑垃圾实现再利用，以此减少建筑废弃物的产生。除此之外，还可以采取装配化设计，优化采购设计，加强施工质量管控，建立健全垃圾减量化管理体系，在最大限度上实现垃圾减量。在管理运营阶段，培养建筑使用者环保意识与责任，减少使用一次性、品质低、使用寿命短的产品来达到从源头削减生活垃圾产生量的目的，在垃圾产生后主动完成垃圾分类，并回收利用部分生活垃圾，同时，建筑管理者加强督促指导，加大宣传力度，普及垃圾减量与再利用的基础知识，双方共同促进实现生活垃圾减量。

2. 环保回收

环保回收是建筑垃圾治理体系的重要内容，是节约资源、保护环境的重要举措。更好实现环保回收，构建零碳建筑，可以从建筑施工阶段和管理运营阶段入手。

在施工阶段，合理采取各类措施防治大气污染、水污染以及施工噪声污染，同时采用绿色再生建材，加强对施工材料的预验收，减少材料的人为和自然损耗，除此之外，定期对职工进行环保法规知识培训考核，培养环保意识。在施工现场设置垃圾分拣站，及时分拣回收建筑垃圾，先利用再处理，这些措施都可以很好地实现环保回收，防止垃圾对环境的污染。在管理运营阶段，推行垃圾分类收集，加强废旧物资的回收利用是行之有效的措施。除此之外，提倡使用可回收绿色物资也可以充分减少资源浪费，实现物资的充分利用。

(五) 健康安全

随着经济社会的发展，我国对建筑使用者的健康安全的要求变得越来越高。提升零碳建筑安全，提高使用者健康安全意识，保障使用者身心健康，营造宜居环境，在促进零碳建筑建设，降低财产损失等方面将发挥重要推动作用，具有重要的经济意义和社会意义。

1. 建筑安全

建筑安全直接关系到建筑使用者的人身安全，这是零碳建筑的重要组成部分，为提高建筑安全，可以从灾害防控与建筑耐久入手。

为提高建筑灾害防控能力，应从建筑全生命周期考虑。可以在设计规划时，采取具有更强的灾害应对能力的设计，在施工时，采用更好的建筑材料，提高其建筑韧性，在建筑运营过程中，对可能影响建筑的自然灾害进行风险评估，并采取措施规避风险，综合提高建筑安全。

为提高建筑耐久，在设计时，采用耐久性更好的设计，采用寿命更长的建筑材料，杜绝施工时偷工减料的现象，保质保量完成零碳建筑建设，在建筑运营过程中，时刻关注建筑结构状态，及时进行维修，保障建筑安全。

2. 身心健康

零碳建筑使用者的身心不仅由室内环境决定，室外环境也起了相对重要的作用。在考虑室内环境时，应保障室内空气质量，通过合理的设计规划，将空气污染源最小化，同时采取灵活性、适应性强的设计，满足用户的潜在需求，适应不同气候条件。除了空气质量，声学性能与热舒适度也是非常重要的，通过热建模设置合理的温度控制策略，采用隔声性好的材质，降低噪声对室内环境的影响。在考虑室外环境时，优先考虑建筑的可及性，采取有效措施，提供安全的建筑出入通道，增加建筑物的可达性，方便使用者日常生活，再设计身心舒缓场所，为使用者提供有益的自然环境。

　　作为健康建筑的典型，远洋集团总部致力于通过室内环境提高人体健康及福祉水平。远洋集团从 WELL 标准所涉及的空气、水、营养、光、健身、舒适、精神这七大核心概念以及新办公空间理念和智能化设备出发，对项目中的每一个细节深入研究并使项目最终落地。从设备、技术、材料、工艺、管理措施等方面出发，保证空间使用者的身心健康。在办公过程中，员工可以通过设计综合管理平台，实时查看办公空间的环境指数，如 $PM_{2.5}$ 值、二氧化碳含量、温度、湿度等数据。办公空间充分考虑光线与人、环境的关系，营造出一个更轻松愉悦的办公氛围；在色调上，多采用灰色调，使整个空间更显商务（图 12-10）。

图 12-10　远洋集团室内空间

3. 环境宜居

　　环境宜居不仅使周边经济、社会、文化、环境协调可持续发展，还直接关系到居住者的日常生活与身心健康，这二者都是零碳建筑建设的重要组成部分，为打造宜居环境，可以从慢行空间、环境监测等入手。

　　慢行空间指为步行和非机动车交通提供服务的空间场所，合理布置慢行空间，连接各慢行节点，构建相互贯穿的慢行步行通道网络，形成慢行系统。更好地满足个体需求，实现人与人面对面情感交流，释放城市紧张生活压力，促进身心健康发展的功能。

　　除此之外，在建筑室内室外设置环境监测装置，监测空气质量、温度、水质等因素，提供环境质量现状及变化趋势的数据，判断环境质量，评价当前主要环境问题，为环境管理服务。

(六) 低碳规划

　　零碳建筑低碳规划要求建筑设计规划者明确掌握零碳建筑的内涵，明确零碳建筑设计规划的要点，将零碳建筑建造的内容通过有效的手段和工具融入低碳规划中，笔者提出的零碳建筑指标指出可以从场地选择、环境影响、生态策略三方面促进二者融合，使得规划与实施可以紧密结合，扎实推动零碳建筑建设。

1. 场地选择

场地的选择和确定不仅对建筑物的安全稳定、经济效益有很大的影响，还决定了建筑使用者的生活方式，是零碳建筑建设的第一步，直接影响了后续建造运营模式。因此零碳建筑的场地选择至关重要，笔者认为可以优先选择高优先场址、优先区域进行建设。高优先场址指具有开发限制的区域，例如被污染的地区、要求改良的褐地、低收入社区等。在此区域进行开发，可以有效的改善当地环境，带动周边地区发展。除此之外，选择优先区域，解决特定地域环境、社会公平和公民健康等重点问题，协同周围环境各要素构建绿色低碳环境，为零碳建筑建设打下坚实的基础。

2. 环境影响

从零碳建筑的设计规划到建造再到运营管理，我们应该注重其对环境的影响。在设计规划时，应注意对敏感型土地的保护，避免开发环境敏感型土地，或选择先前开发过的土地进行开发，以及减少对环境的不良影响。在施工建造过程中，通过控制水土流失、水道沉积、扬尘产生等，来减少施工活动造成的污染。在运营管理阶段，严格执行垃圾分类，并对垃圾进行回收利用处理，减少光污染与热岛效应等，以此在最大限度上减少对环境的影响。

3. 生态策略

生态策略的选择直接关系到零碳建筑的设计与建造，这是零碳建筑建设最为基础的一部分。零碳建筑是未来建筑的发展方向，其在设计之时便要求使用者能够充分体会到生态环境与人的有机融合，一方面给人们创造了一个健康、高效和适用的空间，另一方面人们通过低碳生活方式的转变提升了内心的满足感，这便要求"以人为本"的设计理念贯穿全程。在规划时，将人放在首位，满足其生态需求、保障其生态权利、维护其生态安全、追求其生态幸福。同时，协调与周边环境的关系，营造健康舒适的居住环境，实现生态和谐，加速实现零碳建筑。在局部选择"韧性建筑""因地制宜"等策略，根据周边环境来决定建筑的建设规划，提高其面对重大自然灾害的功能恢复能力。

二、零碳单元

零碳单元由生活单元、生产单元、生态单元3个维度组成。生活单元在城市一般以社区的形态存在。生产单元指的是生产园区，一般指的是工业园区。生态单元由城市绿化与自然绿地组成，体现为生态功能区，其主要作用是产生碳汇。

为了实现生活单元的零碳，自 2015 年起，国务院及各省市陆续公布了有关零碳社区建设的政策，并从不同的角度定义了零碳社区。从经济角度来看，零碳社区指的是社区中的居民通过践行低碳的生产、生活方式及价值观念，实现社区运营的低碳排放；从可持续发展的角度看，零碳社区以低碳可持续概念为宗旨，改变居民的行为模式，降低社区内生产生活的二氧化碳排放；从减少碳排放的角度看，零碳社区通过减少社区活动产生的二氧化碳以及 CCUS 技术将社区的总碳排放量降到低水平。

2015 年，国家发展和改革委员会印发《低碳社区试点建设指南》，将低碳社区定义为"通过构建气候友好的自然环境、房屋建筑、基础设施、生活方式和管理模式，降低能源资源消耗，实现低碳排放的城乡社区"。该指南以科学发展观为指导，坚持"规划先行、循序渐进、因地制宜、广泛参与"的理念，将社区分为城市新建社区、城市既有社区和农村社区，并从碳排放量、交通、能源、建筑、水资源利用、固体废物处理、环境绿化美化、运营管理、低碳生活这 9 个维度对社区的低碳建设情况进行评价，在城市新建社区中，空间布局也作为一项重要的评估指标，与上述的 9 个维度一起构成了低碳社区评价指标。

2022 年，广东省低碳产业技术协会在低碳社区、近零碳社区的实践基础上，按照"绿色低碳、生态环保、经济舒适、生活便捷、运营高效、持续改进"的要求，公布了《零碳社区建设与评价指南》T/GDDTJS 06—2022，这份指南从碳排放与碳抵消、绿色建筑、绿色交通、能源系统、水资源利用、废弃物处理、公共空间绿化、社区运营与治理、居民零碳生活 9 个方面对零碳社区进行定性或定量的分析评价，将零碳社区建设分为 3 个阶段与等级。

除国内建设外，中国还积极参与零碳社区的国际合作。住房和城乡建设部与城市气候领导联盟 C40（City Climate Leadership Group）合作完成了《绿色繁荣社区（近/净零碳社区）建设指南之中国专篇》，系统阐述了中国城市社区实现近零排放的关键内容与指标。此外，基于联合国可持续发展的议程，开展"可持续城市与社区项目（SUC）"，并发布了相关标准，对公共服务、规划与参与、文化活力等方面进行评价。

与社区不同的是，工业园区作为生产单元，除了有人类日常活动产生的碳排放之外，还有生产设备产生的碳排放。此外，生产单元的节能降碳措施还包括了碳汇交易、碳绩效等金融手段。因此，对生产单元的零碳建设进行评估的侧重点在于对园区生产原料、设备以及低碳经济、低碳管理进行评价。

深圳市将零碳社区建设与零碳园区建设相结合，以"分批推进近零碳排放区试点建设，建立实施效果动态追踪评价机制"为目标，提出了碳排放、能源、建筑、交通、绿地、废弃物、碳抵消和管理这 8 个方面的要求，并针对生活单元和生产单元的特点，有针对性地设计了评估项。上海市节能环保服务协会与中国科技产业化促进会发布的标准则是对园区的低碳管理与碳信用进行详细评估，在管理与绿色金融方面对零碳园区的建设进行评价。我国现行的零碳社区、零碳园区及生态园区评价标准与内容见表 12-2。

国内现行零碳单元评价标准关键评估项比较　　　　　　　　表 12-2

评价体系	评价指标（维度）	评估项（指标）
《低碳社区试点建设指南》（发改办气候〔2015〕362 号）	碳排放量	社区二氧化碳排放下降率
	空间布局	建设用地综合容积率、公共服务用地比例、产业用地与居住用地比率
	绿色建筑	社区绿色建筑达标率、新建保障性住房绿色建筑一星级达标率、新建商品房绿色建筑二星级达标率、新建建筑产业化建筑面积占比、新建精装修住宅建筑面积占比

评价体系	评价指标(维度)	评估项(指标)
《低碳社区试点建设指南》 (发改办气候〔2015〕362号)	交通系统	路网密度、公交分担率、自行车租赁站点、电动车公共充电站、道路循环材料利用率、社区公共服务新能源汽车占比
	能源系统	社区可再生能源替代率、能源分户计量率、家庭燃气普及率、北方采暖地区集中供热率、可再生能源路灯占比、建筑屋顶太阳能光电、光热利用覆盖率
	水资源利用	节水器具普及率、非传统水源利用率、实现雨污分流区域占比、污水社区化分类处理率、社区雨水收集利用设施容量
	固体废弃物处理	生活垃圾分类收集率、生活垃圾资源化率、生活垃圾社区化处理率、餐厨垃圾资源化率、建筑垃圾资源化率
	环境绿化美化	社区绿地率、本地植物比例
	运营管理	物业管理低碳准入标准、碳排放统计调查制度、碳排放管理体系、碳排放信息管理系统、引入的第三方专业机构和企业数量
	低碳生活	基本公共服务社区实现率、社区公共食堂和配餐服务中心、社区旧物交换与回收利用设施、社区生活信息智能化服务平台、低碳文化宣传设施、低碳设施使用制度与宣传展示标识、节电器具普及率、低碳生活指南
广东省低碳产业技术协会 《零碳社区建设与评价指南》 T/GDDTJS 06—2022	碳排放与碳抵消	社区二氧化碳排放下降率、社区人均碳排放量、碳排放抵消比例
	绿色建筑	社区绿色建筑达标率、既有居住建筑节能改造面积比
	绿色交通	路网密度、公交分担率、自行车交通网络、新能源汽车充电桩配置率、社区居民拥有的新能源汽车占比、社区公共服务新能源汽车占比
	能源系统	社区可再生能源替代、可再生能源路灯占比、购买绿色电力比例、建筑屋顶太阳能光电、光热利用覆盖率
	水资源利用	节水器具普及率、雨污分流改造比例社区雨水收集利用设施容量
	废弃物处理	垃圾资源化率、再生资源回收利用体系
	公共空间绿化	社区绿化率、本地植物比例
	社区运营与治理	碳排放管理体系、碳排放信息管理系统、引入的第三方专业机构和企业
	居民零碳生活	碳中和宣传教育活动、循环经济和共享经济
深圳市发展和改革委员会、 深圳市生态环境局 《深圳市近零碳排放区试点 建设实施方案》【社区】 (2021年11月)	碳排放	既有区域碳排放总量下降率、社区人均碳排放量
	能源	可再生能源消费比重、农村社区太阳能热水器普及率、购买绿色电力比例
	建筑	城市社区二星级及以上绿色建筑面积比例、农村社区推进开展宜居型示范农房建设
	交通	社区内居民拥有的新能源汽车占比、新建停车场的新能源汽车充电桩配置率、社区内新能源路灯占比

续表

评价体系	评价指标(维度)	评估项(指标)
深圳市发展和改革委员会、深圳市生态环境局《深圳市近零碳排放区试点建设实施方案》【社区】(2021年11月)	绿地	绿化覆盖率
	废弃物	人均生活垃圾末端清运处理量、生活垃圾分类收集率、人均用水量
	碳抵消	购买中国核证自愿减排量(CCER)、深圳碳普惠制核证减排量占碳排放量的比例
	管理	碳排放管理体系、低碳宣传教育活动
深圳市发展和改革委员会深圳市生态环境局《深圳市近零碳排放区试点建设实施方案》【园区】(2021年11月)	碳排放	既有园区碳排放总量下降率、既有园区单位产值或单位工业增加值碳排放量下降率
	能源	可再生能源消费比重、购买绿色电力比例
	建筑	二星级及以上绿色建筑面积比例
	交通	园区内绿色交通出行比例、新能源路灯占比
	绿地	绿化覆盖率
	废弃物	一般工业固体废物综合利用率、工业用水重复利用率、生活垃圾分类收集率
	碳抵消	购买中国核证自愿减排量(CCER)、深圳碳普惠制核证减排量占碳排放量的比例
	管理	碳排放管理体系、碳排放监测系统、碳披露
C40城市气候领导联盟、住房和城乡建设部《绿色繁荣社区(近/净零碳社区)建设指南之中国专篇》(2022年11月)	绿色建筑与能源	最大限度减少能源需求、高比例使用可再生能源、降低固废水资源碳排
	清洁建造	充分优化利用既有建造和基础设施资产,提高材料使用效率并转向低碳建材,使用循环方式进行适应未来的规划、设计和建造,清洁和安全的工地
	完整社区	建设紧凑、具有混合功能的社区,打造活跃的底层临街空间,鼓励场地空间的多功能使用
	以人为本的交通	建设配套的基础设施、鼓励优化街道设计、零排放车辆(适用于具备投放权限的区域)
	互联互通	物理连接、数字连接、智能高效
	循环资源	减少资源使用、避免浪费、循环利用
	绿色和基于自然的解决方案	多功能绿色空间、创造健康空间、增强气候韧性
	绿色经济	促进绿色就业、支持企业绿色转型、发展绿色商务
	包容共享	社会包容、提升社区凝聚力、积极的社区参与、效益的公平分配
	可持续的生活方式	保障措施、提供共享服务、长效机制

评价体系	评价指标(维度)	评估项(指标)
联合国环境署"可持续城市与社区项目"(2015年)	公共服务	人人获得适当、安全和负担得起的住房和基本服务,并改造贫民窟
	公共交通	向所有人提供安全、负担得起的、易于利用、可持续的交通运输系统,改善道路安全,特别是扩大公共交通,要特别关注处境脆弱者、妇女、儿童、残疾人和老年人的需要
	规划与参与	在所有国家加强包容和可持续的城市建设,加强参与性、综合性、可持续的人类住区规划和管理能力
	文化活力	加强保护世界文化和自然遗产的力度
	韧性和安全	大大减少死亡人数和受影响人数,并大大减少因灾害(包括与水有关的灾害)造成的全球国内生产总值的直接经济损失,重点是保护穷人和处境脆弱的人民
	环境污染治理	减少城市的人均负面环境影响,包括特别关注空气质量,以及城市废物管理等
	公共空间	为所有人,特别是妇女、儿童、老年人和残疾人,普遍提供安全、包容、无障碍、绿色的公共空间
中国科技产业化促进会《智慧零碳工业园区设计和评价技术指南》T/CSPSTC 51—2020	低碳经济与低碳管理	单位建设用地工业增加值、高新技术产业产值占园区总产值比重、低碳管理能力、低碳宣传、低碳环保投入占园区投入比重、企业清洁生产审核通过率、管理体系认证率
	能源节约与环境保护	碳排放强度、可再生能源占比、园区建筑环境健康度指标、单位工业增加值新鲜水耗、工业用水重复利用率、工业固体废物综合利用率、生活垃圾分类收集率
	智慧化系统	智能生产水平、能源智慧管理水平、安防消防智慧管理水平、环境、设备设施及其他智慧管理水平
上海市节能环保服务业协会《零碳园区创建与评价技术规范》T/SEESA 010—2022	基础设施与产业	交通系统、建筑系统、低碳产业
	能源与循环利用	能源系统、循环再利用
	低碳管理与技术	碳管理、碳汇技术
	碳信用与绩效	碳信用、碳绩效

对比分析各地的评价标准可知,碳排放量、绿色建筑、交通系统、能源系统、资源循环利用、低碳管理等方面是各个评价体系中的重要指标,而低碳社区与零碳园区在绝大多数的评价指标上具有相似性,生活单元与生产单元在交通、能源、循环利用等维度趋于同一。因此,本节将生活单元、生产单元与生态单元的评价指标整合,形成了零碳单元发展的六大基本途径,并绘制了零碳单元发展路径图(图12-11)。

(一)资源节约

资源节约是建设环境友好型社区的重要一步。在社区与园区中,资源节约有两层含义:一是相对浪费而言,节约资源的绝对消耗量;二是通过法律、经济、技术等手段,提高资源利用效率,以最少的资源消耗获得最大的经济收益和社会收益。在零碳单元中,资

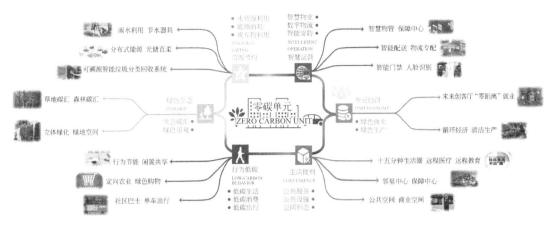

图 12-11　零碳单元发展路径

源节约分为水资源利用、能源消耗与废弃物利用三个维度。

1. 水资源利用

节约用水可以从雨水利用与使用节水器具两条路径入手。雨水利用指的是通过雨水循环系统，在建筑屋面、绿地、道路等地吸收并储蓄大量雨水，在需要时将蓄存的雨水释放加以利用。在生活单元中，雨水利用系统通常依托"海绵社区"实现雨水的自然积存、自然渗透和自然净化，即将屋顶或地面的雨水汇集，通过社区绿地、绿植的综合作用将其净化，并使之渗入土壤，涵养地下水；此外，还可以通过新型的建筑材料，对地面进行海绵化改造，在道路上进行透水铺装，使硬质路面具备渗水能力，减少地表积水。在工业园区中，一般使用雨水收集系统将屋顶和地表的雨水汇集，再使用污水处理设备净化处理，使雨水达到可以使用的状态。

北京海淀区对老旧小区进行了改造，并为其配备了集"收—蓄—渗—排"功能于一体的雨水收集系统。在小区进行了透水砖的铺设，将雨水与污水的管道分开，在减少地表径流的同时降低了管网排水负荷，从根源上缓解了城市内涝。

2. 能源消耗

在零碳单元中，能源的形态将发生巨大的变革。能源生产方式由过去的电网集中式生产转变为生产分散化、扁平化与去中心化的分布式生产，供应由原来的大电网统一供应转变为社区微电网、智能电网并行发展。国务院颁布的《2030 年前碳达峰行动方案》明确要求，建设集光伏发电、储能、直流配电、柔性用电于一体的"光储直柔"建筑。"光储直柔"技术被认为是未来零碳单元运用能源的最好方式，"光储直柔"包含光伏发电、电力高效储存、直流供电以及柔性用电技术，其中柔性用电是光储直柔技术的关键，即零碳单元可以"柔性"地主动改变自身从电网中取电的功率。

分布式光伏发电技术是最适合部署在城市社区中的发电技术，通过在建筑屋顶、外立面或社区道路绿化带安装光伏发电板，并通过社区微电网将社区中的发电板联通，由智能电网控制系统进行精确控制，在满足社区内建筑用电的同时储存多余的电能，或者将多余的电能通过城市大电网输送到其他社区，实现电力配置与利用最大化。以上海市社区能源改革为例，上海市在对零碳单元的节能改造中，在社区公共建筑上大面积部署了分布式光伏发电设施和节能管理系统，光伏发电产生的电力优先供应建筑自身所需，多余的电力既可通过先进的储存技术存放于建筑内的蓄电池中，也可以并入电网，供应给周边相邻的单元。此外，上海市市政府在长宁区建立了一个建筑能效实时监测平台，通过电网、变电站和用电建筑中的传感器，对辖区内的所有社区的建筑、设备、公共设施进行精确的能耗监管（图 12-12）。

图 12-12　上海市长宁区能效检测和管理平台

3. 废弃物利用

固体废弃物有着量大面广、对环境负面影响大、利用前景广阔的特点，是资源多次利用，发展循环经济的核心领域。推动固体废弃物的再利用，对发展低碳经济、创建资源循环型社会有着重要的意义。《"十四五"循环经济发展规划》中提到了构建废旧物资循环利用体系，提高大宗固体废弃物利用效率，推动大宗固体废弃物综合利用绿色发展。

2022 年，国家发展和改革委员会等部门发布《关于加快废旧物资循环利用体系建设的指导意见》指出，结合城市和农村不同特点，合理布局废旧物资回收交投点和中转站，因地制宜规划建设废旧家具等大件垃圾处理站点，鼓励回收站点标准化、规范化、连锁化经营。此外，将生活单元中的废旧物品处理与生产单元的生产相结合，推动再生资源加工利用产业集聚化、规模化发展，利用现有的工业资源综合利用基地，推进废旧物资处理设备设施的共享。推动二手商品交易和再制造产业的发展也是废弃物利用的重要一环，例如社区中鼓励大件家具的流通交易，在学校中设置旧书分享角等。

对于工业园区，国家发展和改革委员会等部门在 2021 年发布了《关于"十四五"大宗固体废弃物综合利用的指导意见》，其中提到推进煤矸石、冶炼渣等废弃物的产业协同利用，例如提高赤泥在道路材料中的掺用比例。此外，积极开发工业副产品的高价值化利用，例如在确保安全的情况下，将石膏用于改良土壤、路基材料等方面。建筑垃圾处理是大宗固体废弃物处理的一项重要工作，该意见指出，加强建筑垃圾分类处理与回收利用，将建筑垃圾应用于土方平衡等方面。在农村，推动农作物秸秆的绿色处理，在这方面需要坚持农用优先，推动秸秆肥料化、饲料化和基料化利用，发挥秸秆的耕地保育和种养结合的功能。此外，鼓励相关产业发展，拓宽秸秆的利用范围。

苏州市在 2022 年将全域无废城市建设列入了政府重点工作任务，经过建设，苏州市工业园区与生活社区的固体废弃物处理形成了联动的产业。苏州市在工业园区中建设了环境基础设施循环产业园，作为城市垃圾处理的回收地，产业园形成了工业化的厨余垃圾回收处理流程，用厨余垃圾生产出天然气、有机肥等绿色产品。

在徐州市，废活性炭、医疗废弃料等大宗固体废弃物处理企业在循环产业园内共享设施、协同处理。在提高资源利用率的同时，减少对环境的污染。

（二）单元经济

单元经济指的是零碳单元产生的经济，即有关经济活动的所有行为都是低碳、可持续的，是绿色就业和绿色生产两方面共同推动的结果。目前，绿色就业只是作为一个概念被广泛讨论，尚未得到有效的落实。绿色生产在"双碳"政策的背景下受到了政府部门的高度重视，但目前正处于起步阶段。在创建零碳单元的单元经济过程中，绿色就业与绿色生产是评价单元经济完成度的重要指标。

1. 绿色就业

绿色就业指在经济部门和经济活动中创建的、可以减轻环境影响并最终实现环境、经济和社会可持续发展的体面工作。绿色就业既包括从事垃圾处理、环境保护等直接进行绿色活动的职业，也包括从事生产环保设备等间接进行绿色活动的职业。

随着"双碳"战略目标政策框架的逐渐完善，大量技术偏向型、环境友好型的岗位在城市社区中诞生。2015年，绿色就业被正式纳入《职业分类大典》，其涵盖了经济研究人员、环境监测员、太阳能利用工等技术偏向型、环境友好型职业。随着社区能源系统改革的进行，社区光伏发电设施、智能电网设施的维护需求将会创造一大批绿色就业岗位。

2. 绿色生产

绿色生产是以节能、降耗、减污为目标，以管理和技术为手段，实施工业生产全过程污染控制，使污染物的产生量最小化的一种综合措施。绿色生产贯穿于生产的两个全过程：一是生产的组织全过程，即从产品开发、设计、建设到运营管理全过程；二是物料转化的全过程，即在从原材料的加工到产品生产、使用甚至报废的各个环节采取必要措施，实施污染控制。在零碳单元中，绿色生产降低了工业活动对环境和人类的风险，是经济可持续发展的有力工具。

《"十四五"循环经济发展规划》提出，到2025年，循环型生产方式全面推行，绿色设计和清洁生产普遍推广，资源综合利用能力显著提升，资源循环型产业体系基本建立。零碳园区将生产集中到一个特定的范围内，通过共享污水处理、清洁电源等基础设施，在降低生产成本的同时显著降低了生产过程的碳排放量。

在杭州市亚运低碳氢电耦合应用示范项目中，融合柔性直流、氢电耦合、多能互补的技术得到了大规模的应用（图12-13）。园区内的设施可利用光伏与电网谷电制备氢气，供园区内氢燃料大巴车和物流车使用，制氢的副产品氧气可以用于园区内企业生产空调时的焊接助燃，系统运行产生的余热可供高温注塑使用。

（三）绿色生态

绿色生态在零碳单元内起到产生碳汇与构建景观的作用，是通过自然手段实现碳捕集、储存与转化的方式。在单元内，绿色生态由绿植、绿地以及花园等组成，起到了净化空气、减少尘埃、吸收噪声的作用。此外单元内的绿地与水体配合，还可以起到改善气候、遮阳降温、降低风速的作用。在评价体系中，绿色生态分为生态碳汇与绿色景观两个

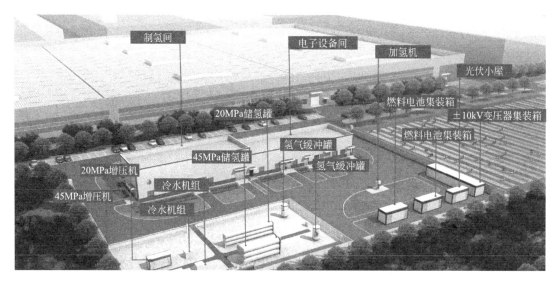

图 12-13　杭州亚运低碳氢电耦合应用示范项目设备示意图

维度。

1. 生态碳汇

生态碳汇是对传统碳汇概念的拓展和创新，不仅包含过去人们所理解的碳汇（通过植树造林、植被恢复等措施吸收大气中二氧化碳的过程），同时还增加了草原、湿地、海洋等生态系统对碳吸收的贡献，以及土壤、冻土对碳储存碳固定的维持，强调各类生态系统及其相互关联的整体对全球碳循环的平衡和维持作用。

目前，自然碳汇主要有森林碳汇、草原碳汇、湿地碳汇、冻土碳汇、海洋碳汇等，2006 年以来，国家层面针对自然生态碳汇颁布了诸多政策文件，围绕计量标准、检测方法、碳汇保护等方面展开工作。

社区中的碳排放来源主要有居民建筑、交通设施以及公共设施等。根据研究，综合估计中国社区人均年碳排放量约为 3t，以一个社区 2 万人计算，年社区碳排放量约 6 万 t。"十四五"期间，上海市生态环境局制定了《上海市低碳示范创建工作方案》，就如何在全市范围内建设零碳社区、近零碳社区提出了工作方案。方案将社区碳汇定义为社区内所有植物的减碳量，并将其纳入碳排放核算。根据 2012 年颁布的《上海市温室气体排放核算和报告指南（试行）》（SHMRV—001—2012），上海市绿地单位面积平均二氧化碳固定量为 $14.5tCO_2/hm^2$。2020 年底，经过不断的绿地空间拓展建设，上海市社区绿化率有了明显的提升，社区内的绿化覆盖率达到 40%，人均绿化面积达到 $8.5m^2$。

在工业园区内，一般通过专业的吸碳项目实现碳汇。例如，在部分建筑外墙悬挂有大片藻类植物的生物反应器，每公斤的藻类可以吸收 2kg 的二氧化碳，并清除二氧化氮等废气。同时，藻类具有繁殖快，应用价值高的特点，在使用完后可以提取加工，作为原材料应用在化工和食品行业。

在生态功能区内，其所涵盖的植被、草地、湖泊等能够依靠自身产生大量的碳汇。例如杭州市西湖和西溪湿地，不仅是城市的生态功能区，更是城市碳汇产生的主要区域。

2. 绿色景观

绿色景观通常指人工植被、河流水体等仿自然景观，也被称作软景观，一般由绿地、绿植以及假山、人工湖组成。社区内的绿化是社区景观的基本构成元素，也是城市规划的重要组成部分。根据《居住绿地设计标准》CJJ/T 294—2019、《城市居住区规划设计标准》GB 50180—2018 等的规定，城市新建绿化率不低于 30%。以往人们在社区进行园林绿化时仅仅满足于"披绿不见黄土"的低层次绿化设计，近年来，随着设计理念的发展以及环境保护的需要，绿色景观的重要性受到了广泛的关注，绿化从原来的单一地遮盖地表土层的功能转变为呈现多层次立体景观的同时，作为生态碳汇吸收环境中的二氧化碳，为居民提供良好的休憩空间。

碧桂园森林城市项目是人们尝试通过规划解决城市问题的一次重要尝试（图 12-14）。在森林城市中，开发商首先在海岸线建立红树林边界以实现消浪护堤、净化海水和空气的功能；除此之外，通过全新的建造工艺，在全城搭建垂直绿墙、屋顶绿化系统和空中花园，在节能减排的同时建设观赏价值协调并存的现代绿色住区。2016 年，森林城市项目就因其垂直绿化设计获得了"波士顿景观设计优秀奖"。

图 12-14 碧桂园森林城市项目

在工业园区，绿色景观一般以绿化的方式呈现，主要分为道路绿化、厂区绿化和办公区绿化。在工业园区内，绿化除了具有供人欣赏的景观作用之外，还具有遮阴、降低噪声与防尘的作用，也可以作为生态碳汇吸收工业生产产生的二氧化碳。

（四）行为低碳

行为低碳指的是居民以低碳、科学的行为完成生产生活中的各项事务，是"绿色低碳全民行动"的重要组成部分。我国居民消费产生的碳排放量占总量的 53%。在居住社区中，大多数的碳排放与居民的生产消费行为有直接关系。因此，改变居民的行为习惯，引导居民养成绿色低碳的行为习惯，可以大幅降低生活单元的碳排放。在零碳单元中，行为低碳被分为低碳生活、低碳消费和低碳出行三个方面。

1. 低碳生活

随着"30·60""双碳"计划的推进，绿色低碳全民行动被纳入了国家节能降碳的十大行动之一，成为实现碳达峰碳中和的一项重要工作。从我国碳排放结构来看，26%的能源消费直接用于公民生活，由此产生的碳排放占比超过30%。中国科学院最新研究指出，工业过程、居民生活等消费端碳排放占比已达53%。因此，在需求侧对居民的行为进行节能化引导，引导居民选择绿色低碳的生活方式，是未来零碳社区建设的重要工作。

绿色低碳全民行动要求政府在居民中推广绿色低碳生活方式，例如，在社区中，可以对基础设施进行统一的节能化改造，并引导居民购买节水、节能的器具产品。在超市等购物场所，通过一次性购物袋有偿使用等方式，减少居民对塑料袋的使用。

在工业园区，产业工人亦可采取与城市社区居民相同的做法，例如购买带有绿色低碳标识的产品，在工人之间进行闲置物品二手交易和共享，提高物品的使用率，减少对新产品的购买。

英国贝丁顿社区是世界上首个零碳社区，社区中的所有家庭安装的都是对环境危害程度最低的电冰箱、制冷设备和炊具；住宅内有各种节能"小机关"，如厨房的低水量水龙头，明晰醒目的电表、水表、天然气表等能源支出提示；使用低能耗的灯具和节能电器；细致的垃圾分类和循环使用。在保障居民生活品质的同时，从居家生活的细节实现节能。

2. 低碳消费

2003年，英国能源白皮书《我们能源的未来：创造低碳经济》中首次提到了"低碳消费"这一概念，其内涵是在满足居民生活质量提升需求的基础上，努力削减奢侈消费，实现生活质量提升和碳排放下降的双赢。从碳减排的角度来看，低碳消费解决了消费的不可持续的问题。在低碳消费领域，主要通过定向农业和其他绿色消费行为来实现减碳。

定向农业技术是指城市中的居民通过互联网等渠道，直接与农村中的农场主订购所需的农产品，农产品直接从生产地运送至居民家门口的技术。这一模式简化了农产品从生产到销售的整个流程，农产品直接从产地运送到居民的家门口，减少了运输环节，降低了碳排放量。此外，农场主可以根据顾客的需求，合理调整下一年度种植的种类和数量，减少农产品浪费。

绿色消费是指消费者对绿色产品的购买和消费活动，是一种具有生态意识的、高层次的理性消费行为。绿色消费是一种可持续的消费行为，它避免了过度生产、过度消费、过度包装等，使商品中的可回收部分得以进入循环，减少商品生产消费对资源的依赖。推动绿色低碳消费，需要消费者、市场与政府共同努力。

政府的责任在于探索完善认证管理，用清晰的标识将绿色产品与其他产品区别开，使消费者可以清楚地分辨出绿色产品。同时，规范绿色消费市场秩序，加大对滥用、盗用绿色产品标识行为的惩罚力度，增强民众对绿色产品认证的认同与信任。

对于消费者而言，优先选用经过绿色认证的产品，并且根据产品的指导，规范使用。例如，丢弃饮料瓶时需用水清洗干净，并将瓶子压扁丢入可回收垃圾桶中。

市场上的企业可以根据消费者的反馈，优化产品，减轻消费者选用绿色产品的负担。还可以加强产品可持续性信息传递，帮助消费者建立个人消费与气候变化的关联，例如，在产品上通过二维码记录产品碳足迹信息。此外，企业需积极承担环境责任，在政府引导下使用绿色原料、绿色设备，改进生产流程，实现产品绿色化。

3. 低碳出行

低碳出行指的是在出行中，主动采用能降低二氧化碳排放量的交通方式。使用公共交通完成出行被公认为是最经济、最有效的交通降碳方式，然而，大多数城市的公共交通系统只覆盖了交通主干道，对于居民社区的覆盖不足，造成了居民出行"最后一公里"的问题。

在这一背景下，社区巴士与单车出行大放光彩，逐渐受到人们的追捧。社区巴士通常没有固定的站点，采取"招手即停"的运营模式，具有线路较短、车型较小、班次密集、覆盖全面的特点。在昆明三合营社区，社区居委会与公交公司协商，开通了连接社区和农贸市场的"微公交"。作为城市公交网络的延伸，"微公交"根据社区内老人的活动轨迹与后期反馈来设定路线，只需 10 分钟就可以把乘客从家门口送到目的地，极大方便了社区内老年人的出行。

单车出行则是一项完全零排放的交通活动。随着越来越多的城市加快自身"单车友好城市"的建设，以及共享单车模式的大规模普及，单车出行成为多数人在地铁站与住所之间往返的主要方式。根据某共享单车发布的数据，2016 年上海市共享单车每人单次骑行平均距离为 1.8km，单次骑行里程在 3.5km 以下的占 82%。

（五）便利生活

便利生活是指居民在社区内，可以就近获得日常生产生活所需的教育、医疗、交通等公共服务。2021 年，商务部等部委发布《关于推进城市一刻钟便民生活圈建设的意见》，标志着便利生活的标准被定义为以社区居民为服务对象，服务半径为步行 15 分钟左右的范围，有满足居民日常生活基本消费、多业态聚集形成的社区商圈。对便利生活的评价维度主要有公共设施水平、空间形态分布以及公共服务质量。便利生活可以减少居民日常的通勤距离，从而减少交通系统碳排放。对便利生活的评价维度主要有公共设施水平、空间形态分布以及公共服务质量。

1. 公共设施

公共设施指由政府提供的属于社会的给公民享用或使用的公共物品或设备。在空间布局上分为全市性公共设施、区域性公共设施和邻里性公共设施 3 种。在城市社区中，公共设施一般包含社区学校、社区医院、车站、邻里中心等在内，为社区辖区内的居民提供教育、医疗、交通和便民服务。

国务院印发的《"十四五"城乡社区服务体系建设规划》提出融合线上线下服务机制，提升服务机制的精准化、精细化和智能化水平。同时，推进 15 分钟便民生活圈的建设，满足居民多样化的生活需求。

新加坡"邻里中心"的概念源自政府 1965 年起推行的住房保障计划，是城市社区公共服务设施建设运营的典范（图 12-15）。"邻里中心"分布于政府修建的组屋内，为社区居民提供生活配套服务。以大巴窑社区为例，大巴窑"邻里中心"采用了 TOD 模式，结合了快速路和地铁站的出入口，社区居民通过"邻里中心"可以快速到达市中心。此外，社区"邻里中心"中布局了 3 条彼此连通的商业街，涵盖居民日常生活所需的蔬果百货。"邻里中心"距离住宅楼的距离不超过 500m，居民只需要步行 15 分钟就可以抵达。

2. 空间形态

空间形态是指零碳单元内的空间结构、内部用地以及景观的状态，空间形态同时包含单元的物质空间布局和内部的社会环境模式，即单元的空间形态是指单元的物质空间布局

图 12-15　新加坡邻里中心

和内部的社会环境、产业分布和各种设施的可达性。

根据"双碳"战略目标中的顶层设计文件，住房和城乡建设部、国家发展和改革委员会发布了《城乡建设领域碳达峰实施方案》，在方案中，提到了"开展绿色低碳社区建设"。该方案认为，社区是形成简约适度、绿色低碳、文明健康生活方式的重要场所，在今后应当推广混合街区，按照完整社区的标准配套公共服务设施以及公共活动空间。

2016 年，上海市率先进行了"15 分钟生活圈"试点建设，其中，曹杨新村是居住社区与产业园区融合建设的典范（图 12-16）。在选址上，曹杨新村"全面而谨慎"，秉持"先生产后生活"这一原则，将工人新村安排在靠近沪西工业区的一侧，作为工业区发展的配套，减少工人通勤距离。在住宅区外围和贯穿全村的铁路沿线布置了工业生产设施，形成了与周边职住平衡的布局。此外，曹杨新村以社区周围 600m 为服务半径，规划了学校、影院、商场等公共服务配套设施，所有设施均在步行 10 分钟左右的距离内。

3. 公共服务

公共服务，是 21 世纪公共行政和政府改革的核心理念，包括基本公共服务和普惠性非基本公共服务。其中，基本公共服务是保障全体人民生存和发展基本需要、与经济社会发展水平相适应的公共服务，由政府承担保障供给数量和质量的主要责任，引导市场主体和公益性社会机构补充供给。非基本公共服务是为满足公民更高层次需求、保障社会整体福利水平所必需但市场自发供给不足的公共服务，政府通过支持公益性社会机构或市场主体，增加服务供给、提升服务质量，推动重点领域非基本公共服务普惠化发展，实现大多数公民以可承受的价格付费享有的目标。2021 年底，国家发展和改革委员会等部门发布了《"十四五"公共服务规划》，明确提出了公共服务"幼有所育、学有所教、劳有所得、病有所医、老有所养、住有所居、弱有所扶"的目标。

在幼有所育方面，公共服务涵盖了优孕优生、儿童健康关爱服务；教育公共服务则是由学前教育、义务教育、普通高中以及职业教育组成；劳动方面，政府依法提供创业就业支持以及工人的工伤、失业保险服务；健康医疗方面，政府提供的服务涵盖公共卫生、医

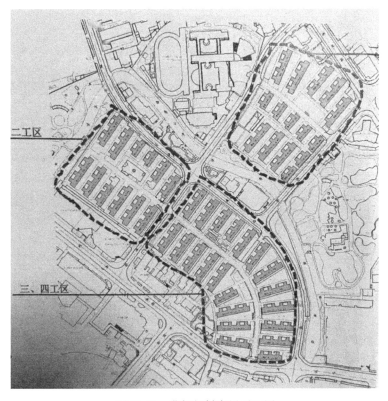

图 12-16 曹杨新村布局平面图

疗保险以及计划生育；在养老领域，政府为老人提供社区内的养老助老服务，即每年的体检以及中医药保健指导，此外，根据老年人的年龄、生活状况发放养老服务补贴；公共住房服务是政府公共服务的一项重点，政府根据收入、人才引进等政策，提供廉价的公租房，并为农村的危房改造提供资金支持；为弱势群体提供社会救助服务是政府工作的一项重要内容，政府为部分对象提供包括最低生活保障在内的社会救助服务。

上海市是全国首先提出建设"15 分钟生活圈"的城市。根据《上海市城市总体规划（2017—2035 年）》的定义，"15 分钟生活圈"是指以 15 分钟社区生活圈作为上海市社区公共资源配置和社会治理的基本单元，实现以家为中心的 15 分钟步行可达范围内，配备较为完善的养老、医疗、教育、商业、交通、文体等基本公共服务设施，形成安全、友好、舒适的社会基本生活平台。这项规划提出后，上海市市政府陆续发布《上海市 15 分钟社区生活圈规划导则（试行）》《"15 分钟社区生活圈行动"上海宣言》等文件，开展"共享社区""创新园区"等城市更新行动，并选取了 15 个街道作为试点，建设都市生活圈。

在上海市的社区建设中，一个社区的占地面积控制在 $3\sim5km^2$ 之间，以确保社区内的所有设施满足 15 分钟步行可达的要求。在社区中，常住人口控制在 5 万～10 万人之间，使得人口居住密度控制住在 1 万～3 万人/km^2 的水平上。在社区中，依托 5G、互联网等技术，社区内的医院、学校可以和全市顶尖的医院、学校进行联动，使得居民在社区中就可以享受顶级医疗与教育服务（图 12-17）。

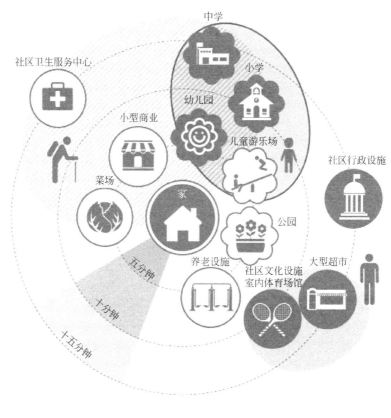

图 12-17　上海市社区 15 分钟生活圈层次布局示意图

（六）智慧运营

智慧运营就是在智慧单元建成后，通过物联网、人工智能、大数据等技术，实现园区内的人员和设施设备之间具有良好的联系，并通过合理配置园区内资源实现资源利用最大化，最终实现园区良性、协调、可持续发展。此外，智慧运营还可以大幅度降低运营的成本，减少人力、物力的投入，减少发生事故的可能性，在事故发生后也可以迅速反应，降低损失。智慧运营在评价维度上分为智慧物业、数字物流和智能安防三个方面。

1. 智慧物业

智慧物业指的是物业企业利用大数据、物联网等先进信息技术手段，通过统一的大数据云平台将各个单位紧密连接起来，实现物业单位之间数据的融合，并且对融合数据进行深度地分析和挖掘，发现物业管理中方方面面的问题，打通部门之间的沟通壁垒，建立起高效的联动机制，从而有效、快速地解决物业管理中方方面面的问题的运作模式。根据工作内容的不同，智慧物业分为智慧社区（小区）物业和智慧园区物业。

2020年，住房和城乡建设部等部门发布了《关于推动物业服务企业加快发展线上线下生活服务的意见》，提出广泛运用5G、互联网、物联网、云计算、大数据、区块链和人工智能等技术，对接城市信息模型（CIM）和城市运行管理服务平台，建设智慧物业管理服务平台。在平台中，集成智能安防系统与无人化车辆管理系统，营造安全居住环境的同时方便居民生活。

碧桂园在2020年提出"新物业"的概念，引入全新的数据管理和分析系统，在系统后端投入大量算法工程师，通过建模与大量训练迭代，实现了物业服务可以对不同业主的不同需求提供针对性的定制化服务。此外，碧桂园的物业服务增加了社区增值服务常规化的内容，在做好基本服务的同时，帮助提升业主的资产价值、社区的人文价值。

工业园区的物业一般是工业物业，其管理重点是保障工业园区内的供电、空调、监控、安全系统长时间稳定运行，以及对园区内的道路、绿化进行维护。和住宅物业相比，工业园区内的设备更多、更复杂，对稳定性的要求更高，但业主的需求较为单一。因此，园区智慧物业的管理重点在于通过物联网、人工智能等技术，对园区内进行实时监控，提高园区运行的安全性和稳定性。

上海市体育场是华为与久事体育联合改造的智慧化场馆（图12-18）。在场馆中，通过对摄像头、空调、照明、门禁等系统的智慧化升级，借助数字化手段实现了对场馆设备的主动监测式维护，在减少人员投入的同时，将设备使用寿命延长了10%。同时，借助华为聚合信息与通信技术（ICT，Information and Communications Technology）技术，园区的运营实现了低碳化。

图12-18 华为数字园区门禁方案

2. 数字物流

物流是电子商务环节中商品交付到消费者的最后一步。《"十四五"城乡社区服务体系建设规划》中提到，数字物流建设是政府强化便民服务功能、构筑美好数字服务新场景的重要一步。数字物流指将信息、运输、仓储、库存、装卸搬运以及包装等物流活动综合起来的一种新型的集成式数字化物流管理，其任务是尽可能解决物流的信息孤岛，降低企业物流总成本，为顾客提供最好的网络化服务，为政府提供区域内产业数据分析，确定产业优势及发展方向。在零碳单元中，数字物流可以显著提高物资运送效率，并有效降低交通运输产生的二氧化碳。

在阿里巴巴智慧校园项目中，由智能仿真、嵌入式系统等自动驾驶技术加持的无人物流配送车"小蛮驴"已经大规模部署到各个校园，与菜鸟驿站无缝衔接，为数字物流末端配送提供了效率高、成本合理的解决方案。根据数据，仅仅在 2020 年天猫双十一期间，一所大学内的 22 台无人车就运送了 5 万个包裹，节省了 1.7 万 h 的取件时间（图 12-19）。

图 12-19　无人配送车

相比于社区，工业园区在数字物流方面有着更多的应用经验。上海市洋山港自动化码头是国内首个全自动化集装箱码头，其中的轨道吊、岸桥、自动导向车（AGV，Automated Guided Vehicle）运输车与远程控制调度系统一起，实现了港口无人化作业（图 12-20）。

3. 智能安防

智能安防利用 AI 与物联网，通过智能网络专用协议传输，将各类安防业务系统及其相关产品集成到智能化的业务管理平台，使整个安防系统具备安全性高、可靠性强、容灾性强、维护成本低等特点。智能安防业务管理平台，可向用户提供数据提取、记录分析、决策支持和业务应用等服务。此外，智能安防系统可以依靠 AI 对获取到的数据进行分析和识别，在恶劣天气下可以辅助管理员判断情况。在零碳单元中，智能安防系统可以实时监控社区与园区内的设备工作情况，预防火灾、有害气体泄漏事故。

在社区中，智能安防系统运用 AI 人脸识别、车牌识别技术，实现了门禁无人化运营，减少了社区运营所需的人力成本。同时，AI 可以对监控画面进行识别，异常时提示物业管理人员，辅助管理员进行决策，降低了管理人员的工作强度。

在工业园区中，智能安防系统除了对车辆、人员进行管理之外，还对园区内的设备设施进行实时监控。例如，针对社区的雨污水管道、电力、通信管道的井盖，安装基于窄带物联网（NB-IOT，Narrow Band Internet of Things）的智能井盖传感器，通过平台监测

图 12-20 自动化码头无人卸货

井盖开关状态。防止因井盖丢失、损毁引发人身安全事故。

此外，智能安防系统（图 12-21）还可以对园区内的危险品进行管控，通过物联网、射频识别（RFID，Radio Frequency Identification）超低功耗技术等方案，实现危险品储存、使用全流程监管，避免危险品丢失造成事故。

图 12-21 家庭智能安防示意图

三、低碳城市

作为人类活动最集中的区域，城市的运行需要消耗大量自然资源，向自然环境排放大量废弃物，对生态环境影响巨大。据统计，覆盖地球表面不到3％面积的城市消耗了世界75％的能源、60％的水资源和76％的木材，产生了80％的全球温室气体。绝大多数生态环境问题，如环境污染、全球气候变化、生物多样性丧失等都与城市相关。而中国正在经历全球规模最大、速度最快的城镇化进程。建设低碳城市对于中国实现应对气候变化目标，推进生态文明建设，实现经济、社会与环境的共赢意义重大。党的二十大报告提出，"加强城市基础设施建设，打造宜居、韧性、智慧城市"。《中华人民共和国国民经济和社会发展第十三个五年规划纲要》明确将"生产方式和生活方式绿色、低碳水平上升"排在生态环境质量总体改善主要目标的首位。建设低碳城市，是应对气候变化和促进碳中和的重要举措，也是实现可持续发展的必然选择。

自2010年以来，我国先后在6个省和81个城市开展了三批国家低碳省市试点，旨在探索不同地区率先实现碳排放达峰的低碳发展模式和有效路径。为了更好地对低碳城市试点的成果进行评价与推广，低碳城市领域的评价指标体系也随之建立。

城市可持续发展指数（USI，Urban Sustainability Index）是城市中国计划（UCI）和麦肯锡全球研究院联手开展的按年度更新的研究项目。该计划联合公共部门和私营部门，旨在"推进良性城市化，支持创新型城市"。2013城市可持续发展指数通过对经济、社会、资源、环境等方面23个指标的计算分析，对185个中国地级和县级城市从2005年到2011年的整体可持续发展水平进行了研究和排名，以明确中国城市可持续发展的努力方向，为其学习国际经验提供参考。

用于评估城市的生态和低碳指标工具（ELITE Cities，The Eco and Low-carbon Indicator Tool for Evaluating Cities）由劳伦斯伯克利国家实验室的研究人员于2012年开发，旨在通过将其与基准绩效目标进行比较来评估城市的绩效，并将其与中国其他城市进行排名。ELITE Cities指标工具以33个关键指标的进展情况来衡量城市的发展。这些指标被划分为八个主要问题，并以此开发了一个基于Excel的工具，以打包关键指标、指标基准、指标解释、点计算函数和面向透明度的数据记录说明为主要功能。ELITE指标工具可以成为当地政府确定低碳生态城市大致轮廓和评估城市实现这一目标进程的有效工具。其上级政府也可以使用ELITE Cities指标工具来评估城市绩效，并选取其中的最佳实践。

在国内，2021年2月，"'碳中和2060'与中国绿色金融论坛（2021）"首次提出"碳达成率"概念，对地方城市进行"绿色60"综合排序。指标从城市绿色可持续综合发展的角度深入分析城市实现"碳达峰""碳中和"的"碳达成率"，即城市实际碳减排值对基准值的差距——"碳达成率"，是国内外首次提出这个概念。其借鉴中外城市发展综合评价方法——"六维一体"，采取符合函数综合分析法对城市相关碳减排、经济发展、环境治理、城市交通、科技创新、绿色金融、政策法规、政府工作报告、碳达成率等公开数据和调研数据进行分析，得出反映城市"碳达峰""碳减排"进展状况的"绿色60"综合得分。根据不同城市的得分进行排序。目前，这项研究成果填补了国内缺乏综合评价城市"碳减排""碳中和"进展和绿色可持续发展趋势的空白，分析未来5年、10年、30年的发展趋势，避免单一数据指数以偏概全影响评估结果，呈现城市实际整体综合碳减排发展水平和发展趋势，通过"绿色60"排序可以清晰地看到不同城市"碳达峰""碳中和"进展状况和碳减排路径实施水平，以及城市经济综合可持续绿色发展能力差距。国内外现行的关于低碳城市的评价标准内容见表12-3。

国内外现行低碳城市评价标准关键评估项比较 表 12-3

评价体系	评价指标(维度)	评估项(指标)
哥伦比亚大学、清华大学、麦肯锡公司《城市可持续性发展指数:衡量中国城市的新工具》(2010年11月)	基本需求	水供应、住房、医疗、教育
	资源效率	电力、水需求、废物循环、重工业在GDP的占比
	环境清洁度	空气污染、工业污染、废水处理、废物管理
	建筑环境	城市密度、大众交通的使用、公共绿化面积、建筑物效率
	对未来可持续性的承诺	绿色置业、环保投资
劳伦斯伯克利国家实验室《ELITE Cities:中国低碳生态城市评估工具》(2013年6月)	能源/气候	二氧化碳浓度、住宅建筑能源消耗强度、公共建筑用电强度、可再生电力占比
	水资源	市政用水量、工业用水量、废水利用率、饮用水质量、循环水使用、饮用水能量强度
	空气	PM10浓度、氮氧化物浓度、二氧化硫浓度、空气污染日数
	废物	城市废物数量、城市垃圾无害处理率、工业回收率
	出行	公共交通网络渗透率、公共交通出行占比、公共交通可及性、城市车辆改进(如提高新能源车辆占比)
	经济健康度	就业、环境保护支出比率、研发投资比率、农地有机认证
	土地利用率	绿地率、混合用途分区的占比、人口密度
	社会健康度	卫生保健可用性、高等教育工作人员占比、互联网连接(家庭互联网占比)、生态城市规划完整性、经济适用住房可及性
绿色创新发展中心(IGDP)《中国绿色低碳发展指数》(2016年)	能源	年人均二氧化碳排放量、年人均能源消费量、非化石能源占一次能源消费总量的比重
	工业	单位工业增加值能耗、重工业增加值占工业增加值比重
	交通	万人公共汽车拥有量、城市轨道交通线网密度、年人均居民公交出行强度
	建筑	绿色建筑占新建建筑比重、人均居住建筑能耗、第三产业从业人员人均公共建筑能耗
	环境	人均生活垃圾清运量、全年环境空气质量优良率、细颗粒物(PM2.5)年均浓度、人日均生活用水量
	碳生产综合指标	单位GDP能耗、单位二氧化碳排放
	政策体系和公民参与	城市低碳发展/应对气候变化规划、城市新能源和可再生能源战略规划、实施气候变化脆弱性评价、编制适应气候变化规划、推动低碳消费和生活方式的公众倡议行动
中国城市绿色低碳评价研究项目组《中国城市绿色低碳评价指数》(2019—2021)	宏观指标	碳排放总量下降率、单位GDP碳排放、人均碳排放
	能源低碳	煤炭消费占一次能源消费比重、非化石能源占一次能源消费比重
	产业低碳	战略性新兴产业增加值占GDP比重、规模以上工业增加值能耗下降率
	绿色生活	新能源汽车、绿色建筑、人均垃圾日产生量
	资源环境	空气质量优良天数、三类水质比例
	政策创新	政府管理、绿色资金占财政支出比重、其余创新活动

评价体系	评价指标(维度)	评估项(指标)
中国人民大学、中国国土经济学会《"绿色60"指数》(2021年)	经济发展	经济水平、经济结构、经济增长
	科技创新	核心技术、创新平台、创新体系
	绿色金融	绿色信贷、绿色债券、绿色融资
	政策法规	环境政策、绿色条例、产业政策
	宜居宜业	工作环境、居住条件、污染状况
	碳达成率	碳减排量、空气质量、绿色建筑
中国投资协会绿色低碳城市指数(2021年)	人居舒适系数	人口密度、人均公园绿地面积
	绿色交通系数	城市人口与汽车保有量、公共汽(电)车拥挤度、城市轨道交通拥挤度、人均道路面积
	空气质量系数	城市废气污染物排放量、空气质量综合指数
	水治理系数	人均用水量、人均工业废水排放量、人均节约用水量、人均城镇废水污水排放量
	能源消耗系数	人均城市供气量、人均城市集中供热量、人均碳排放量
	废弃物再利用系数	一般工业固体废弃物综合利用量、人均生活垃圾无害化处理量
	环境噪声系数	环境噪声声效等级
	医疗卫生系数	人均执业(助理)医师、每万人大大专及以上受教育人口、每万人拥有公厕
	经济发展系数	人均地区总产值、人均可支配收入
	财政管理系数	人均地方一般公共预算收入、人均市政公用设施建设投资额

对比分析各国低碳城市评价标准可知，碳减排、城市交通、绿色金融、政策法规、环境治理等方面的评价指标是各评价体系中共同的部分，这些指标更侧重于城市本身对碳排放、宜居性和环境等方面的影响。现有的评价体系更多关注的是城市的可持续发展，并未形成完整的低碳城市评价体系，因此评价指标需要进一步地整合升级，需要考虑到低碳城市建设的紧迫性，将公私合作建设、碳达成率、绿色发展能力以及对人的发展等维度纳入体系中，多方面地构建低碳城市评价维度。同时，上述评价体系将为本节的低碳城市指标体系构建提供经验（图12-22）。

（一）碳达成率

碳达成率，即根据城市实际碳减排值与基准值的差距得出的数据。其主要采集与城市绿色发展和碳减排相关数据，涵盖指标如GDP、工业发展指数、空气污染指数（PM2.5）、相关数据等。根据实际情况进行动态调整。结合碳达成率与其他中和数据，可以计算出这座城市的碳减排实际数值，以表示城市间"碳达峰、碳中和"进度不同的情况，将其作为城市调整相关政策和碳减排路径的参考。

为实现碳达成率达标，实现低碳城市建设，应当从城市碳抵消以及城市碳排放两方面入手。

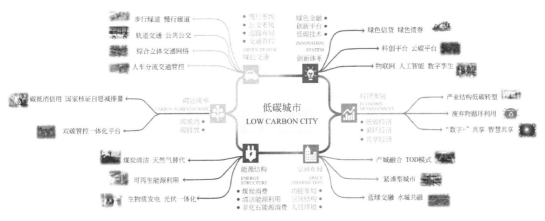

图 12-22　低碳城市发展路径

1. 碳抵消

世界资源研究所（World Resources Institute）对"碳抵消"的定义是减少二氧化碳排放的贡献，与产生的碳排放量进行抵消。也就是说个人或组织通过有效措施获得相应二氧化碳减排额度，可用于抵消本身产生的二氧化碳排放量。

但由于碳抵消的计算方法不够准确，其难以证明真实的碳消除情况或支持"碳中和"的实现。同时，自愿碳抵消市场因为缺乏透明度、质量保证及缺乏官方标准而饱受批评。利用区块链技术，将碳消除项目产生的二氧化碳消除量通过加密上链变成可以流通交易的通证。形成的碳通证可以用于直接抵消生产生活中产生的二氧化碳，也可以继续持有。碳通证交易比传统碳抵消交易更加安全便捷，可以容纳更多的投资者，境外购买者可以通过平台购买碳通证来抵消自身产生的碳排放量，提供碳消除项目的供给者能通过平台获取相应的碳补偿（图 12-23）。

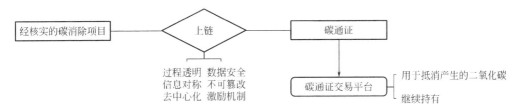

图 12-23　碳消除通证化过程基本结构

在加拿大《零碳建筑设计标准》中，绿电、绿证及碳减排产品可用于抵消建筑的碳排放，这些措施在我国目前声称达到零碳或碳中和状态的项目中也有应用。我国在清洁发展机制（CDM，Clean Development Mechanism）的核证减排量（CER，Certified Emission Reduction）的基础上，设计开发了中国核证自愿减排量（CCER，Chinese Certified Emission Reduction）。由于当前我国碳减排产品价格还比较低，这可能是未来一段时间内建筑低成本碳中和的主要途径，在使用此类产品进行碳抵消时，应鼓励优先采用我国的中国核证自愿减排量（CCER，Chinese Certified Emission Reduction）。

2. 碳排放

对于低碳城市，未来减排的重点领域在优化能源结构，大力发展可再生能源，同时加大科研投入，促进低碳技术创新。同时，因城市间的资源禀赋和规模具有较大差异，还需要进一步细化未来的低碳发展路径。北京、上海、深圳等一线城市需要在碳排放总量和碳排放强度双控的基础上进一步加大创新研发力度，以"创新＋"带动碳减排，进一步降低人均碳排放水平；居民消费活力较强的城市，需要推行低碳生活方式，倡导低碳消费，从而减少人均碳排放。以工业为主的中小城市，实践表明在深化能源结构调整的同时，提高能源使用效率是减少碳排放的有效路径。生态环境较好的城市，则适于进一步优化产业结构，发展第三产业，通过打造生态旅游、养生休闲、文化创意等服务业实现绿色低碳转型。

在传统低碳城市的碳排放治理中，治理主体往往是政府机关，缺乏市场和公民的参与。其中的问题一方面是政府主体权责的放大化，导致其他的参与主体就没有相应的权力和能力，另一方面是其他治理主体权责的弱化，其他的参与主体仅仅只是在治理过程中起到配合参与的作用，主动性和积极性并没有充分地调动起来。在低碳城市碳排放治理中应该强调治理主体的多元化，强调行政手段、市场主体和社会主体参与并重，形成"共治"格局。

在治理过程中，要实行全过程治理，即源头防治、过程控制和末端治理。源头防治一是指完善相关法律制度体系，从法律的层面强制要求减碳；二是要通过教育手段来培养人们的绿色意识，使之成为一种习惯。过程控制指的是在城市规划中交通、产业、能源等各个方面都要严格控制二氧化碳的排放。末端治理是对治理成果的督察和激励，通过督察来强化责任约束，通过激励来激发减碳动力。

在研究整理中发现，ScopeX™ 服务致力通过工程设计，减少与客户项目相关的碳排放。通过理解并量化这些设计中隐含的碳排放，可以找到位置、情况、场地、物流、材料、施工方法和使用操作的最佳组合方案，最大限度减少能源使用，优化可再生能源来源，并在可行的情况下整合基于自然的解决方案。在早期建设时，通过碳核算和成本量化、评估和低碳选择等，将项目成本与碳影响联系起来；在可行的情况下，若翻新能在满足客户要求的同时减少碳足迹，则应建议采用翻新方案，而非新建；在城市建设中，将充分利用项目现场既有资产，包括设备、地基、建筑材料、绿色或基于自然的基础设施等，并详尽评估它们的碳金融影响；低碳材料与技术将在项目建设过程中得到充分考虑，并尽可能当地采购原材料，利用本地资源；为了减少后期昂贵的翻新改造费用，设计时审慎考量资产下一个生命周期，同时将模块化制造和拆卸等方法运用其中；优化设计和施工流程，以减少冗余和废物产生（图 12-24）。

（二）能源结构

通过低碳城市能源结构低碳化的路径研究，能让城市的管理者和政策的制定者清晰地认识到低碳城市建设的重点领域和重点工作，例如化石能源与非化石能源的结构优化的方向何在，如何调整化石能源的结构，限制和减少煤炭的消耗总量，增加相对比较清洁的天然气的比重的深远意义。

ScopeX™流程的六大关键步骤:

1	2	3	4	5	6
在早期设计时,即将项目成本与碳影响联系起来	尽可能选择翻新,而非新建	现有材料的再利用	低碳材料与技术	面向未来的灵活性	减少浪费
自项目日伊始,通过碳核算和成本量化、评估和低碳选择等,我们全力支持客户实现项目成本和碳压力之间的最佳平衡。	在可行的情况下,若翻新能在满足客户要求的同时减少碳足迹,则应建议采用翻新方案,而非新建。运用ScopeX,项目成效和碳影响将一目了然。	作为该流程的一部分,我们将充分利用项目现场既有资产、包括设备、地基、建筑材料、绿色或基于自然的基础设施等,并详尽评估它们的碳金融影响。	低碳材料与技术将在项目建设过程中得到充分考虑,并尽可能当地采购原材料,利用本地资源。	为了减少后期昂贵的翻新改造费用,我们在设计时审慎考量资产下一个生命周期,同时将模块化制造和拆卸等方法运用其中。	优化设计和施工流程,以减少冗余和废物产生。

图 12-24 ScopeX™ 六大关键步骤

1. 煤炭消费

我国的能源消费结构以煤炭为主,煤炭燃烧及与能源消费相关的工业过程中排放的二氧化碳在城市的排放清单中占主导地位。煤炭消费是导致城市大气污染的主要原因,是温室气体排放控制和大气污染防治的重要着力点,同时也是建设低碳城市,实现碳达成率达标的重点。

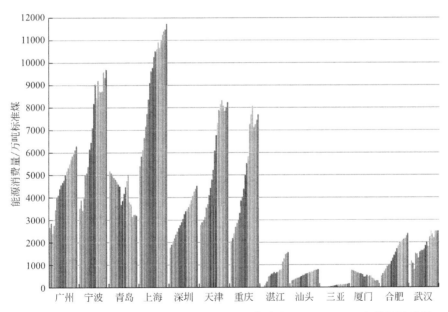

图 12-25 部分城市能源消费柱形图(从左至右依次表示 2000—2019 年能源消费量)

由图 12-25 可知,总体上,城市工业企业的煤炭消耗呈逐年递减趋势,但其中存在区域性差异,东部城市煤炭消费量比中部城市与西部城市高,说明煤炭消耗仍是经济增长的助推力量,在推进城市煤炭消费量控制的同时,要深化能源消费的结构调整,经济增长的发展方式也要降低对煤炭消耗的依赖性。建设低碳城市,控制城市能源煤炭消费比例,需要大大调整高碳产业结构,推动煤电节能降碳改造,降低城市工业企业的煤炭消耗。推动其向资源型经济转型,以增强生存力、发展力为方向改造提升城市的传统优势产业,以加快集群化、规模化为方向发展壮大战略性新兴产业，引进先进技术，改革生产工艺，最大限度地发展城市的低碳经济。

2. 清洁能源利用

清洁能源主要包括"生态、清洁、环保、低碳、可再生、可循环、可持续"等七大特征。清洁能源存储量大，对环境的破坏小，可持续可循环发展，是一种和谐合理的资源，是低碳道路上的重要组成部分。"十四五"是碳达峰的关键期、窗口期，能源绿色低碳发展是关键，重点就是做好增加清洁能源供应能力的"加法"和减少能源产业链碳排放的"减法"，推动形成绿色低碳的能源消费模式。

低碳技术的革新可以促进清洁能源的利用。早在2001年，美国芝加哥大规模推行太阳能技术，以及屋顶节水过滤技术，大大地降低了城市能源的开支，这种屋顶绿化的技术让政府和民众获得双赢，据统计，每年节约的开支超过了1亿美元。英国伦敦在低碳城市建立过程中，充分开发和使用再生能源技术，在污染很大的热点厂发展低碳可再生燃料，这些技术对低碳城市的建立起到了积极的推动作用。

中国光伏资源非常丰富，潜力巨大。根据《可再生能源中长期发展规划》，到2020年，我国太阳能装机发电容量能够达到18亿W，在2050年达到600亿W。届时，我国光伏发电容量将会占据全部能源发电量的5%，在全部可再生能源中光伏发电的电量占比将会达到1/5。

我国技术可开发的风能资源陆地面积约为20多万km^2，技术可开发量为6亿～10亿kW；我国沿岸浅海风力发电装机容量高达1亿kW。我国的低碳试点城市多为沿海城市，可以有效利用风能资源。风力发电具有成为未来能源结构中重要组成部分的资源基础。汕尾市规划建设的海上风电项目有5个，总装机容量500万kW，近海浅水区后湖海上风电场于2021年11月25日进入投产运营阶段，甲子一、甲子二海上风电场正在推进建设中，分别计划于2022年、2023年建成投产；近海深水区甲子三、碣石海上风电场正在推进各项前期工作，计划在"十四五"期间建成投产。汕尾市充分利用海洋资源优势，依托良好的电力能源产业基础，积极调整优化能源结构，推动电力能源清洁低碳转型和安全高效利用，助力城市完成碳达成率。

3. 非化石能源消费

非化石能源指除煤炭、石油、天然气等经长时间地质变化形成、只供一次性使用的能源类型之外的能源，包括新能源及可再生能源，含核能、风能、太阳能、水能、生物质能、地热能、海洋能等可再生能源。非化石能源能够有效降低温室气体排放量，保护生态环境，降低能源可持续供应的风险。完善城市低碳能源结构，势必要发展非化石能源，提高其在总能源消费中的比重，以此推动碳达成率的达标，助力低碳城市建设。

优化城市能源消费结构，增大非化石能源消费比重，可以从以下几方面入手：一是降低煤在能源消费结构中的比例，加快城市能源消费从以高碳排放的煤炭为主的能源消费结构向以绿色清洁能源为主的非化石能源消费结构转变，加强相关基础设施的建设，降低化石燃料消费比重；二是积极开发和利用太阳能、风能等非化石能源，加快光伏发电、风能发电等清洁能源建设进度，逐步扩大装机规模，大力推广生物质能、太阳能和地热能利用，构建安全清洁高效的现代城市能源体系，增加非化石能源消费比例，助力城市碳达成率达标，实现低碳城市建设。

在消费侧，推动形成绿色低碳消费模式，坚决遏制高耗能高排放低水平项目盲目发展，着力提升工业、建筑、交通、公共机构、新型基础设施等重点行业和领域的能效水平，全面推动煤电节能降碳改造、灵活性改造、供热改造"三改联动"。在供给侧，加快发展风电、太阳能发电，因地制宜开发水电、生物质发电，积极安全有序发展核电。

（三）空间布局

有效建设低碳城市，不仅需要通过技术手段解决二氧化碳的排放问题，更需要高效合理的城市空间结构有效降低能源的消耗与排放。由于城市的空间结构一旦形成便很难改变，因此建设低碳城市，需要以低碳城市规划理念为指导，利用绿色城市规划设计的方法，使得城市空间结构的规划向着低碳方向发展，从而最大限度地降低能源的消耗与排放，促进碳达成率达标，实现低碳城市的建设。城市空间布局的重点就在于城市的功能布局、城市的空间结构以及城市的人居环境的低碳建设。

1. 功能布局

城市的功能布局很大程度上与城市的交通规划相关联。在对城市交通的规划设计中，要将建成区最大限度地规划在交通线周围，从而既可以缩短人们的出行距离，又可以减少人们的出行次数。另一方面，为有效降低城市的能源消耗与排放，实现绿色出行的目的，要积极地鼓励市民乘坐自行车、公交车出行或者步行出行，从而实现城市交通体系的良性循环。城市交通体系的良性循环对促进城市经济的可持续发展，降低城市的能源消耗与排放意义重大。结合 TOD 理念布局，布局中运量轨道 T1＋T2、PRT 无人接泊车；采用小街区布局理念，步行可达区域内布局居住、零售、办公、公共空间等多元功能，以连廊、地下空间、平台等串联各公共区域，营造鼓励步行的出行环境，建设紧凑型低碳城市。

2. 空间结构

为有效的实现对城市空间结构的合理规划，必须有效地解决城市的空间结构布局和人口密度之间日益紧张的问题，这也是低碳城市规划的目标。这就需要对不同的城市空间布局形态的碳排放量进行分析、对比和评估，从而得出不同的碳排放量结果，并从中选择最优的城市空间结构方案。举例来说，城市的不同混合居住区、公共服务区以及绿地、产业集群的规划设计在空间布局方面有很大的差异，为有效地降低城市的能源消耗排放，就必须结合城市的实际用途对城市进行科学合理的规划，从而确保规划设计的切实可行性（图 12-26）。

城市空间规划可以通过绿地生态廊道串联成网，联系城市空间与山水生态空间，形成相互串联流通的绿色生态网络，促进城市生态减碳。柏林的森林面积与公共绿地面积分别占城市总面积的 18％ 和 14％，湖泊河流面积约为总面积的 6％，加上其余的农业用地和分布在全市各个角落的公共区域与建筑绿化等，蓝绿面积接近 50％。柏林的闲置角落、公屋建筑的平屋顶和垂直墙壁都被绿化，政府根据绿化面积按比例给予补贴或减税激励。大部分城市内部的公共空间被允许向市民开放申请低价租用，打造成种植绿化植被的绿色区域。

以低碳理念为基础的低碳城市空间结构规划是一项综合性很强且非常复杂的系统工程，不仅需要对城市的空间结构进行规划，而且需要对城市的交通以及土地进行规划，更需要所有的行业以及部门进行全力的配合与协调。为了建设低碳城市，必须从城市的实际

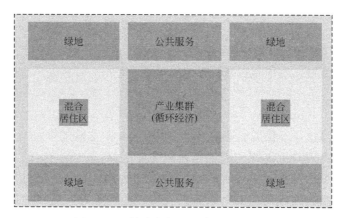

图 12-26　低碳城市空间单元（LCCU）

情况出发，结合城市规划的理念，从而找出适合我国城市发展的低碳城市发展模式。

3. 人居环境

随着城市研究的不断推进，近年来，低碳城市研究更加关注人居环境对城市居民身心健康的影响方面；另一方面，国家"十四五"规划和 2035 年远景目标明确"城市更新行动"为新国策，提出建设宜居、创新、智慧、绿色、人文、韧性的城市。因此，城市更新中人居环境场地功能的变更对城市今后的发展至关重要，它不仅升级基础设施，还提供改善生活条件和为居民创造经济条件的机会。

城市人居环境的低碳设计侧重点则在于"负碳"，利用场地条件创造碳汇、恢复城市景观与生态系统。第一，在更新修复的过程中，对原有项目建设所使用到的如钢筋混凝土等高碳排材料进行低碳材料或碳汇植物的替换，创造"负碳"条件。第二，生态修复与重塑生态系统，或在更新改造和二次开发的过程中，通过采用低影响开发技术，减少更新建设过程中的碳排放以及碳足迹，同时达到保护水体、创造植物碳汇的目的。第三，是对原有场地进行活化，增加场地内的连通性，鼓励促进居民低碳出行，减少私人交通工具的使用，养成健康低碳行为习惯（表 12-4）。

人居公共空间低碳指标　　　　　　　　　　　　　　　　　　　　　表 12-4

序号	设计指标	定义
1	建筑材料替换	指在更新过程中对原有的建筑材料用自然材料进行替换。例如去除项目原有的钢筋混凝土等材料，替换为土壤、植物等自然材料
2	生态修复与重塑	对原有生态的恢复、重塑生态系统；低影响开发模式，减少钢筋混凝土的应用；生态、植被修复，植树造林形成碳汇；应用本土植物，降低运输碳排放等
3	居民健康低碳行为的促进	指将原有的场地活化，增加步道、单车路径、休闲娱乐设施等，鼓励居民低碳出行、促进运动等健康低碳生活习惯的养成

河北秦皇岛在发展低碳城市、构建低碳人居环境前，存在多数城市转型低碳城市之路上面临的普遍问题。城市的高能耗、高污染产业比重过大，煤炭能源消耗占比大，清洁能源使用少，环境污染治理不足；城市的道路交通体系混乱，公共交通无法满足居民出行需求，导致私家车出行占比高，碳排放过大；资源浪费严重，存在大量"面子工程"；低碳

节能建筑少，城市低碳节能设施布设少；居民的绿色低碳消费观念淡薄。在低碳人居环境的建设过程中，秦皇岛完善绿色低碳政策，促进绿色低碳，减少碳排污染，加强城市环境治理；同时调整产业结构，优化城市用地布局，提升人居环境的布局合理性与环境美化程度；发展"碳汇园林"，营造城市"碳汇公园"，最大限度地发挥林业在应对气候变化、增加碳汇功能、建设绿色低碳城市人居环境中重大而特殊的作用。

（四）绿色交通

绿色交通是指为了减少交通拥挤、降低环境污染、促进社会公平、节省建设维护费用而发展低污染、有利于城市环境的多元化城市交通运输系统。目前，全球超过一半的人口生活在城市中，在快速城镇化和机动化的驱动下，交通活动产生的碳排放逐年增加。随着"碳达峰、碳中和"战略目标的提出，我国城市交通的低碳转型势在必行。发展城市绿色交通，重点是发展城市的慢行交通系统、城市的公交系统、城市的道路布局以及城市的交通管控。

1. 慢行系统

慢行交通，是指一种有序的引导居民，从依赖私家车出行，向采用公共交通方式转变，大力发展和提倡通过步行、自行车等与公交系统的紧密结合，形成"步行＋公交""自行车＋公交"等出行方式，以达到遏制城市资源浪费，减少小汽车出行量，降低汽车尾气排放，缓解城市交通拥堵，提高居民出行效率，实现城市居民"最后一公里"的无缝有效衔接的交通模式（图12-27）。在当今这样一个城市快慢交通发展失衡的时代，发展慢行交通的重要性更是日渐显现。一座城市的快速交通系统再发达，也不能解决末端交通问题，"最后一公里"必然要通过慢行交通来解决。慢行交通所表现出来的出行成本低、绿色环保、占用资源少等一系列优点，都充分地显示了它在整个城市交通体系中的重要地位，尤其是在低碳城市的建设与绿色可持续发展方面，其重要性更是不言而喻。

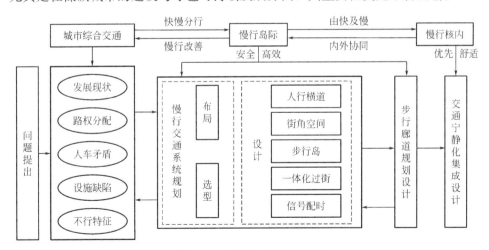

图 12-27　慢行交通规划路径

慢行系统经过多年的发展，已经涌现出许多成功的案例，其成功的建设经验值得如今低碳城市建设慢行系统借鉴。现代城市的空中慢行系统起源于 20 世纪 60—70 年代，最初是作为一种城市中心区再开发的刺激手段及立体化交通解决方案。到了 20 世纪 70 年代后，空中慢行系统已成为北美绝大多数地区的立体化交通解决方案。同一时期，我国香港由于高密度的城市开发产生了人车矛盾问题，因此，香港开始对地上、地下进行了整体规划建设。20 世纪 60—70 年代，香港共建成天桥、地下隧道 200 余座。1993 年，香港中环建成第一座人行天桥（总长 1 公里），并成为当时亚洲最长的步行廊道。

美国对交通系统进行了系统性的反思，推出完整街道项目，改造街道的基础设施，压缩小汽车的出行，恢复更多行人的场所；纽约不断加密自行车道体系，曼哈顿区恢复森林、公园环境，在最好的地区时代广场第五大道附近，大幅缩减小汽车使用空间，让人们更多使用公交系统（图 12-28）；波士顿核心区拆除去 CBD 的高架桥，恢复人性化的空间。伦敦正在改进其公共交通系统，并逐步建设成为单车友好型城市。在新型冠状病毒疫情期间，伦敦政府在伦敦设置了临时自行车道和无车区，其中的一部分可能成为永久性的设施。这些措施将逐步降低私家车的行驶里程，促使市民转向公共交通工具和骑行。

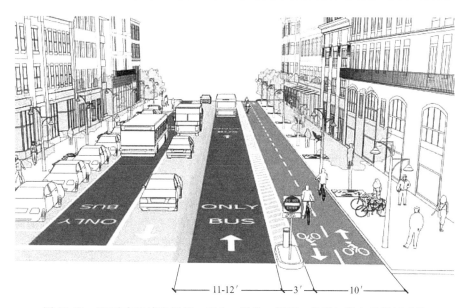

图 12-28 《纽约交通战略规划：安全、绿色、智慧、公平》提出的慢行系统

打造低碳城市绿色交通慢行系统，需要针对城市分析问题，规划城市合理的慢行出行范围、打造城市专用的慢行交通系统、构建城市可持续性的慢行交通方式、引导城市交通环境的多样化需求。针对优化合理的城市空间布局、城市道路网络设计、自行车慢行道路交通网络设计、城市公共交通道路设计，提供相关政策支持。

2. 公交系统

"绿色交通"与传统的交通完全不同，在传统的交通系统中，公共交通工具使用的是石化能源，以汽油为主，但是，在绿色交通中，公共交通工具使用的是可再生能源，效能更高、污染更少，不仅能够缓解交通拥堵的问题，还能提高资源的利用率，减少污染。绿色交通是实现低碳经济、建设低碳城市的重要环节，与生态环境保护相得益彰，是实现城市可持续发展的基本要求。公共交通低碳化不仅仅是完善交通功能，还包括交通规划、环境保护、资源优化整合等多方面的内容。

在公共交通运输工具和设施方面，广州市贯彻落实"优化交通能源结构，推进新能源、清洁能源应用"的要求，率先在公共交通领域淘汰高能耗、低效率的传统能源车辆，加快推进纯电动汽车的应用。目前已累计推广应用纯电动公交车 1.28 万辆，纯电动出租车超过 7.6 万辆。按照此规模测算，纯电动公交和出租车可年均减少使用常规能源 LPG 4.5 亿 L、LNG 3.65 万 t、柴油 1189 万 L 以及汽油 1479 万 L，折合 81.6 万 t 标准煤，减少二氧化碳排放当量约 86.7 万 t；百公里能耗总成本下降 30%～60%，每年可节省超过 25 亿元；由于电动汽车结构的优化，还能在维护保养成本上每年节省超过 0.8 亿元。此外，广州市还建设了充电桩超过 2.5 万个、出租车换电站通道 35 条，不但优化了城市充电桩布局，完善了充换电站等配套设施，还为全社会的新能源车辆推广应用夯实基础，起到示范带动作用。

发展低碳城市的公共交通，首先应当坚持城市公共交通工具多元化发展。注重发展公交车系统，建设公交车专用道，促进公交提速；建设公交枢纽，提高换乘效率；发展智能公交，提升运行效率。推进出租车转型，改革巡游出租车，升级网约车模式；规划管理网约车，促进网约车市场规范；注重出租车品牌建设，发挥行业自律机制作用。规范共享单车管理，推行诚信制度免押金，保障资金安全；政企共享平台，数据实时共享；设置电子围栏，规范有序停放。其次需要优化城市交通网络。推进城市道路建设，完善城市路网结构道路；改变交通模式，完善交通网络；建立紧凑城市，促使土地利用耦合。最后需要发展城市新型公共交通减排技术。以低能耗、高效率、低污染的电动汽车逐步取代原来的高能耗、重污染的燃油汽车，进一步加大对环境污染行为的打击力度。

3. 道路布局

城市交通道路布局与规划是影响城市道路功能和建筑的关键性因素，也是重要的城市建设依据之一。道路交通是城市的骨架，交通布局影响和决定着城市土地利用形态及其产生的相关活动。公共交通道路的合理布局保障了城市用地结构的合理布局，可以充分发挥城市用地的效益；顺应低碳城市发展的要求，引导城市的"紧凑型"发展；影响城市空间，以公共交通枢纽为中心，沿公共交通走廊方向发展，形成 TOD 的城市空间发展模式；有利于减少出行量与出行距离，以公共交通为主，鼓励步行与自行车交通，限制小汽车交通，实现城市低碳目标。

为了实现 80% 的居民和通勤者都采用公共交通、自行车或步行等绿色出行方式"的目标，瑞典哈马碧城投入大额资金，建立了便捷高效的公共交通网络。区域内以轻轨、地铁站及巴士将整个城市编织成一个通达的交通网络，便于居民利用公共交通快速到达城市各个角落；城内以共享汽车的形式减少城市居民车辆保有量，并在主要公共建筑附近设立了免费充电装置，保证共享汽车的快速充电。此外，滨河区域建有渡轮码头，为近郊出行提供多样化选择，减少部分地区客运流量。城市内部道路构建以自行车、步行为主的慢行系统，有效降低了污染排放。

城市交通体系一般包括步行、自行车、小汽车及公共交通等部分。低碳城市空间结构应以低碳交通体系为基础。对低碳交通布局规划来说，土地混合利用与公共交通一体化对其的影响主要是以 TOD 发展模式为主，减少出行需求和出行距离，大力发展高性价比的公共交通，鼓励发展步行与自行车交通，限制小汽车交通。针对我国低碳城市发展的要求，首先要考虑有利于公共交通发展的需要，同时大力发展步行与自行车交通，然后控制小汽车交通。

4. 交通管控

从国内外发展历程来看，自 20 世纪 50 年代起，随着机动车数量快速增长，大部分国家交通拥堵问题日趋凸显，由此引发的一系列排放问题也逐渐加重，交通管控技术受到了广泛重视。交通系统去碳化三要素：避免、转移和提升。低碳交通发展模式通过减少交通出行需求，将机动车出行转移至公共交通、步行及自行车等低碳交通方式，以及通过提高能源使用效率和机动车技术等系统性措施来缓解交通拥堵，降低碳排放，改善空气质量，实现碳达成率达标。

巴塞罗那在 2015 年前后推出了超级街区的项目，将现有像九宫格一样的街区组合形成超级街区。超级街区内部形成一个无车的大街区，禁止机动车进入。内部街道入口改造成给儿童活动、交流的空间（图 12-29）。

图 12-29 2016 年在波布雷诺街区推行的超级街区（车辆禁行区）试点案例图

（五）创新体系

低碳城市绿色低碳技术创新体系构建是深入推进生态文明建设、构建新发展格局、推动绿色高质量发展、实现碳达峰碳中和目标的关键支撑。伴随我国城镇化进程提速、绿色低碳循环发展经济体系的建立健全，城市群的绿色低碳技术创新体系建设成为推进生态文明建设、构建新发展格局、推动绿色高质量发展的关键点。建设低碳城市的创新体系，主要从绿色金融创新、创新平台创新以及低碳技术创新三方面入手。

1. 绿色金融

2020 年，中央经济工作会议强调做好碳达峰、碳中和工作，并确定了"30·60""双碳"目标。习近平总书记在中国共产党第二十次全国代表大会上提出推动绿色发展，促进人与自然和谐共生的发展方针，强调立足中国能源资源禀赋，加强煤炭清洁高效利用，加快规划建设新型能源体系，有计划、分步骤、积极稳妥地推进实施碳达峰行动。绿色金融作为能够产生环境效益以支持可持续发展的投融资活动，既是破解推动绿色产业发展、生态环境改善与经济可持续发展问题的金融制度安排，也是引导社会资金投资环保、节能、清洁能源等推动能源结构优化和绿色经济高质量发展的国家金融顶层布局和政策根基。

绿色信贷提供能源结构优化的资金支持。一方面能够为商业银行绩效作出贡献，激励商业银行发放绿色贷款并使"两高一剩"行业（两高指高污染、高能耗的资源性行业，一剩即产能过剩行业）的融资成本增加；另一方面能够有效遏制高能耗行业的规模扩张，为绿色产业提供资金支持。与此同时，低碳化带来的经济效益又反作用于能源生产企业，促进商业银行不断创新绿色金融产品，将正向的影响扩大化，从低碳节能角度形成一个良性的正向反馈系统。绿色证券可以提高能源结构优化的资本投资水平。发行绿色股票、绿色债券是更加高效地获取融资的方式，能够使企业获得更多的转型资金支持。有助于能源产业在结构优化过程中扩大企业融资规模、优化融资结构，促进高能耗行业的能源区域合理化、低碳化。

2. 创新平台

随着《关于完整准确全面贯彻新发展理念做好碳达峰碳中和工作的意见》《2030年前碳达峰行动方案》等一系列"1+N"碳达峰、碳中和政策顶层设计文件的发布，"发展绿色低碳城市""节能环保""节能减排"等词汇不断被提起，成为城市建设、企业发展、日常生活的重要部分。而开发一个高效稳定的"双碳"管理平台对实现建设低碳城市非常重要，实现碳达成率达标成为有效且必要的一个途径。

中国系统"城市'双碳'管理平台"以"1+1落地支撑体系"为支撑，基于中国电子云城市自主计算数字大脑底座，构建城市"双碳"数据金库、城市"双碳"算法仓、繁星·城市数字"双碳"运营平台进行场景持续沉淀和持续运营，从"感碳、算碳、降碳"3大场景域、10大场景类、100+细分场景切入。通过城市"双碳"数据金库，盘活数据资产、释放数据价值，基于数字城市已有建设成果，紧密围绕"双碳"数据的"聚通用"，继续深化"数据是国家基础战略性资源和重要生产要素"，开展基于"双碳"数据资产运营的数据治理，为政府、民生、产业发展综合数据服务和场景应用提供数据支撑。通过城市"双碳"算法仓，汇集碳排经济脱钩分析模型、碳排放预测模型、产品供应链碳足迹计算模型等算法模型，为业务场景提供丰富的模型服务。

3. 低碳技术

低碳技术涉及电力、交通、建筑、冶金、化工、石化等部门以及在可再生能源及新能源、煤的清洁高效利用、油气资源和煤层气的勘探开发、二氧化碳捕获与埋存等领域开发的有效控制温室气体排放的新技术。低碳技术的发展可以为低碳城市建设提供技术助力，为实现碳达成率达标、建设低碳城市开拓新型高效的道路。

弗赖堡市仅是德国西南部的一个小城市，但其却是多数环保活动的发源地，有"绿色之都"之称。弗莱堡市从1986年开始就大力地推进环保技术以及节能技术。1990年开始，该城市拥有了自主研发的废气采集系统，在拥有数据支撑的同时，制定了空气质量保护计划，同时开设举报电话、臭氧电话，将空气污染扼杀在了源头，全面地利用技术创新推进城市低碳建设。

对于传统工业转型期城市而言，其依赖传统工业、处于产业结构转型期，可积极运用低碳技术改造和提升传统产业，加快淘汰落后产能。该类城市既包括河北省和东北三省以钢铁、化工等为重点产业的大部分重工业城市，也包括长江三角洲以纺织、服装和电子为重点产业的部分轻工业城市，具体以邢台、邯郸、保定、包头、连云港、温州、大庆等城市为代表。具体措施可包括：其一，有效利用低碳产业技术和循环利用技术；其二，引导产业结构转向低碳的战略性新兴产业，如向高端装备制造、新材料和现代服务业进行转型。

（六）经济发展

当下全球发展的主流模式是低碳环保的经济发展，这对世界经济发展有着良性的推动作用。现如今在我国经济飞速发展的时期内，我国的城市化进程也在不断地加快推进，在城市发展的过程中我国将逐渐摸索出适合当前国情的低碳经济发展模式。通过发展低碳经济有利于我国转变发展观念，优化产业结构及能源结构。在国家政策法规的监督以及全社会的参与下，营造良好的经济发展环境，可以助力低碳城市实现碳达成率达标，促进低碳城市建设。低碳城市的经济发展主要包括低碳经济的发展、循环经济的发展以及共享经济的发展。

1. 低碳经济

低碳经济，是指在可持续发展理念指导下，通过技术创新、制度创新、产业转型、新能源开发等多种手段，尽可能地减少煤炭、石油等高碳能源消耗，减少温室气体排放，达到经济社会发展与生态环境保护双赢的一种经济发展形态。

由于政府为入选低碳试点的城市制定了具体的碳减排目标，通过将碳排放目标分解至重点企业进行强制性干预，提高了高能耗高污染企业的市场进入成本，从而形成了绿色壁垒，阻断了无法消化环境规制成本的小企业的进入。对于尚未退出的拥有资金与技术实力的大中型企业来说，环境末端治理的方式不但难以应对政府日益严格的碳排放约束，持续增加的末端污染治理投入还会不断蚕食生产利润，转变技术模式才是应对命令控制型环境规制和公民环境监督的长远之道，因而企业会主动通过增加清洁能源和绿色技术的使用来减少污染排放，这必然推动城市绿色低碳产业的发展，促进城市功能由工业化功能向服务化功能的转变，进而起到优化产业空间结构的作用。因此，低碳城市建设可以推动产业结构的升级，而产业结构作为自然资源与经济增长的转换器，其升级不但能提升能源利用效率和环境质量，还可以释放结构红利，产生新的增长点，从而实现减排与经济增长的双赢，最终促进城市绿色经济增长，助力碳达成率的达标。

邯郸市作为一个传统的工业化城市，其城市发展已经不能再延续传统工业城市高污染、高消耗、高排放的发展模式，因而开启了城市低碳经济转型之路。邯郸市委、市政府把产业结构升级、资源型产业转型作为推动发展方式转变的战略重点，致力于推进结构调整、加快城市转型；促进产业结构低碳化，改造提升传统产业，培育战略性新兴产业，着力构建现代低碳产业体系。同时邯郸市通过碳交易积极参与低碳技术的合作，加强核心技术引进和自主吸收能力。为增加碳汇，城市在建设过程中增加园林绿化面积。政府引导居民进行低碳生活、低碳消费，促使邯郸市大型知名企业树立环境友好形象，增强"绿色企业"的社会影响力。

瑞典马尔默是20世纪60年代的工业重镇，城市的产业以钢铁为主导。随着制造业重心向亚洲转移，马尔默经济衰退，城市发展停滞。1992年，随着联合国发起"世界范围内可持续发展行动计划"，瑞典对环境的关注到达了一个高峰，马尔默以此为契机，开始在可持续发展的框架之下走上城市绿色低碳转型的发展道路。

发展低碳经济和建设低碳城市，应该提炼低碳城市积极经验，全面扩大低碳试点的覆盖范围，鼓励更多城市加入探索绿色增长模式的队伍中，引领全国形成绿色低碳的生活方式和消费模式，从而实现绿色与发展的双赢，为早日实现"碳达峰、碳中和"的战略目标作出贡献；以推动绿色创新和优化产业结构作为低碳城市建设的具体执行路径，加大财税优惠和人才支持力度，为企业开展清洁能源技术、负碳技术等绿色技术创新提供保障和支撑。

2. 循环经济

循环经济模式是针对传统的线性经济模式而言的，是一种以资源的高效利用和循环利用为核心，以"减量化、再利用、资源化"为原则，以低消耗、低排放、高效率为基本特征，符合可持续发展理念的经济发展模式，其本质是一种"资源—产品—消费—再生资源"的物质闭环流动的生态经济。中国政府一直在推动循环经济的发展（图 12-30），但从循环经济的实践层面来看，现阶段中国循环经济的发展仍面临着不少的困难与挑战：循环经济发展对企业直接的经济激励效应不足；关键循环技术缺乏，由于中国循环经济发展起步较晚，技术积累薄弱，导致在关键循环技术上与西方发达国家差距较大；政策有效性偏低，中国循环经济支持政策较为宏观且区域之间差别较大，缺乏具体可执行细则，支持政策覆盖面不够全面，导致政策没有发挥出应有的效果。

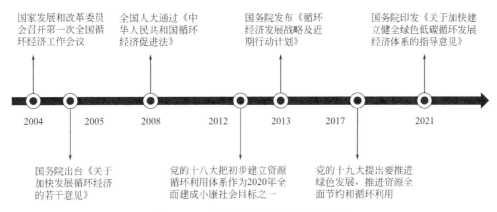

图 12-30　中国循环经济政策发展历程

瑞典在"零废弃"运动中处于领先地位。自 20 世纪 70 年代开始，瑞典就在全国范围内逐步推行循环经济发展政策，其城市生活垃圾的循环利用率从 1975 年的 38% 上升到 2016 年的 99%（其中约一半为材料循环利用，一半左右为以能量回收为目的的焚烧处置）。马尔默是城市更新循环经济的代表。通过可持续低碳城市建设的努力，实现了很高的住户垃圾分类参与度，因而可以很好地展现马尔默"零废弃"运动的整体效果。

在城市尺度，马尔默的废物管理系统采取了公私合作的经营模式。经过分类回收后的废物在进行进一步的加工运输时则通过引入社会资本和私营企业，形成一定的市场竞争。尽管城市内各个社区内的垃圾收集设施略有差异，但垃圾分类的标准和流向都与马尔默的城市废物管理系统相衔接。1988 年，瑞典环境部的报告中提出生产者责任延伸制，通过重新划分废物管理的责任，让生产者对其产品承担更多废物管理的责任，从而激励企业从产品全生命周期的角度，考虑资源效率和环境影响（图 12-31）。

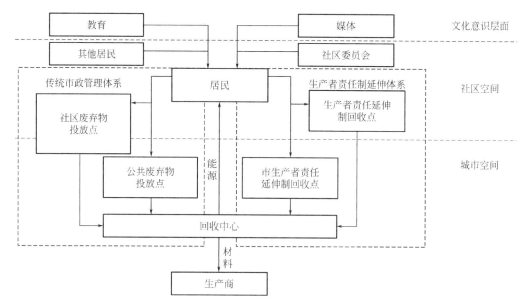

图 12-31　马尔默城市废物管理系统

通过上述的研究与案例分析，依托发展循环经济实现低碳城市建设，实现碳达成率达标有六大路径：一是源头绿色设计和避免浪费，二是优化产品生产和工艺流程，三是能源利用效率提升与清洁燃料替代，四是利用废弃物或可再生材料替代原生材料，五是产品使用与服务系统创新，六是分级分类处置消费后的废弃物。

3. 共享经济

共享经济是利用互联网平台将分散资源进行优化配置，通过推动资产权属、组织形态、就业模式和消费方式的创新，提高资源利用效率、便利群众生活的新业态新模式。共享经济遵循减量化、再使用和再循环原则，能够依托互联网实现闲置资源的再利用，有利于提高资源利用率，助力经济社会和环境的绿色与可持续发展。生态环境部等 18 部门《"十四五"时期"无废城市"建设工作方案》提出推动形成绿色低碳生活方式，积极发展共享经济，推动二手商品交易和流通。随着共享经济已经在交通出行、餐饮服务、日常生活等领域的广泛渗透，其在提升绿色发展价值和培养绿色消费习惯等方面的作用日益凸显。

共享出行领域，绿色出行是绿色生活方式的必要组成部分，拼车、顺风车、共享单车等出行理念培养了大众的绿色出行习惯，对推动我国交通领域绿色转型、促进交通领域"双碳"目标的实现产生了积极作用。共享单车及电单车出行已呈现显著减排降碳效果。自运营以来，截至 2021 年 9 月，某单车及电单车用户累计减少二氧化碳排放量 118.7 万 t，相当于减少了 27 万辆私家车行驶 1 年的二氧化碳排放量。

在线办公领域，钉钉、飞书、腾讯会议等在线办公平台构建了线上的工作空间，支持无纸化办公、远程会议、电子审批等，一方面通过降低差旅需求减少交通出行碳足迹，另一方面大幅减少纸张和会务用品使用，逐步实现城市的"低碳办公"，助力低碳城市发展。腾讯会议产品上线以来共产生超过 1500 万 t 的碳减排量（已扣除使用数据中心所产生的碳排放）相当于全国 2.29 亿私家车停驶 14 天的碳减排量。

第十三章　结论

低碳城市是未来城市发展的重要趋势，旨在通过发展低碳经济、创新低碳技术等方式，最大限度地降低城市温室气体排放，实现城市的可持续发展。低碳城市理念的提出及其具体实践在我国开展已有十余年的历程，部分城市已经开始试点工作，取得了积极的成效，积累了一定的经验。但是从整体情况来看，我国低碳城市建设仍然存在发展不平衡、结构不合理等问题。因此，本书的主要工作为两部分：一是从低碳城市建设理念出发，系统梳理低碳城市的相关基础理论和低碳城市建设理念；二是从未来低碳城市发展规划的角度，提炼全球典型的低碳城市建设国家与地区的经验，指出未来中国低碳城市发展的道路。本书的主要贡献体现在以下三个方面。

一、低碳城市发展基础理论梳理

低碳城市发展概念是基于目前环境污染、气候变化以及人类可持续生存的需求而形成的。建设低碳城市必须拥有理论依据，梳理低碳城市相关的基础理论有助于指导未来低碳城市规划。本书从低碳城市产生的背景出发，通过对低碳城市的基础理论梳理，发现低碳城市应与可持续发展、优良的生态承载力、碳排放脱钩、高效的低碳经济、循环经济、精明增长或是紧凑型的城市规划理论相关联。这些基础理论将为未来低碳城市的发展提供理论基础和指引。

二、国际典范国家低碳城市建设经验总结

低碳城市建设在全球其他国家已有成功经验，吸取国际低碳城市建设成功经验有助于我国未来低碳城市的发展与建设。本书选取了全球低碳城市建设的典范国家，通过对英国、瑞典、丹麦、德国、美国、新加坡和日本等地的低碳城市建设路径的梳理、最佳实践城市案例的深入分析，提炼出典型国家低碳城市建设的经验。如日本的低碳城市建设注重循环型社会的打造，高度重视循环经济，采取政府、企业和公民三者相结合的力量去实现低碳城市的发展。这些经验可为我国未来低碳城市的发展提供参考与借鉴。

三、"30·60"未来低碳城市发展理念、框架与路径

在"30·60""双碳"目标的约束下，低碳城市建设将是我国经济社会发展的重要战略方向之一，也是我国实现低碳转型发展的重要途径。我国低碳城市建设开展仅有十余年，研究和实践都还不完善，仍然处于探索性建设阶段。随着低碳城市试点的增多，低碳城市建设和发展的问题逐渐暴露，如低碳城市存在区域发展不平衡、城市规划不完善、产业和能源结构不合理等痛点与难点。因此，亟需进行理念、框架和路径的系统创新与推进，为未来低碳城市的发展提供保障。

本书基于对低碳城市相关基础理论的剖析和对国际低碳城市建设的经验总结，提出我国未来低碳城市发展应以宜居宜业人本化、人居环境生态化、生活方式绿色化、空间利用集约化、水城融合海绵化、垃圾处理无废化、互联互通智慧化七大方向为指引，构建未来低碳城市的发展框架，坚持以人为本、生态优先、绿色发展的发展原则，采用"全要素""多尺度""全过程""多主体"的发展理念，借助政府、市场和社会公民三方力量，搭建起"零碳建筑—零碳单元—低碳城市"的建设道路，实现低碳城市的发展目标。本书对未来低碳城市的规划与畅想可为我国城市低碳化发展与建设提供参考与借鉴。

参考文献

[1] 熊健，卢柯，姜紫莹，等."碳达峰、碳中和"目标下国土空间规划编制研究与思考 [J]. 城市规划学刊，2021 (4)：74-80.

[2] 逯进，王晓飞，刘璐. 低碳城市政策的产业结构升级效应——基于低碳城市试点的准自然实验 [J]. 西安交通大学学报（社会科学版），2020，40 (2)：104-115.

[3] 柳明旺. 论可持续发展理念视角下的我国城市化 [J]. 学术交流，2012 (11)：145-148.

[4] PARK R E. Sociology and the social sciences [J]. American Journal of Sociology，1921.

[5] DOW G S. Introduction to the principles of sociology [M]. Baylor University Press.

[6] XUE Q，SONG W，ZHANG Y L，et al. Research progress in ecological carrying capacity：implications，assessment methods and current focus [J]. Journal of Resources and Ecology，2017，8 (5)：514.

[7] BYRON，CARRIE，JASON，et al. Calculating ecological carrying capacity of shellfish aquaculture using mass-balance modeling：Narragansett Bay，Rhode Island [J]. Ecological Modelling，2011，222 (10)：1743-1755.

[8] YUE D，JUN D U，LIU J，et al. Spatio-temporal analysis of ecological carrying capacity in Jinghe Watershed based on remote sensing and transfer matrix [J]. Acta Ecologica Sinica，2011，31 (9)：2550-2558.

[9] 刘耕源，王雪琪，王宣桦，等. 城市生态承载力理论与提升逻辑：历史性、关联性与非线性 [J]. 北京师范大学学报（自然科学版），2021，57 (5)：733-744.

[10] 魏凤娟. 湖北省土地综合承载力空间分异及土地开发空间优化研究 [D]. 北京：中国地质大学，2015.

[11] 姚震寰. 基于生态承载力理论的城市可持续发展研究 [J]. 合作经济与科技，2021 (14)：24-25.

[12] 李聪慧. 旅游业碳排放脱钩效应及提升路径研究 [D]. 秦皇岛：燕山大学，2021.

[13] 曹广喜，刘禹乔，周洋. 长三角地区制造业碳排放脱钩研究 [J]. 阅江学刊，2015，7 (2)：37-44.

[14] 付允，马永欢，刘怡君，等. 低碳经济的发展模式研究 [J]. 中国人口·资源与环境，2008，18 (03)：14-19.

[15] 金乐琴，刘瑞. 低碳经济与中国经济发展模式转型 [J]. 经济问题探索，2009 (1)：84-87.

[16] 庄贵阳. 中国经济低碳发展的途径与潜力分析 [J]. 太平洋学报，2015 (11)：79-87.

[17] 邢继俊，赵刚. 中国要大力发展低碳经济 [J]. 中国科技论坛，2007 (10)：87-92.

[18] 李英姿. 生态经济与循环经济 [J]. 求索，2007 (05)：71-73.

[19] 王永明，任中山，桑宇，等. 日本循环型社会建设的历程、成效及启示 [J]. 环境与可持续发展，2021，46 (4)：128-135.

[20] 于秀玲. 循环经济简明读本 [M]. 北京：中国环境科学出版社，2008.

[21] 林晓溪. 区域经济发展中循环经济理论的应用略论 [J]. 商展经济，2021 (16)：116-118.

[22] 潘永刚.《"十四五"循环经济发展规划》解读——加快废旧物资循环利用体系建设构建循环经济发展新格局 [J]. 再生资源与循环经济，2021，14 (7)：23，44.

[23] 马强，徐循初."精明增长"策略与我国的城市空间扩展 [J]. 城市规划汇刊，2004 (3)：16-

22，95.

[24] Robert W. Burchell and Sahan Mukherji. Conventional Development Versus Managed Growth：The Costs of Sprawl [M]．Research and Practice，2003（9）：1534-1540.

[25] 刘海龙．从无序蔓延到精明增长——美国"城市增长边界"概念述评 [J]．城市问题，2005（3）：67-72.

[26] 梁鹤年．精明增长 [J]．城市规划，2005，29（10）：65-69.

[27] 唐相龙．"精明增长"研究综述 [J]．城市问题，2009（8）：98-102.

[28] 贺艳华，周国华．紧凑城市理论在土地利用总体规划中的应用 [J]．国土资源科技管理，2007，24（3）：26-29.

[29] 马奕鸣．紧凑城市理论的产生与发展 [J]．现代城市研究，2007，22（4）：10-16.

[30] 吕斌，祁磊．紧凑城市理论对我国城市化的启示 [J]．城市规划学刊，2008（4）：61-63.

[31] HILLMAN M. In favor of the compact city [M] //JENKS M，et al. The Compact City——a Sustainable Urban Form？London：E&FN Spon Press，1996：36-44.

[32] MCLAREN D. Compact or dispersed dilution is no solution [J]．Built Environment，1992，18（4）：268-284.

[33] HANDY S. Regional versus local accessibility：neo-traditional development and its implications for non-work travel [J]．Built Environment，1992，18（4）：253-267.

[34] NEWMAN P. KENWORTHY J. Sustainability and cities：over-coming automobile dependence [R]．Washington，D. C.：Island Press，1999.

[35] 刘从从，吴建中．走向碳中和的英国政府及企业低碳政策发展 [J]．国际石油经济，2021（4）：83-91.

[36] 李严波．瑞典向低碳经济转型之路 [J]．金融经济（下半月），2012（2）：11-15.

[37] 朱育漩．瑞典，无处不在的绿色生活 [J]．环境经济，2019（2）：70-72.

[38] 郭丽峰，李晨．瑞典实现碳中和目标战略、科研部署及相关政策研究 [J]．全球科技经济瞭望，2022，37（5）：67-70.

[39] 郑明．瑞典、丹麦环境保护的做法 [J]．政策瞭望，2015（10）：55-56.

[40] 丁言强．瑞典环境保护的政策与目标 [J]．生态经济，2007（6）：45-49.

[41] 贾明雁．瑞典垃圾管理的政策措施及启示 [J]．城市管理与科技，2018，20（6）：78-83.

[42] 杨君．瑞典生活垃圾管理经验及启示 [J]．世界环境，2019（3）：66-70.

[43] 于萍，陈效逑．瑞典、丹麦推进低碳住区发展的经验 [J]．节能与环保，2011（2）：50-53.

[44] 戚永颖，何继江．瑞典交通能源转型路径 [J]．能源，2018（11）：75-79.

[45] 韩林飞，张梦露．哈马碧湖城规划研究 [J]．城乡建设，2019（10）：72-75.

[46] 谭英．瑞典斯德哥尔摩的可持续发展之路 [J]．建设科技，2018（13）：90-95.

[47] 于萍．瑞典城市可持续发展的经验——以Bo01"明日之城"住宅示范区为例 [J]．世界建筑，2009（6）：87-93.

[48] 金石．绿色丹麦 [J]．生态经济，2006（8）：142-143.

[49] 周长城，徐鹏．"新绿色革命"与城市治理体系的创新——丹麦可持续发展经验对中国的启示 [J]．人民论坛·学术前沿，2014（22）：74-83.

[50] 冯浚，徐康明．哥本哈根 TOD 模式研究 [J]．城市交通，2006，4（2）：41-46.

[51] 郭磊．低碳生态城市案例介绍（三十八）：哥本哈根：碳中和城市（下）[J]．城市规划通讯，2014（21）：17.

[52] 薛松．低碳出行——丹麦哥本哈根的自行车交通 [J]．动感：生态城市与绿色建筑，2014（4）：84-90.

［53］高翔．德国低碳转型的进展和经验［J］．德国研究，2014，29（2）：32-44，125.

［54］邱吉，赵紫玉，郭俊杰．制度与技术：德国走向低碳发展的两个"车轮"［J］．城市管理与科技，2014，16（3）：26-27.

［55］廖建凯．德国减缓气候变化的能源政策与法律措施探析［J］．德国研究，2010，25（2）：27-34，79.

［56］黄海峰，徐明，陈超，等．德国发展循环经济的经验及其对我国的启示［J］．北京工业大学学报（社会科学版），2005（2）：38-42.

［57］张炜，樊瑛．德国节能减排的经验及启示［J］．国际经济合作，2008（3）：64-68.

［58］王英．德国环境教育的实践研究及其对我国的启示［J］．教育导刊，2005（2）：46-48.

［59］董昕，张朝辉．气候适应理念下的城市更新：德国的经验与启示［J］．城市与环境研究，2021（2）：99-112.

［60］李振宇，李超，尹志芳．德国和日本交通碳排放发展及对中国的启示［J］．公路与汽运，2014（1）：35-38.

［61］汪鸣泉．德国城市低碳交通发展的经验与启示［J］．综合运输，2013（2）：84-87.

［62］殷成志．德国城市规划中的"内部开发"［J］．城市问题，2008（8）：91-94.

［63］殷成志，弗朗兹·佩世．德国建造规划的技术框架［J］．城市规划，2005（8）：64-70.

［64］殷成志，杨东峰．低碳发展导向的德国城市规划调控力分析［J］．城市发展研究，2014，21（12）：45-51.

［65］周宜笑，谭纵波．德国规划体系空间要素纵向传导的路径研究——基于国土空间规划的视角［J］．城市规划，2020，44（9）：68-77.

［66］赵新峰．德国低碳发展的"善治"实践及其启示［J］．中国行政管理，2013（12）：101-105.

［67］HELEEN GROENENBERG，HELEENDE CONINCK. Effective EU and member state policies for stimulating CCS［J］．International Journal of Green House Gas Control，2008（2）：653-664.

［68］钱玲燕，何金廖．德国新城区生态总体规划策略——以弗赖堡市迪滕巴赫新城为例［J］．环境保护，2020，48（3）：96-100.

［69］张汾．美国大气污染治理的历程与启迪［J］．中国乡镇企业会计，2017（7）：235-237.

［70］黄衔鸣，蓝志勇．美国清洁空气法案：历史回顾与经验借鉴［J］．中国行政管理，2015（10）：140-146.

［71］韩鑫韬．美国碳交易市场发展的经验及启示［J］．中国金融，2010（24）：32-33.

［72］李国庆，丁红卫．地方城市低碳发展：日本实践与经验镜鉴［J］．日本学刊，2020（S1）：162-164.

［73］解利剑，周素红，闫小培．国内外"低碳发展"研究进展及展望［J］．人文地理，2011，26（1）：19-23，70.

［74］日本低碳城市建设的基本经验［J］．山东经济战略研究，2014（6）：54-55.

［75］张婉璐，曾云敏．东京的低碳城市发展：经验与启示［C］//中国科学技术协会，福建省人民政府．经济发展方式转变与自主创新——第十二届中国科学技术协会年会（第一卷）．2010：1-6.

［76］孙晓柳．日本《城市低碳化促进法》的实施及对我国的启示［J］．牡丹江大学学报，2013，22（11）：35-37，47.

［77］刘平，刘亮．日本迈向碳中和的产业绿色发展战略——基于对《2050年实现碳中和的绿色成长战略》的考察［J］．现代日本经济，2021，238（4）：14-27.

［78］吴向鹏．国际低碳城市发展实践及启示［J］．开发研究，2019（5）：44-52.

［79］徐选国，杨君．人本视角下的新型城镇化建设：本质、特征及其可能路径［J］．南京农业大学学报（社会科学版），2014，14（2）：15-20.

［80］蒋长流，江成涛，杨逸凡．新型城镇化低碳发展转型及其合规要素识别——基于典型城市低碳发展

转型比较研究 [J]. 改革与战略，2021，37（3）：66-77.

[81] 洪国平，王凯，吕梃梃，等. 典型低碳宜居社区人居气候舒适性评价 [J]. 气象科技，2015，43（1）：156-161.

[82] 张欢，江芬，王永卿，等. 长三角城市群生态宜居宜业水平的时空差异与分布特征 [J]. 中国人口·资源与环境，2018，28（11）：73-82.

[83] 杨曦. 城市规模与城镇化农民工市民化的经济效应——基于城市生产率与宜居度差异的定量分析 [J]. 经济学（季刊），2017，16（4）：1601-1620.

[84] 熊鹰，曾光明，董力三，等. 城市人居环境与经济协调发展不确定性定量评价——以长沙市为例 [J]. 地理学报，2007，62（4）：397-406.

[85] DOUGLASS M. From global intercity competition to cooperation for livable cities and economic resilience in Pacific Asia [J]. Environment and Urbanization，2002，14（1）：53-68.

[86] 朱江丽，李子联. 长三角城市群产业-人口-空间耦合协调发展研究 [J]. 中国人口·资源与环境，2015，25（2）：75-82.

[87] 郑思齐，徐杨菲，张晓楠，等. "职住平衡指数" 的构建与空间差异性研究：以北京市为例 [J]. 清华大学学报（自然科学版），2015，55（4）：475-483.

[88] 孙文远，夏凡. 城市低碳化的就业效应——基于空间外溢视角的分析 [J]. 河北地质大学学报，2019，42（5）：90-96，101.

[89] 庄贵阳，周枕戈. 高质量建设低碳城市的理论内涵和实践路径 [J]. 北京工业大学学报（社会科学版），2018，18（5）：30-39.

[90] 谢更放. 城市低碳社区规划的理论构架与实施策略研究 [D]. 西安：长安大学，2011.

[91] 李亚男. 低碳社区建设评价体系研究 [D]. 北京：北京交通大学，2014.

[92] 辛章平，张银太. 低碳经济与低碳城市 [J]. 城市发展研究，2008，15（4）：98-102.

[93] 徐承红，张童. 城市低碳生活路径探索 [J]. 生态经济，2011（2）：68-71.

[94] 李志英，陈江美. 低碳社区建设路径与策略 [J]. 安徽农业科学，2010，38（21）：11516-11518.

[95] 邓辅玉，黄诗雨. 城市居民低碳生活路径研究——以重庆市为例 [J]. 重庆工商大学学报（社会科学版），2019，36（5）：28-36.

[96] 陈赟. 我国能源消费特征研究 [J]. 能源技术经济，2012，24（1）：24-28.

[97] 吴晓江. 转向低碳经济的生活方式 [J]. 社会观察，2008（6）：19-22.

[98] 辛玲. 低碳城市评价指标体系的构建 [J]. 统计与决策，2011（07）：78-80.

[99] 杨亚楠，陈会广，陈利根. 基于低碳经济的城市土地集约利用 [J]. 环境科学与管理，2011，36（3）：145-148.

[100] 童林旭. 城市的集约化发展与地下空间的开发利用 [J]. 地下空间，1998（2）：75-78，126.

[101] 庄贵阳. 低碳经济：气候变化背景下中国的发展之路 [M]. 北京：气象出版社，2007.

[102] 付允，刘怡君，汪云林. 低碳城市的评价方法与支撑体系研究 [J]. 中国人口·资源与环境，2010，20（8）：44-47.

[103] 王锋，傅利芳，刘若宇，等. 城市低碳发展水平的组合评价研究——以江苏13城市为例 [J]. 生态经济，2016，32（3）：46-51.

[104] 诸大建，王翀，陈汉云. 从低碳建筑到零碳建筑——概念辨析 [J]. 城市建筑，2014（2）：222-224.

[105] 操红. 解读零碳建筑 [J]. 工业建筑，2010，40（3）：1-3.

[106] 王玲玲，张艳国. "绿色发展" 内涵探微 [J]. 社会主义研究，2012（5）：143-146.

[107] 龙静云，吴涛. 绿色发展的人本特质与绿色伦理之创生 [J]. 湖北大学学报（哲学社会科学版），2019，46（2）：29-35.

［108］诸大建 . 低碳城市研究的内涵、模型与目标策略确定［J］. 城市规划学刊，2009（4）：7-13.

［109］苏醒 . 低碳城市视域下的城市规划研究［J］. 美与时代・城市，2022（5）：28-30.

［110］马丽梅，司璐 . 低碳城市与可再生能源技术创新［J］. 中国人口・资源与环境，2022，32（7）：81-90.

［111］张敬京，王建玲 . 居民低碳消费行为及低碳措施偏好联合分析——以江苏省为例［J］. 现代管理科学，2022（2）：23-31.

［112］刘蔚 . 城市居民低碳出行的影响因素及引导策略研究［D］. 北京：北京理工大学，2014.

［113］庄贵阳，薄凡 . 生态优先绿色发展的理论内涵和实现机制［J］. 城市与环境研究，2017（1）：12-24.

［114］诸大建 . 用国际可持续发展研究的新成果和通用语言解读生态文明［J］. 中国环境管理，2019，11（3）：5-12.

［115］张丽敏 . 践行绿色发展理念的路径选择［J］. 湖北函授大学学报，2017，30（2）：79-80.

［116］BARBIER E. The policy challenges for green economy and sustainable economic development［J］. Natural Resources Forum，2011，35（3）：233-245.

［117］郑汉华 . 论生态视野下的以人为本［J］. 江淮论坛，2012（3）：96-100.

［118］王连芳 . 绿色发展理念中的以人为本思想探析［J］. 太原理工大学学报（社会科学版），2014，32（3）：31-35.

［119］李蕾 . 以人民为中心，探索以生态优先、绿色发展为先导的高质量发展新路子［J］. 环境保护，2020，48（10）：39-44.

［120］林智斌，王菲凤 . 基于 AHP-PSR 模型的低碳城市评价方法与实证研究——以福建省为例［J］. 环境科学与管理，2014，39（7）：177-181.

［121］陈镜如 . 低碳城市建设理念下共享单车绿色发展问题研究——以南京市为例［J］. 中国林业经济，2021（5）：32-34，38.

［122］周琳，孙琦，郭晓林 . "五级三类"国土空间规划用地分类体系研究［C］//中国城市规划学会 . 活力城乡美好人居——2019 中国城市规划年会论文集・北京：中国建筑工业出版社，2019：1-12.

［123］易斌，沈丹婷，盛鸣，等 . 市县国土空间总体规划中全域全要素分类探讨［J］. 规划师，2019，35（24）：48-53.

［124］王青，朱延飞，姚隽 . 基于全要素管控的国土空间规划现状图建构研究——以南京国土空间规划基础数据建设为例［J］. 现代城市研究，2021（7）：53-59.

［125］田国民 . 发展绿色低碳建筑 助力城乡建设绿色转型［J］. 建筑，2022（23）：9.

［126］戴亦欣 . 中国低碳城市发展的必要性和治理模式分析［J］. 中国人口・资源与环境，2009，19（3）：12-17.

［127］ZHANG X，PLATTEN A，SHEN L. Green property development practice in China：costs and barriers［J］. Building and Environment，2011（11）：2153-2160.

［128］王思民 . 中国政府规制下的低碳经济发展研究［J］. 经济与管理，2011，25（5）：5-9.

［129］李元丽 . 大力发展低碳产业 推动经济转型［N］. 人民政协报，2022-11-15（6）.

［130］王建明，王俊豪 . 公民低碳消费模式的影响因素模型与政府管制政策——基于扎根理论的一个探索性研究［J］. 管理世界，2011（4）：58-68.

［131］王建明，贺爱忠 . 消费者低碳消费行为的心理归因和政策干预路径：一个基于扎根理论的探索性研究［J］. 南开管理评论，2011，14（4）：80-89，99.

［132］耿纪超，龙如银，陈红 . 居民出行方式选择影响因素的研究述评［J］. 北京理工大学学报（社会科学版），2016，18（5）：1-9.

［133］沈哲鑫 . 基于区块链的碳抵消研究综述与展望［J］. 中国商论，2022，（4）：112-115.

［134］禹湘，陈楠，李曼琪．中国低碳试点城市的碳排放特征与碳减排路径研究［J］．中国人口·资源与环境，2020，30（7）：1-9．

［135］杨依然，李曼，吕卓，等．基于环境统计调查数据的中国省会城市煤炭消费变化历史趋势研究［J］．环境工程，2020，38（11）：6-11，202．

［136］薛铭，薛鹏，薛晓光．能源结构优化与低碳体系构建之思路——以运城市能源利用为例［C］//中国环境科学学会（Chinese Society for Environmental Sciences）．中国环境科学学会 2022 年科学技术年会论文集（一）．北京：《中国学术期刊（光盘版）》电子杂志社有限公司，2022：7．

［137］尹庆华．"低碳城市"理念下我国城市空间规划策略研究［J］．企业技术开发，2016，35（11）：156-157．

［138］万军．基于低碳理念的城市交通发展模式研究［D］．武汉：武汉理工大学，2011．

［139］刘宇．关于低碳城市理念下的低碳经济发展探讨［J］．现代经济信息，2013（12）：15．

［140］王岚，谷亚红，谢空．发展低碳经济 建设低碳城市——邯郸市城市发展转型策略分析［C］//中国经济规律研究会，河南财经政法大学．中国经济规律研究会第 24 届年会暨"经济体制改革与区域经济发展"理论研讨会论文集．北京：经济科学出版社，2014：558-563．

［141］龚星宇，姜凌，余进韬．不止于减碳：低碳城市建设与绿色经济增长［J］．财经科学，2022（5）：90-104．

［142］温宗国．以循环经济助推碳中和［J］．可持续发展经济导刊，2022（9）：29-31．